本书由国家自然科学基金青年科学基金项目（51109229）和
国家科技攻关项目（2002BA901A34）联合资助

水利水电工程
对区域生态承载力的
影响评价

隋欣 著

科学出版社

北京

内 容 简 介

本书以全新的视角提出流域生态系统健康、基于生态系统健康的生态承载力和基于基线评估的水资源承载力概念，建立区域生态系统健康评价标准，构建区域生态承载力概念模型和计量模型，探讨人类活动对区域生态承载力的影响机制，揭示梯级水电开发对区域生态承载力的影响强度与范围，找出提高区域生态承载力和维护生态系统健康的途径与方法；同时，发展并完善调水工程规划生态环境影响评价理论与方法体系，提出基于基线评估的水资源承载力评价标准和方法。

本书可供水利水电工程领域的科技工作者、技术人员、管理人员，以及大中专院校水利水电工程、环境管理和环境影响评价专业的教师和研究生参考。

图书在版编目（CIP）数据

水利水电工程对区域生态承载力的影响评价／隋欣著 . —北京：科学出版社，2013.1
ISBN 978-7-03-035899-8

Ⅰ. 水　Ⅱ. 隋…　Ⅲ. 水利水电工程-区域环境-生态环境-环境承载力-环境影响-评价-中国　Ⅳ. X321.2

中国版本图书馆 CIP 数据核字（2012）第 256288 号

责任编辑：李　敏　刘　超／责任校对：林青梅
责任印制：徐晓晨／封面设计：耕者设计室

科 学 出 版 社 出版
北京东黄城根北街 16 号
邮政编码：100717
http://www.sciencep.com

北京京华虎彩印刷有限公司 印刷
科学出版社发行　各地新华书店经销
*
2013 年 1 月第　一　版　开本：B5（720×1000）
2017 年 3 月第二次印刷　印张：16 3/4
字数：320 000

定价：160.00 元
（如有印装质量问题，我社负责调换）

前　言

　　水利水电工程引发的系列生态环境问题，已成为实现区域可持续发展的瓶颈。系统评估水利水电工程对生态系统的作用机制和影响强度，建立简单准确的区域生态承载力评价方法，正确认识区域生态系统健康状况，能够提高管理者的决策管理水平，对实现区域可持续发展也具有重要意义。

　　本书结合传统自然–社会–经济复合系统的特点，在分析流域生态系统结构、功能和特征的基础上，以全新的视角提出流域生态系统健康概念，分析生态系统健康和生态承载力概念各自的内涵和外延，找出二者之间的关系，提出基于生态系统健康的生态承载力概念，探讨其内涵、特征、研究尺度、影响因素和调控原理；深入分析梯级水电开发规划对流域生态环境的扰动特征，确定梯级水电开发生态效应评价的时空尺度、评价步骤，遴选水电梯级开发生态效应评价的关键指标；在区分人为因素和自然因素对生态环境的影响的基础上，构建已建和未建梯级水电工程生态环境净影响预测模型，建立基于生态系统健康的生态承载力概念模型、计量模型和预测方法，以及流域生态系统健康评价指标体系和评价标准；基于流域生态系统健康指标体系构建生态承载力评价指标体系，提出梯级开发对生态承载力各要素影响的量化方法，建立梯级开发对生态承载力影响的量化模型；通过分析生态承载力的制约因素，以及这些限制因子对生态承载力的影响机理，应用多学科相关理论，探讨人类活动、经济技术水平和教育背景等多种人为因素对生态承载力的影响机理，提出单一生态承载力调控和多种承载力联合调控模式。进而，从系统功能整体性角度出发，在生态承载力调控基础上，制定生态系统健康维育方法。

　　本书分析了青海省境内黄河干流水电梯级开发情况，以及黄河流域青海片行政区划、水系分布，水资源分布等生态系统特征，理顺生态系统内复杂的相关关系。建立一系列梯级开发对生态承载力各要素净影响的计量模型，以这些模型为基础，评价了梯级水电工程对研究区域生态承载力要素的影响范围和强度。利用遥感、地理信息系统等技术手段获取大尺度基础数据，应用建立的基于生态系统健康的生态承载力模型和对应生态系统不同健康状态的标准值，评价黄河流域青海片生态承载力的历史、现状和未来演化趋势及时空变化，以及对应的生态系统健康状态分布和变化趋势，揭示黄河流域青海片生态承载力的背景变化规律和生态系统整体水平，识别制约生态承载力和生态系统健康的瓶颈。根据梯级开发生态环境净影响研究结果和已建梯级开发对生态承载力影响的量化模型，定量评价梯级开发不同阶段对生态承载力的影响强度，并诊断相应的生态系统健康状态。针对制约黄河流域青海片生态承载力的瓶颈问题，应用多学科理论和生态承载力调控模式理论，制定生态承载力调控措施与目标，提高生态承载力整体水平。同时，结合黄河流域青海片社会经济系统健康状态分析，定量诊断研究区域内社会经济系统的健康状况，找出可制约生态系统健康的瓶颈问题，引入政策、经济手段，为青海省生态系统健康整体状态的提高提出建议。

本书在分析调水工程规划对区域生态环境扰动特征的基础上，确定调水工程规划生态效应评价的时空尺度，遴选调水工程规划生态效应评价的关键指标，判识规划实施后重要生态环境要素的变化，发展并完善基线评估内涵、模型及方法，构建调水工程规划对生态环境要素影响的评价模型，并将其用于调水工程对区域水资源承载力的影响评价。

本书由中国水利水电科学研究院、国家水电可持续发展研究中心隋欣博士撰写。北京师范大学杨志峰教授和清华大学齐晔教授对本书写作给予了悉心指导，在此向两位先生表示真诚的感谢！

本书撰写过程中，作者力求做到科学性和实用性的有机结合，但基于水利水电工程对区域生态承载力的影响评价涉及的内容广泛，又与多学科交叉，并且国内外目前尚无这方面的专著，书中内容难免有不足之处，敬请同行专家和广大读者批评指正！

隋　欣

2012 年 6 月

目　　录

第 1 章
Chapter 1

绪　　论

1.1　水利水电可持续发展

1.1.1　水利水电工程制约因素

水利水电工程规划是将自然资源变成社会财富的过程，通过对水资源的调控，实现电力供应、碳减排、防洪、发电、供水、灌溉、航运景观旅游等综合利用效益，并可促进区域发展，拉动地方经济和社会的发展。水利水电工程是经济社会发展不可替代的基础支撑。大型水利水电工程建设已成为解决水资源短缺问题，实现水资源合理配置，满足防洪、能源供应等方面的必然要求。2009 年 11 月 16 日，中国政府公布了控制温室气体排放的行动目标，决定到 2020 年非化石能源在能源消费中的比例达到 15%，单位 GDP CO_2 排放比 2005 年下降 40% ~ 45%。与其他可再生能源相比，水电能源具备清洁、稳定、安全、持续、可再生、经济性等优点，是目前技术最成熟、最有可靠性且唯一可大规模开发的可再生清洁能源，在减少温室气体排放，应对全球气候变化方面功不可没。如果按照新中国成立 60 年中国水电累计发电量 67 273 亿 kW·h 替代煤电，按国家发展与改革委员会（简称发改委）公布的换算系数计算燃煤发电产生的 CO_2 排放量，相当于累计减少 CO_2 排放量约 64.6 亿 t。因此，水利水电工程已成为实现 2020 年减排目标的关键措施。

新中国成立以来，特别是改革开放以来，党和国家始终高度重视水利水电工作，领导人民开展气壮山河的水利建设，取得了举世瞩目的巨大成就，为经济社会发展、人民安居乐业作出了突出贡献。为此，在 2011 年中央一号文件《中共中央国务院关于加快水利改革发展的决定》中明确指出：水利是生态环境改善不可分割的保障系统，水利发展关系国家的生态安全。未来 5 ~ 10 年，我国将把水利作为国家基础设施建设的优先领域，将大江大河治理、水资源配置工程建设、推进生态脆弱河流和地区水生态修复、合理开发水能资源等作为水利基础设施的重要内容，从根本上扭转水利建设明显滞后的局面。在此基础上，《中华人民共和国国民经济和社会发展第十二个五年规划纲要》中进一步强调，要"加强水利集成设施建设"、"在做好生态保护前提下，积极开发水电"。为落实中央一号文件精神，实现水利跨越式发展的目标，需要从根本上解决水利工程建设和运行保护生态环境的问题。

我国水利水电开发利用在经历了 20 世纪 50 年代的技术制约、60 ~ 70 年代的技术资金制约、80 年代的市场制约（就水电工程而言）之后，已进入生态制约阶段。由于工程规模巨大，施工期长，必将引起河流水文情势改变，对流域或区域生态环境产生广泛而深远的影响。因此，我国在关注水利水电工程带来巨大经济社会效益的同时，已日益对工程建设可能产生的生态与环境影响予以高度重视。

大型水利水电工程包含以水库建设为主要内容的水利水电枢纽工程、以堤防为主要建设内容的河流整治工程和跨流域调水工程等，开发利用方式的不同，对生态系统的作用方式也不同，产生的生态环境问题也有很大差异。因此，本书选取梯级水电开发和跨流域调水工程规划为案例，开展水利水电工程规划对区域承载力的影响研究。

1.1.2 梯级水电开发

1. 梯级水电开发概述

自河流的上游起，由上而下地拟定一个河段接一个河段的水利枢纽系列、呈阶梯状的分布形式，这样的开发方式称为梯级开发。通过梯级开发方式所建成的一连串的水电站，称为梯级式水电站，着重指水能资源开发中，相邻联系比较紧密、互相影响比较显著、地理位置相对比较靠近的水电站群（郭涛和许启林，1992）。

梯级开发始于20世纪初。1933年，美国在田纳西河流域的开发方案中首次提出多目标梯级开发的主张，并加以实施。同期，苏联在1931~1934年完成了伏尔加河的梯级开发规划，并付诸实施。经过40年的飞速发展，20世纪70年代以后发达国家水电建设进入平稳发展时期。虽然我国水力发电起步较晚，但梯级开发的尝试却并不比国外落后。1936年，我国开始对四川长寿的龙溪河进行梯级开发的规划设计，但因处于战争动乱时期，到1949年仅完成了部分工程。

新中国建立后，水电梯级开发迅速发展，先后建成了龙溪河梯级（1959年）、古田溪梯级（1973年）、以礼河梯级（1972年）、猫跳河梯级（1980年）、田洱河梯级（1986年）等水电工程（郭涛和许启林，1992）。但是，由于经济和技术条件的限制，以及体制、政策方面的原因，新中国建立后的前30年，水力发电事业的发展规模缓慢，开发建成的梯级电站都在中小型河流。改革开放以来，特别是最近10年，水电开发日益引起各方面重视，梯级电站建设开始以前所未有的速度发展。目前，全国规划了金沙江、雅砻江、大渡河、澜沧江、乌江、长江上游、南盘江红水河、黄河上游、湘西、闽浙赣、东北、黄河北干流、怒江13个水电基地，总装机容量2.78亿kW，约占全国技术可开发量的51%。目前已建工程规模为0.81亿kW，在建规模为0.70亿kW，分别占规划容量的29.2%和24.9%。在已经建成投产的大中型水电站中，中国百万级以上水电站有

29 座，装机容量 6525 万 kW，占水电投产总装机容量的 36%，年发电量 2302 亿 kW·h，占水电投产年发电总量的 40%。

梯级开发建设可以促进水能资源科学合理的使用，缓解缺电矛盾，增强防洪能力，改善航运条件，为发展养殖业和旅游业，改善农业生产条件提供良好的条件，进而带来可观的经济效益，推动经济发展。然而，梯级开发也会对流域或区域生态环境产生深远影响，大型水电工程常改变河流的基本形态和水文状况，给生态系统、生物多样性和河流下游生计带来一系列的负面效应，其中尤以对生态环境的影响最为重要。一旦这些负面效应超过了流域或区域的承载能力，危害生态系统健康，将造成不可估量的损失，严重阻碍流域的可持续发展，而且这种影响往往是长期的，有些甚至是不可逆的。因此，处理好大型水电工程与生态承载力的关系具有重要的现实意义。

我国经济社会发展不平衡、自然资源禀赋存在很大差异，使得水利水电资源开发利用的程度、方式也存在很大差异，对于水电开发利用的生态保护技术的需求也是多层面的。我国西南地区水资源丰富，水电开发程度低，从水资源保障、能源保障、促进西部社会经济发展的角度来看，未来 20 年该地区是水资源开发利用的重点开发区域，但这些地区也是生物多样性丰富、生态环境脆弱、地质灾害多发的地区，生态环境保护是这些区域水利水电工程建设的主要制约因素。水利水电工程建设生态保护的需求非常急迫，从源头预防到工程建设、运行管理的生态保护均有巨大而迫切的需求。因此，在积极开展梯级开发的同时，需要充分考虑其可能产生的生态环境问题，并综合运用生态学、环境科学等多学科的理论、方法和技术，揭示梯级开发潜在的对生态环境影响的机理，提出切实可行的减缓措施。

2. 梯级水电开发环境影响

修建大坝改变了河流水文自然循环过程和形态，破坏了河流生态系统的完整性，造成了一系列生态环境问题，如水土流失，环境污染，对文物古迹、森林、珍稀动植物及生物多样性的影响，自然疫源性疾病、介水传染病对人类健康的影响，以及河流水沙情势、水文情势、水化学特性、水力学特性、泥沙冲淤规律、库岸稳定和区域热状况发生变化等（Bednarek，2001；Fearnside，2001；Gleick，1992；Gupta，1985；Ligon et al.，1995；Ward and Stanford，1995；Wieringa and Morton，1996；郭乔羽等，2001；2003；郭宗楼，2000；王海云，1999；薛丽俭等，1998；虞泽荪等，1998；杨志峰等，2001；张建敏和黄朝迎，2001；张文国和陈守煜，1999；周放和房慧伶，1998）。

与单项水电工程相比，梯级开发对生态环境的影响范围较大，历时较长，且流域洪水时空分布的不均匀性，以及各梯级水库容积与淹没损失等差异，使梯级开发对生态环境的影响除具有单项水利水电工程的共性外，还具有累积性、群体性等诸多新特征（孙广友，1995；薛联青和陈凯麒，2000；李亚农，1997）。陈波（2001）对汉江梯级开发中水电与航运的关系、通航费用与管理、通航建筑物管理及汉江水资源综合开发利用管理的主要内容进行了探讨。蒋固政和韩小波（1998）结合汉江下游的环境背景和梯级开发的作用因素，就梯级开发对主要环境因子的影响进行了分析，认为除对鱼类影响外，其他对生态环境的影响皆可通过工程措施和非工程措施减轻或避免。杨富亿（2000）分析了黑龙江流域梯级开发对鱼类资源的影响，并针对不利影响提出了相应的补救措施。孙广友等（孙广友，1995；孙广友等，2001）分析了黑龙江干流梯级开发对右岸环境的影响，认为从生态环境安全角度来看，多达 6~7 个梯级的开发方案缺乏生态环境可行性，应予大幅度调整。薛联青等（薛联青和陈凯麒，2001；薛联青等，2001）以空间分布数据作为环境评价模型的输入，并从遥感图像获取流域梯级开发前后生态环境、社会环境以及经济环境等多种复杂环境因子，如土地利用、覆盖淹没、植被破坏的数据资料，应用地理信息系统技术，对水电梯级开发的环境影响进行动态评价。陈凯麒等（2002）从分析我国河流水电梯级开发现状及主要环境问题入手，对流域开发的环境影响评价方法进行了探讨，并深入研究了梯级开发累积影响的评价方法和评价指标体系，对"3S"技术在流域梯级水电开发环境评价中的应用也进行了分析。该研究成果对于流域梯级开发的环境影响评价具有指导意义，但未涉及梯级开发对生态系统、景观、社会经济等方面的影响，所提出的评价框架相对简单，评价指标体系较为笼统，未开展实践。

1.1.3 调水工程规划

广义地说，为了补偿缺水（或引出多余的水）而更有效、更完全地利用水资源，从任何一个水源取水并沿河槽、渠道、隧洞或管道，送给用户就称为水资源区域再分配（径流调配），为此兴建的工程称为"调水工程"。按照水文地理标准，调水工程分为三类：局域的、流域内的和跨流域的。在两个（多个）流域之间开挖渠道或隧洞，利用自流或抽水等方式，把一个流域的水输送到另一个流域，称为"跨流域调水"，为此制定的工程规划称为"跨流域调水工程规划"。

调水工程规划具有明显的公共政策属性，它是在受水区工农业、生活和生态用水严重紧张的情况下，在流域水事活动中具有公共权威的流域水行政部门为保障社会供水安全而制订的行动方案，是一项较典型的处理社会水事问题的公共政策。公共政策主体与客体是公共政策系统的基本组元。调水工程规划具有多层次的政策主体和较庞大的政策客体。多层次的政策主体特性保障了调水工程规划方案操作性强、认可程度高。从表面上看,调水工程规划所要处理的社会问题是受水区生产、生活、生态用水紧张,而从内在本质上剖析,调水工程规划所要处理的社会问题是自然条件变化所引起的不和谐社会水循环。用水紧张的受水区具有非常高的社会经济与政治地位,使附属于其上的社会水循环的和谐性处于受到社会公权单位特别关注的地位。同时,调水工程规划,特别是跨流域调水工程规划的目标群体一般为几百万人甚至上千万人,这个非常庞大的政策目标群体在一定程度上显示了调水工程规划的重要性,进而促成了调水工程规划的制定和实施。

调水工程规划的实施可有效解决水资源与土地、劳动力等资源空间配置不匹配的问题,实现水资源与各种资源之间的最佳配置,从而有效促进各种资源的开发利用,支撑经济发展,但同时也可能对水源地、水源工程下游区、输水和受水区的水资源保护、利用及生态环境带来深远的影响。因此,迫切需要在制定和实施调水工程规划的过程中评估其可能对水源区、水源工程下游区、输水干渠沿线及受水区的水资源和水环境,以及生态系统的影响,为管理者提供定量的决策依据。

1.1.4　水利水电可持续发展

1980 年 3 月,联合国大会首次使用可持续发展概念。1987 年挪威首相布伦特兰夫人在她任主席的联合国世界环境与发展委员会的报告《我们共同的未来》中,把可持续发展定义为“既满足当代人的需要,又不对后代人满足其需要的能力构成危害的发展”(WCED,1987)。这一定义得到了广泛接受,并在 1992 年联合国环境与发展大会上取得共识,会议还通过了以可持续发展为核心的《里约环境与发展宣言》(简称《里约宣言》)、《21 世纪议程》等文件。中国对于当代可持续发展的认识与研究堪称与世界同步。1992 年,时任国务院总理李鹏代表中国政府在联合国环境与发展大会上,与全世界 100 多位国家首脑共同签署了《里约宣言》。1994 年,中国政府率先在全世界制定并发布了国家可持续发展的行动纲领——《21 世纪议程——中国 21 世纪人口、资源、环境与发展白皮书》。1995 和 1996 年,党中央和国务院把可持续发展列为国家的基本战略。

可持续发展的内涵被概括为三大基本元素:①推进可持续发展的动力元素,即发展是否采用先进的生产力方式和创新型道路去实现,包括对于国家或区域的自然资本、生产资本、人力资本和社会资本的总体协调水平与优化配置能力。②鉴别可持续发展的质量元素,即发展的过程是否实现发展与环境的平衡以及人与自然的和谐,包括对物质支配水平、环境支持水平、精神愉悦水平和文明建设水平的综合度量。③衡量可持续发展的公平元素，即发展的成果是否惠及全体社会成员，体现了共建共享的人际公平、资源分配的代际公平和平等参与的区际公平的总和。动力、质量、公平三元素的各自表现和共同作用，是评判可持续发展健康程度的基本要义。

可持续发展具有 3 个明显特征：①它必须能衡量一个国家或区域的发展度（数量维）。强调生产力提高和社会进步的动力特征，即判别一个国家或区域是否在真正地发展、是否在健康地发展、是否在理性地发展，以及是否在保证生活质量和生存空间改善的前提下不断地发展。②它是衡量一个国家或区域的协调度（质量维）。强调效率转化和要素整合的能力，即强调合理地优化财富的来源、财富的积聚、财富的分配及财富在满足全人类需求中的行为规范，能否维持环境与发展之间的平衡、能否维持效率与公平之间的平衡、能否维持市场动力与政府调控之间的平衡。③它是衡量一个国家或区域的持续度（时间维），即判断一个国家或区域在发展过程中的持续合理性，以及能否维持代际间利益分配的平衡。持续度更注重从可持续意义上去把握发展度和协调度。

可持续发展，一方面成为全球或国家的战略目标选择，另一方面又成为诊断区域开发及其是否健康运行的标准。由于存在深刻的哲学背景、社会背景乃至心理上的背景，可持续发展已经成为 21 世纪 "人口–自然资源–生态–环境–社会–经济" 复杂巨系统的运行规则。可持续发展模式是人类社会生存和发展的新模式，其实质是 "人口、资源、环境、发展" 四位一体的高度综合和有机协调，实现人与自然的协调发展和人与人之间的和谐共处。通过深刻揭示 "自然–社会–经济" 复杂巨系统的运行机理，实现可持续发展的最终目标，即不断满足当代和后代人的生产和生活对于物质、能量和信息的需求；代际体现公正、合理的原则；创造 "自然–社会–经济" 支持系统的外部适宜条件；"人口、资源、环境、发展" 四位一体的总协调。迄今为止，可持续发展问题已经成为 21 世纪世界面临的中心问题之一。

可持续发展战略的提出为人类展示了新的发展框架。定量了解人类对自然的利用状况，定量测量人类的需求是否处于自然再生产能力之内，是可持续发展研究的重要内容之一。当前，如何以可持续发展战略为指导，定量评估水利水电工程，特别是梯级水电开发和跨流域调水工程规划的生态环境影响已成为一个崭新的课题。但是，有关水利水电工程规划对水资源及生态环境整体水平影响的研究并不多见，相应的评价理论和方法尚需进一步完善，这直接阻碍了管理者和决策者对水利水电工程规划实施产生的生态环境影响的客观评价和相应管理机制的制定，同时，也不利于提高相关政策水平。

1.2　生态系统健康与生态承载力概述

1.2.1　生态承载力

1. 承载力概念的演变历程

承载力（carrying capacity）原为力学中的一个指标，指物体在不产生任何破坏时的最大荷载，通常具有力的量纲。当人们研究区域系统时，普遍借用了这一概念，以描述区域系统对被承载对象的支持能力和对外部环境变化的最大承受能力。承载力概念的提出在促进人类认识到经济活动中存在限制及提高公众和决策者的政治环境意识中具有重要作用。

1）概念的起源

倾向于容纳能力的承载力概念的起源可以追溯到马尔萨斯时代，马尔萨斯是第一个看到环境限制因子对人类社会物质增长过程有重要影响的科学家，他的资源有限并影响人口增长的理论不仅反映了当时的社会形式，而且对后来的科学研究都产生了广泛的影响（Seidl and Tisdell，1999）。受其影响达尔文在其进化论观点中采用了人口几何增长和资源有限约束的观点，并集中体现在人口增长的逻辑斯缔方程中（Malthus，1986），见式（1-1）：

$$\frac{\mathrm{d}N}{\mathrm{d}t} = rN\left[\frac{K-N}{K}\right] \tag{1-1}$$

式中，N 为人口数量；r 为人口增长率；K 为环境的承载力。

逻辑斯缔方程首次将资源环境对人口增长的约束限制用承载力这一简单、直观的概念表示出来，使人类意识到资源和环境方面的限制作用，开辟了承载力这一研究方向，对当今承载力的研究仍具有重要的指示意义（Seidl and Tisdell，1999）。

2）概念的发展

马尔萨斯时代的承载力理论首先在人口统计和生物学领域得到了广泛应用，生物学和人口统计学也成为当时承载力概念的两大基石（Seidl and Tisdell，1999）。20 世纪以来，随着可持续发展研究的不断深入，承载力概念逐渐被应用于生物、资源环境、生态系统和人类系统等领域，其内涵也得到不断扩展。

A. 种群承载力

1992 年，Daily 最先提出了应用于生物学领域的承载力的概念，定义为：对某一特定区域，在不影响某一种群未来生存需要的条件下，当前的资源和环境状况所能支撑的最大种群数量。具体而言，种群承载力就是以资源环境所能支撑的有机体数量来测量可利用资源总量的方法，通常用 K 表示（Daily and Ehrlich，1992）。Hawden 和 Palmer（1994）则将种群承载力定义为：在环境干扰变化的条件下，特定区域生态系统能够支撑的种群数量的变化范围。该定义首先指明了环境状态与种群数量变化的关系，使关于承载力的研究从种群增长率的变化转向种群增长率与环境状态变化平衡关系的研究。Leopold 提出了相似的承载力概念，即"区域生态系统能支撑的最大种群密度变化的范围"（Hawden and Palmer，1994）。Mcleod（1997）分析了各种各样的人口容纳能力模型，发现这些概念和模型没有涉及影响因素间复杂的作用关系、不确定性和随机的环境变化等，且采用逻辑斯缔增长方程的承载力概念只适用确定性系统和变化较小的系统；在变化的环境条件下，已有承载力概念只适用于测定一种短期的种群密度，无法测定长期的均衡密度。

此阶段的承载力概念主要强调生态系统的资源基础对种群的支持能力，未涉及社会经济系统。

B. 资源环境承载力

资源利用、生态环境保护和经济发展是每个管理者都需要面对的问题，三者关系复杂。由于资源环境系统面临容纳人类社会未来发展和增长的问题，为改善可持续发展程度，进行资源环境承载力安全评价非常必要。在诸多资源环境承载力安全评价文献中，目前研究最多的是资源承载力、环境和区域承载力及旅游承载力。

在农牧业生产中，资源、环境是对粮食单产增产的限制因素，因此存在土地资源承载力。IUCN/UNEP/WWF（1991）将土地资源承载力定义为：一个生态系统维持其产量的能力。Harris（1996）则将区域土地资源承载力定义为：在一定技术水平和资源环境约束下，粮食产量能够支持的最大人口数量。在以往的研究和实践中，土地资源承载力的计算和预测多采用产量模型，并不关心生态环境要素，其计算和预测结果往往过高估计区域土地资源的承载能力。针对这一问题，Harris 和 Kennedy（1999）指出，计算和预测区域土地资源承载力需要综合考虑环境和可持续发展能力，区域可持续的农业生态系统模型更有利于表征实际的承载力。中国科学院自然资源综合考察委员会则将土地资源人口承载力定义为：在一定生产条件下土地资源的生产能力和一定生活水平下所承载的人口限度。这一定义明确了土地承载力的四个要素：生产条件、土地生产力、人的生活水平和被承载人口的限度（郭秀锐等，2000）。其他资源承载力的代表性概念包括：徐强（1996）认为矿产资源的承载力主要是指在可以预见的时期内，通过利用矿产资源，在保证正常的社会文化准则的物质生活条件下，用直接或间接的方式表现的资源所能持续供养的人口数量；崔凤军（1998）认为水资源承载力是指某一城市、某一时期内在某种状态下的水环境条件对该区域的经济发展和生活需求的支持能力，它是该区域水环境系统结构性的一种抽象表示方法。

环境承载力，即在某一时期、某种状态或条件下，某地区的环境所能承受的人类活动的阈值。其中，某种状态或条件是指现实的或拟定的环境结构不发生明显向不利于人类生存的方向改变的前提条件，所谓"能承受"是指不影响环境系统正常功能的发挥。彭再德等（1996）将区域环境承载力定义为：一定的时期和一定的区域范围内，在维持区域环境系统结构不发生质的改变，区域环境功能不朝恶性方向转变的条件下，区域环境系统所能承受的人类各种社会经济活动的能力。

景点及景观资源过度利用和使用者过于拥挤往往对区域资源环境产生负面影响，进而导致景区风景质量的不同变化。因此，旅游承载力概念表现出多样化的特征（Davis and Tisdell，1996；Urban Research and Development Corporation，1980）。根据承载系统的不同，旅游承载力可分为：①自然生态承载力，指一个地区或生态系统能够容纳的最大旅游利用水平（旅游人数或活动），而不会带来生态价值不可接受或不可逆的下降（Mathieson and Wall，1982；Mitchell，1979；Pigram，1983；O'Reilly，1986；Wall，1982；Wang，1996）；②感知承载力，定义为确保游客获得最大满意度的旅游利用水平（Brotherton，1973）；③经济承载力，定义为能够产出一定财政受益的景观利用水平（Patmore，1983）；④社会承载力，包括当地居民的容忍程度和游客游玩质量，定义为景区利用的最大水平，而不会带来当地社会不可接受的影响，即一定的游客数量或活动水平，高于这一数量或活动会带来旅游质量的下降（Saveriades，2000；Wang，1996）。

此阶段的承载力概念多从单一资源或环境要素入手开展研究，缺乏系统考虑。

C. 生态系统承载力

针对不同资源和物种的单一承载力的计算虽然为保护资源和生物提供了宝贵的数据和资料，但随着研究的深入，人们发现这种单独计算可能出现各资源的承载力上限相互矛盾，无法指示整个生态系统所处状态和整体承载力水平。因此，许多学者从系统的整合性出发，提出承载力应扩展到整个生态系统范围，界定了侧重于生态系统的承载力概念（Cohen，1995；Sagoff，1995；Seidl and Tisdell，1999），即生态系统所提供的资源和环境对人类社会系统良性发展的支持能力（Seidl and Tisdell，1999）。这种支持能力包括"承载能力"和"同化能力"。其中，承载能力指生态系统对被承载对象的支撑能力；同化能力指生态系统对污染的容纳能力。Perrings等（1995）认为"承载能力"和"同化能力"可以间接测量与弹性忍耐水平一致的压力水平，在特定的技术经济条件下，这两种支持能力都存在临界点，在该点生态系统会崩溃，并给人类带来最不经济的后果。Arrow 等（1995）认为，以生态恢复力作为衡量承载力的指标，从而映生态系统的整体质量。我国学者高吉喜（2001）也提出了相似的生态承载力概念，即生态系统的自我维持和自我调节能力，资源和环境子系统的供容能力及其可维育的社会经济活动强度和具有一定生活水平的人口数量。

生态系统承载力的研究对象是自然生态系统，研究自然系统中所有组分的和谐共存关系，直接表征生态系统的整体质量，探讨生态系统对人类活动的阈值。

D. 人类系统承载力

随着社会经济的飞速发展，人类活动与生态环境之间的矛盾日益突出，人们逐渐意识到人类社会是自然界的一部分，人类的生存和发展依赖于生态系统提供的资源和环境（Cairns，1999）。同时，社会经济系统和生态系统都是一种自组织的结构系统，二者之间存在紧密的相互联系、相互影响和相互作用。由此，诞生了人类系统承载力概念，并广受关注。这一时期的承载力概念，表征人类复合系统的质量和状态，内涵上与传统承载力概念具有明显的差异。研究表明，人类消费模式、技术水平和人类活动对环境的影响，使得承载力主要由人为因素而不是固定的生物因素决定，即承载力与生活质量直接相关（Hardin，1986）。因此，人类系统承载力是指人口的快速增长对自然资源的过度需求所导致的人类社会与生态系统的矛盾冲突（Hardin，1986；Holdren，1974），这一概念虽起源于最初的生物和人口统计学，但关注的重点是经济和社会与生态系统相互作用下的承载力水平（Costanza，1995），更多赋予了经济、社会和人文的内涵（Seidl and Tisdell，1999）。Daily 和 Ehrlich（1992）和 Wetzel 和 Wetzel（1995）认为，对人类的限制是总人口带来的破坏而不是人口数量本身，于是在地球生态系统中引入破坏或影响的概念，用以代替人类系统承载力最初概念中的人口数量，并用 Ehrlich 方程来表征影响，见式（1-2）：

$$I = P \cdot A \cdot T \tag{1-2}$$

式中，I 为影响；P 为人口数量；A 为人均资本消费；T 为环境破坏。Daily 和 Ehrlich（1992）进一步认为可以采用可持续性作为表征人类系统承载力的指标。

人类系统承载力概念已超出了最初界定的生态系统所能承受最大人口数的内涵，集中反映了生态系统所支持的人口与其对环境影响的反馈平衡，关注人类的生活质量，并强调政治制度、人类价值、传统、经济和消费模式，以及分配和基础设施对承载力的影响，将仅用于自然生态系统的承载力概念扩展到包括社会经济在内的复合生态系统中去。

3）传统承载力概念的缺陷

承载力概念作为生态环境管理的有效工具，一般定义为：限制条件相对于其影响因素的数量或水平。这一概念相对直观、简单，但存在以下两方面缺陷。

第一个缺陷在于承载力概念在理论上存在不足，过于模糊，难以实际应用和定量测定（Stankey，1982）。从承载力概念发展的历史来看，最初以 Malthus 理论为基础的承载力概念集中于计算限制人类生存的单个因子的极限；资源承载力概念的提出试图完善这一理论，通过确定不同的承载力得出不同的极限。但这些集中于不同资源和主题的承载力会带来无法确定统一上限的矛盾，且对于生态系统状态的信息很少。时间上，承载力概念只能提供中、短期可持续的上限估值。在应用过程中，如果资源的利用水平与其影响间关系复杂且呈非线性特征，概念难以应用（RAC，1993）。而且，人们在应用中还错误地认为承载力是一定的限值（Schneider，见 RAC，1993）。这种认识是一种误导，将复杂的问题过于简单化，难以描述生态系统复杂的行为。

第二个缺陷在于承载力这一概念本应是科学、客观的概念，但许多学者都认为应用于本领域内的承载力概念本身存在主观性，如每个标准都具有固有的主观性（Lindberg et al.，1997），而政策制定者和管理人员误认为它是一个科学、客观的概念（Davis and Tisdell，1996；Lindberg et al.，1997）。Stankey（1979）也认为承载力不是一个科学概念，而是一个管理概念，此类研究可以帮助管理者描述不同开发利用水平带来的后果，不能直接回答承载力是什么。

2. 生态承载力的一般特性

根据已有研究（邓波等，2003；高吉喜，2001；徐琳瑜，2003；余丹林，2000），生态承载力的一般特性可概括如下。

1）资源性

生态系统是由资源环境组成的，而且对经济活动的承载能力也是通过对资源的开发利用而发生的。因而，生态承载力就是表征生态系统的资源属性。

2）客观性

生态系统的自我调节功能与弹性限度，资源的供给能力和环境的纳污能力对给定的生态系统而言都是一定的。生态系统通过与外界交换物质、能量、信息，保持着结构和功能的相对稳定，即在一定时期内系统在结构和功能上不会发生质的变化。因此，在系统结构不发生本质变化的前提下，生态承载力的质和量是客观的和可以把握的。

3）变异性

生态承载力的变异性一方面源于生态系统功能的变化，另一方面与人类社会的生活质量和生存状态有关。

4）可控性

生态承载力是不断变化的，这种变动性在很大程度上取决于人类活动的影响。人类根据生产和生活的需要，可以对系统进行有目的的改造，从而使生态承载力在质和量上朝人类需要的方向变化，但人类施加的作用必须有一定的限度，因此生态承载力的可控性是有限度的。

3. 承载力与可持续发展

承载力概念的中心思想是维持生态系统的整体性，并提供高质量的社会水平（Glasson et al., 1994；Lime and Stankey, 1979；Sowman, 1987；Wang, 1996）。早在 1978 年，Hutman 就注意到承载力概念可以与社会、经济指标相结合，以获得可持续发展的最佳解决方案（Hutman, 1978）。可见，可持续发展与承载力概念之间存在密切联系。

对资源环境承载力而言，可持续发展理念的引入，使得最大可持续的资源利用水平转换为极限和阈值的概念，低于此值资源存量太低，难以维持资源的可持续利用。Kammerbauer 等（2001）在研究可持续发展和自然资源政策时指出，一旦资源环境承载力达到了生态极限，就需要提出新的可持续发展战略。

生态系统承载力与生态恢复力有关（Arrow et al., 1995），一旦生态系统的恢复力丢失，也就超过了系统的承载力，系统随之从一个稳定状态过渡到另一个稳定状态。因此，生态系统需要为区域发展提供支持承载能力（提供自然资源），为维持可接受的环境质量提供同化承载能力（吸收污染物）。而实现可持续发展则要求：生态系统支持能力所能够带来的生产消费水平和同化能力可确保环境质量保持动态平衡（Seidl and Tisdell, 1999）。

对人类系统承载力而言，可持续发展要求的可接受水平直接受人类选择的影响。因此，人类系统引入的承载力概念不再是单一目标和单一水平（平衡人口），而是依赖于价值判断、政策制度、技术水平、消费模式和人类目标的不同稳定状态。如果人类活动没有处于承载力范围内，社会不得不重新考虑它的价值取向，制定新的发展计划和政策制度，并设定新的发展目标（Seidl and Tisdell, 1999）。

4. 承载力的研究方法

承载力研究的方法学可归纳为：①建立评价主体指标，如 Ulgiati 和 Brolon（2002）建立了经济发展承载力评价指标；②建立承载力评价标准，如 Prato（2001）根据资源和社会调查，以及相关法规建立了评价标准，Seidl 和 Tisdell（1999）将可持续性和环境标准作为承载力标准；③针对一定的人类和自然资源生态系统，熟知每一指标利用水平与影响之间的相关关系，采用系统方法（定性或定量方法，如评价模型）估计承载力指数的改变，判断当前的生态系统状态是否与自然和人类社会系统协调；④针对实际承载力与预期承载力的差值，通过一系列管理政策措施改变外部驱动力和系统结构予以消除（Khanna，1996）；⑤分析不同政策措施的实施对承载力的影响，确定最优管理措施。

尽管承载力研究已取得了重要进展，但目前的大多数研究都是采用定性方法，缺乏分析精度。实践表明，依据定量方法的管理决策更准确和易于实施，为此，本书对国内外承载力的定量评价方法及模型进行了总结，认为目前的承载力定量方法包括静态研究方法和动态研究方法两类（表1-1），各种方法的研究实践和特征如下所述。

表 1-1　承载力动态研究方法及模型

方法	模型	物理意义	引文
常规趋势法	$k(t) = k_1 + \dfrac{k_2}{1 + \exp[-\alpha_k(t - t_{mk})]}$	t_{mk}：承载力的中间点； $k(t)$：承载力； k_1：初始值；k_2：最终值； α_k：指数增长率	Meyer and Ausubel，1999
系统动力学模型	$\dfrac{d(NC)}{dt} = NC_{增长} - NC_{衰减} - Transfer - NC_{收获}$ $\dfrac{dHMC}{dt} = HMC_{政治} - HMC_{衰减} - Tax$ $x^* = K[1 - (D/Er)]$ $x_{msy} = (KrE/4)[1 - (D/Er)]^2$	NC：自然资本； HMC：人造资本； x_{msy}：最大可持续产量； K：承载力；r：增长率； D：衰减率；E：外部随机影响	Low et al.，1999
风险概率方法	$p(R_q) = p(M_1 R_q) + \cdots + p(M_I R_q)$ $p(M_i \mid R_q) = \dfrac{p(M_i R_q)}{p(R_q)}$ $= \dfrac{[p(R_q \mid M_i)p(M_i)]}{\left[\displaystyle\sum_{i=1}^{I} p(R_q \mid M_i)p(M_i)\right]}$	M_i：生态系统状态； R_q：资源/社会条件； $P(R_q)$：R_q 资源/社会条件下的最优概论； $P(M_i R_q)$：联合概论； $p(M_i \mid R_q)$：较晚概论； $p(R_q \mid M_i)$：R_q 的可能性函数； $p(M_i)$：M_i 的最优概论； $\left[\displaystyle\sum_{i=1}^{I} p(R_q \mid M_i)p(M_i)\right]$：可能性函数的期望值	Prato，2001

续表

方法		模型	物理意义	引文
系统分析方法	随机规划方法	$\text{maximize}E[U(Z^*)] = E[U(a^* + e^*)]$ $\Pr\{b_j^* \geqslant b_j^{**}\} \geqslant 1 - \alpha_j \quad j = 1, \cdots, J$ $\Pr\{s_k^* \geqslant s_k^{**}\} \geqslant 1 - \beta_k \quad k = 1, \cdots, K$	maximize: 最佳 $E[U(Z)]$: 管理者期望的利用函数; $Z = a + e$, Z: 管理者行为的随机向量; a: Z 的确定组分; e: Z 的随机组分 *: 标准化后的值; **: 标准值; j: 自然特征; k: 社会特征; α, β: 可靠性	Prato, 2001
	多目标线性规划方法	$\text{Minimize}Z_1 = \sum_{i=1}^{m}\sum_{j=1}^{n} \text{PECC}_{ij} \cdot X_{ij}$ $\text{PECC}_{ij} = \dfrac{1}{md_{ij} - \dfrac{W_{ij} - 0.5}{1.0 - 0.5}(md_{ij} - Cl_{ij})}$ $\text{Maximize}Z_2 = \sum_{i=1}^{m}\sum_{j=1}^{n} \text{SPCC}_{ij} \cdot X_{ij}$ $\text{Maximize}Z_3 = \sum_{i=1}^{m}\sum_{j=1}^{n} \dfrac{\text{Rt}_{ij} - \text{Ct}_{ij}}{(1+r)^t}X_{ij}$	PECC_{ij}: 自然生态承载力; SPCC_{ij}: 社会人文承载力; Rt_{ij}: 年投资返回; Ct_{ij}: 年投资; X_{ij}: 区域土地面积; md_{ij}: 使用者密度中值; Cl_{ij}: 使用者密度最低阈值	Wang, 1996

1) 静态研究方法

静态研究方法针对某一时间点上的承载力开展研究，所得结果有一定的参考价值，且所用资料少，计算方便易行。当前静态方法包括两种：①自然植被净第一性生产力的估测法；②生态足迹方法。李金海（2001）、王家骥等（2000）以现状生态环境质量偏离本底数据的程度作为自然系统承载力的指标，通过自然植被净第一性生产力的估测确定区域承载力的量值，并针对丰宁县和黑河流域进行了实践研究。生态足迹分析法是由加拿大生态经济学家 William 和其博士生 Wackernagel 于 20 世纪 90 年代初提出的一种度量可持续发展程度的方法，该方法从需求面计算生态足迹的大小，从供给面计算生态承载力的大小，通过二者的比较，评价研究对象的可持续发展状况（William，1992）。我国学者先后对西部 12 省（自治区、直辖市）、流域进行了生态足迹计算（杨开忠等，2000）。该种方法简便，具有可比性和可操作性，但由于对数据精度要求较高，目前尚缺乏地区层次各类生物生产面积的产量因子数据，限制了该方法在中小尺度（省、市、流域、区域）的应用（张志强等，2001）。静态研究方法的缺点在于无法反映承载力随时间的变化情况，忽略了消费水平和生活质量的差异，极大限制了方法的应用范围，需要与社会、经济指标共同采用才能用于动态生态承载力分析。

2）动态研究方法及模型

A. 常规趋势方法

常规趋势法主要采用统计分析的方法，选择单项和多项指标反映地区资源承载力现状和阈值，如 Thapa 和 Pandel（2000）对尼泊尔西部山区的粮食产量进行预测，并给出了牲畜承载力模型，探讨了不同管理模式下土地资源对牲畜的承载力。Capello 和 Faggian（2002）、Harris（1996）、Harris 和 Kennedy（1999）、Meyer 和 Ausubel（1999）（表1-1）、Oh（1998）、高吉喜（2001）和李晓文等（2001）也都采用这种方法开展了承载力研究。常规趋势法由于较多考虑的是单承载因子的发展趋势，而忽略各承载因子之间的相互联系，很难处理复杂巨系统之间的耦合关系，但其对某些承载因子潜力估算的研究方法对复杂巨系统的协调研究仍有借鉴意义，这类似于马尔萨斯的逻辑斯缔方程对后面承载力研究的指导作用。

B. 系统动力学方法

此类方法的突出特点是应用系统动力学原理，采用动态系统反馈模拟评价一个地区承载力。Low 等（1999）建立了生态系统—人类系统的一系列相关关系动力学模型（表1-1），以资源承载力为过程变量，应用这些模型探讨了动力学收获模式及其对自然、人类资本的影响。我国学者方创琳（1999）、惠泱河等（2001）、李丽娟等（2000）、唐剑武等（1997）和张志良（2001）等也采用此方法进行了相关研究。该方法的优点在于能定量地分析各类复杂系统的结构和功能的内在关系，擅长处理高阶、非线性问题，比较适用于宏观的长期动态趋势研究；缺点是系统动力学模型的建立受建模者对系统行为动态水平认识的影响，由于参变量不好掌握，易导致不合理的结论。

C. 灰色计量模型

方创琳和申玉铭（1997）应用新陈代谢的灰色计量模型对河西走廊绿洲的水土资源承载能力与人口承载能力进行了计算和预测，并阐明了水土资源承载能力、人口增长与生态环境承载力三者之间的互动关系。此类方法的预测结果较为准确，但难以反映生态系统各个发展阶段的特征，应用具有局限性。

D. 系统分析方法

生态承载力研究面对的系统是一个包括经济、生态、环境和资源的复杂巨系统，采用系统分析方法进行承载力分析具有优势。已有研究包括：Davis 和 Tisdell（1996）曾以经济效益为目标函数，资源为约束条件，分析了潜水旅游区的设置和管理措施；Wang（1996）采用多目标线性规划模型，以自然生态承载力最低、社会心理承载力最大和投资收益最大为约束条件，进行景区的管理（表1-1）；Prato（2001）通过随机规划模型（MASTEC）判断不同的管理措施与承载力标准的符合程度，以此进行管理措施优选（表1-1）；冉圣宏等（2002）应用生态承载力与生态弹性力理论，采用脆弱生态区的演化模型对经济开发活动对脆弱生态区的动态影响进行了研究；此外，迟道才等（2001）、贾嵘等（1998）、王綬（2000）、徐中民和程国栋（2000）也都采用该方法开展了承载力研究。由于系统分析方法综合考虑了区域水、土、气候等限制资源及资源相互之间作用的关系，而且决策分析中可考虑人类不同目标和价值取向，融入决策者的思想，适合处理社会经济生态水资源系统这类复杂的多属性多目标群决策问题。

E. 风险概率方法

Prato（2001）采用贝叶斯定律建立了根据过去发展形式分析的生态系统管理模型（AEM）（表1-1），以判断生态系统所处状态是否与自然和社会承载力相符，如不符将采取相应的管理措施。该方法引入专家判断法，是定性定量相结合的方法，评价结果更符合实际情况，较为准确，但难以反映整个生态系统或全部人口的公正与公平，特别是人均资本收入有较大差异时更是如此，应用具有局限性。

F. 模糊优选模型

模糊综合评判方法就是应用模糊数学对受多种因素制约的事物和现象作出一个总体评价。该方法的实质是对主观产生的"离散"过程进行综合处理。承载力所描述的是一种承受人类社会经济活动的适宜、协调的程度，是典型的模糊概念。张传国（2002）、张鑫等（2001），先后建立了承载力模糊评价模型，对地下水系统环境承载力进行了计算。他们建立的模型充分考虑了各种政策水平下不同方案相对优劣的特点，用越大越优、越小越优来分别描述不同指标对承载力的贡献，评价结果合理、可靠，所得结论令人信服。

1. 2. 2 生态系统健康

1. 生态系统健康概念

生态系统健康（ecosystem health）是生态系统的综合特征，集中反映生态系统内部秩序和组织的整体状况，是生态环境管理的一个新方法，并与可持续发展的度量标准、环境管理目标息息相关（孔红梅等，2002；曾德慧等，1999）。目前，此类研究不再局限于生态环境本身，已开始深入社会、经济的各个方面，关注自然生态系统、社会生态系统和经济生态系统的相互协调性和耦合性。

生态系统健康这一概念是在20世纪80年代后期提出的。1988年加拿大学者Schaeffer等首次探讨了生态系统健康的度量问题，但没有给出明确定义（Schaeffer et al.，1988）。Rapport（1989）首次论述了生态系统健康的内涵，认为生态系统健康是指一个生态系统所具有的稳定性和可持续性，即在时间上具有维持其组织结构、自我调节和对胁迫的恢复能力。Karr（1991）认为由于人类的过度干扰造成了生态系统的退化，生态系统健康就是生态完整性（ecological integrity）。一些学者认为，"生态系统健康"的概念应该与人类的可持续发展联系在一起，其"健康"的目标在于为人类的生存和发展提供持续和良好的生态系统服务功能（Rapport，1989）。在这个意义上讲，生态系统健康就是生态系统的可持续性。以 Costanza 和 Rapport 为代表的生物学家则强调生态系统与胁迫的关系，认为目前世界上的生态系统在胁迫下已出现问题，并对人类产生了潜在威胁。鉴于此，Costanza（1992）将生态系统健康定义为"如果一个生态系统是稳定、持续和具有活力的，并能在一段时间内保持其组织和自我管理（autonomy），对外界压力具有恢复力，那么该生态系统可视为是健康的"，它应该由"活力"（vigor）、"组织"（organization）和"恢复力"（resilience）3 个方面构成。活力表示生态系统的功能，可根据新陈代谢或初级生产力等来测度；组织结构可根据系统组分间相互作用的多样性及数量来评价；恢复力也称抵抗力，是指系统在胁迫下维持其结构和功能的能力（Rapport et al.，1999）。Mageau 对这一定义进行了修饰，根据系统活力、结构和恢复力等指标提出了生态系统健康的可操作性概念（Mageau et al.，1995）。Rapport 等（1999）从生态系统为人类提供服务的角度，将生态系统健康的概念总结为"以符合适宜的目标为标准来定义的一个生态系统的状态、条件或表现"，即生态系统健康应该包含两方面内涵：满足人类社会合理要求的能力和生态系统自我维持与更新的能力，前者是后者的目标，后者是前者的基础。表 1-2 列出了几种具有代表性的生态系统健康概念。

表 1-2　生态系统健康概念辨析

概念时间及提出者	概念内容	特点
Schaeffer et al.，1988	生态系统"没有疾病"	概念模糊，但提出了评价原则和度量方法
Rapport，1989	一个生态系统所具有的稳定性和可持续性，即在时间上具有维持其组织结构、自我调节和对胁迫的恢复能力	探讨了生态系统健康的内涵
Karr，1991	生态系统健康就是生态完整性	强调人类的干扰活动与生态系统退化的关系
Costanza，1992	稳定、持续、具有活力，并能在一段时间内保持其组织和自我管理，对外界压力具有恢复力	强调生态系统在胁迫下的反应
Rapport et al.，1999	以符合适宜的目标为标准来定义的一个生态系统的状态、条件或表现	强调生态系统为人类提供服务

生态系统健康概念的提出虽然只有十几年的历史，却受到了广泛关注。许多学者致力于生态系统健康测定方法和指标体系的探索性研究。加拿大、美国开展了北美大湖区退化生境恢复、污染防治、保护人和生态系统健康的实践工作（Anon，1994），中国在这方面的研究刚刚起步。到目前为止，国际上对几乎所有的水生态系统类型——海洋、海岸、湿地、河流、河口和湖泊，以及部分陆地生态系统类型——森林、草原及城市等都进行了研究（Mageau et al.，1998；Xu et al.，2001；崔保山和杨志峰，2001；2002a；2002b；郭秀锐等，2002；李晓文等，2001；刘红，2000；袁兴中和刘红，2001）。

2. 生态系统健康评价指标体系及量化方法

要使生态系统健康的概念具有现实意义，唯有通过对生态环境进行有效、可靠、可操作、可广泛推广，并能为决策者提供指导信息的健康评价来实现。然而，目前的生态系统健康评价还处于实验和摸索阶段，尚未形成一套成熟的方法，生态系统健康或完整性标准也没有达成共识。目前的生态系统健康评价方法多是针对评价对象，选取一系列评价指标，收集或监测相应数据，分析系统的时空限制、结构和功能、系统的动态演变过程，对结果进行整理，判断生态系统是否出现疾病（Schaeffer，1996）。因此，决定评价成功与否的关键是如何选择适宜的评价指标和准确的评价标准。

1）指标选取原则

生态系统健康评价指标涉及多学科、多领域，种类、项目繁多。有学者认为，指标筛选必须达到3个目标：①指标体系能完整准确地反映生态系统健康状况，且具有代表性。②对各类生态系统的自然状况和人类胁迫进行监测，寻求自然、人为压力与生态系统健康变化之间的联系，并探求生态系统健康衰退的原因。③定期为政府决策、科研及公众等提供生态系统健康现状、变化及趋势的统计报告（袁兴中和刘红，2001）。还有学者认为筛选指标应遵循整体性、适度空间尺度、简明性、可操作性和规范化原则（刘红，2000）。

2）指标体系分类

综合而言，生态系统健康评价作为一门交叉科学的实践，不仅包括了生态系统综合水平、群落水平、种群水平及个体水平等多尺度的生态指标来体现生态系统的复杂性；还兼收了物理、化学方面的指标，以及社会经济、人类健康指标，以反映生态系统为人类社会提供服务的质量与可持续性（Cole et al.，1998；Rapport et al.，1999；李瑾等，2001；马克明等，2001；袁兴中和刘红，2001）。在这些指标中，以 Costanza 等（1999）提出的活力、组织、恢复力为代表的生态类指标体系是目前生态系统健康研究的主流。

A. 生态指标

生态指标是生态系统健康评价最早应用的手段，也是目前广泛适用的主流研究方法，已应用的生态指标见表 1-3。

表 1-3　生态系统健康评价中的生态指标

类型	指标	特征
生态系统水平综合指标	Rapport 等（1985）提出以"生态系统失调综合征"（ecosystem distress syndrome，EDS）作为生态系统非健康状态的指标，包括系统营养库（system nutrient pool）、初级生产力（primary productivity）、生物体型分布（size distribution）、物种多样性（species diversity）等方面的下降，因而出现了系统退化（system retrogression）	选择一组关键指标评价生态系统处于有害环境胁迫下的特征；将生态系统医学用于生态系统健康评价中
	Costanza（1992；1999）从系统可持续性角度，提出了描述系统状态的三个指标：活力（初级总生产力，初级净生产力；国民生产总值；新陈代谢）、组织结构（多样性指数）和恢复力（生长范围、种群恢复时间、化解干扰的能力）及综合指标（优势度、生物综合性指数）	这是目前被普遍接受的生态系统健康评价指标，同时也较为全面，并与生态系统健康的概念和原则较为相符。但指标间的界定模糊，同时无法说明子生态系统的过程和相互关系
	Karr（1991）提出的生物完整性指数	主要为定性的判断
	Jorgensen 等（1995）提出使用活化能（energy）、结构活化能（structural energy）和生态缓冲量（ecological buffer capacity）来评价生态系统健康。徐福留以这些指标为基础对中国巢湖进行了评价（Xu et al.，1999）	评价风险大，如指示种选择不当，所得评价结果很难反映真实生态系统健康情况（马克明等，2001）
群落水平指标	分类群组成、种多样性（包括种丰富度和种均匀度）、生物量（Cairns et al.，1993）	
	指示物种：鸟类、鱼类、浮游植物、浮游动物、底栖动物等（Cairns et al.，1993；Hilty et al.，2000）	筛选标准不一致，并与现有指示物种不配套（Hilty，2000）；一些监测参数的选择也不恰当（Makarewicz，1991）
	生物体型分布（Vandermeulen，1998；Xu et al.，1999）、群体结构（Cairns et al.，1993）、营养结构（食物网）（Rapport et al.，1998）和关键种（Cairns et al.，1993）是近年来使用较多的指标方法	多与污染物特征指标共同出现于生态毒理学指标体系中
种群及个体水平指标	指示种：公众较熟悉的、对化学因素变化较敏感的动植物，以及对其他压力和生态过程度变化表现明显的物种（Cairns et al.，1993）	具有早期预警作用，但缺乏敏感性，即当这些指示种发生变化时，整个系统的功能和整体性质有可能还未显示出来（Boulton，1999）

Cairns 等（1993）认为这些评价生态系统健康的生态指标按照其功能可分为三类：早期预警指标、适宜程度指标和诊断指标，评价生态系统健康可以从这三方面选择指标构成体系（表1-4），但目前还没有同时满足以上三种功能的指标。

表1-4 生态系统健康评价中生态指标的功能分类

功能分类	内涵	举例
早期预警指标	能及时确定即将发生的生态系统退化的指标	敏感种个体的生长率、形态结构畸变和对化学物质的耐受力
适宜程度指标	与可接受的或参照系的标准进行比较后，能确定生态系统健康状况的指标	生态系统完整性指标、活化能、有重要经济价值的物种丰富度等
诊断指标	确定评价对象退化或者偏离健康的原因的指标	生物体型分布、营养结构的完整性等

B. 人类健康指标

人类健康指标是指概括并表征人体信息的统计学指标，该指标可以有效地用于政策制定、管理和评价工作中。人类健康指标包括：暴露性指标（反应环境中污染物质或有毒有害物质的指标）、疾病指标（人类对环境恶化的反应，如死亡率和发病率）和社会福利指标（Cole et al.，1998）。这类指标多用于探讨环境污染对人类健康的影响，进而反映生态系统健康水平。

C. 社会经济指标

社会经济指标集中反映了生态系统要满足人类生存与社会经济可持续发展对环境质量的要求（李瑾等，2001）。这类指标在其他领域中已广泛应用，研究方法相对较完善，但如何应用于生态系统健康评价中，并与生态类指标综合使用还存在问题。

3）评价标准

目前学术界尚没有统一认可的生态系统健康评价标准。Schaeffer 和 Cox（1992）提出了生态系统功能阈值，认为人类对环境资源的开发利用和社会经济的发展不能超过此阈值。在具体操作中，所谓健康的生态系统，就是未受人类干扰的生态系统，即在同一自然区系内寻找同一生态类型的未受或者少受人类干扰的系统。因此，有学者提出用未受人类干扰的生态系统各指标数值作为评价标准，如欧洲水体健康评价框架（The European Water Framework Directive）（Pollard and Huxham，1998）。但在当今人类足迹几乎遍及生物圈各个角落的前提下，难以实现。另外一条途径是从被评价系统的历史资料中获得较少受到人类干扰条件下系统的状态描述，作为健康参照系，如美国 EPA 拥有的最早的河流景观是1930 年的航片。然而，该方法的缺陷是显而易见的：首先，在具有该历史资料的时期，被评价系统是否已受一定程度的影响难以确定；其次，这种历史资料的获得往往是有限的。Schindler（1987）尝试从其他途径来获得历史资料，如对水体底部沉积物的分析。郭秀锐等（2002）则参照生态城市标准建立了城市生态系统健康评价标准。总体来说，如何建立一个更合理的评价标准和参照系仍需要大量的工作，并有待于从新的角度开拓思路。

4）指标的量化方法

（1）采用活力、组织和恢复力的测量评价方法。

活力、组织和恢复力的测量及预测公式是目前被普遍接受、较为全面的生态系统健康评价方法，见表1-5（Rapport et al.，1998）。该法的缺点在于所选指标间的界定模糊，同时无法说明子生态系统的过程和相互关系特征。

表1-5　活力、组织和恢复力的测量及预测公式

指标	内涵	测量及预测方法	计算公式
活力	活性、代谢及初级生产力，可用初级生产力和经济系统内单位时间的货币流通率表示	网络分析方法	$TST = \sum T_{ij}$
组织	生态系统组成及途径的多样性	网络分析方法、自主权值（A）和系统不确定性（H）	$I = T_{ij}/T \cdot \ln(T_{ij} \cdot T/T_j \cdot T_i)$ $A = T \cdot I = T_{ij} \cdot \ln(T_{ij} \cdot T/T_j \cdot T_i)$ $H = (T_{ij}/T) \cdot \ln(T_{ij}/T)$
恢复力	生态系统维持结构与格局的能力	计算机模型、生物地球化学循环模型等	MS/RT（MS 为生态系统可以承受的最大胁迫；RT 为恢复时间）

（2）生态风险评价法。

以 Schaeffer（1996）为代表，将逻辑、概率等概念应用于生态系统健康评价中，提出了相对完善的生态风险评价方法。该方法将严格、正式的数学方法引入生态系统健康的诊断过程中，其重点是已知来源的压力对受压系统可能产生的影响，进而估算损害的风险。但该方法偏重于压力，而不是生态系统的反应。

（3）模糊数学模型法。

欧阳毅和桂发亮（2000）、郭秀锐等（2002）采用模糊数学方法针对生态系统的各子系统及选取的指标建立生态系统健康诊断数学模型，并对城市生态系统进行健康评价。

第 2 章

基于生态系统健康的
生态承载力理论

2.1　流域生态系统健康基本理论

生态系统结构是指系统内各组成因素在时空连续空间上的排列组合方式、相互作用形式以及相互联系规则，是生态系统构成要素的组织形式和秩序（于贵瑞，2001）。生态系统功能主要是指与能量流动和物质迁移相关的整个生态系统的动力学（沃科特 K A 等，2002），是系统在相互作用中所呈现出来的属性，它表现了系统的功效和作用；生态系统所具有的功能是系统存在的原因，它体现了生态系统的目的性，一旦其功能丧失，该生态系统也就失去了存在意义。生态系统的结构和功能息息相关，功能的变化会引起系统内结构组分的相应变化；同样，结构的变化也会导致系统某些功能的相应变化。

地球表面的一定地域空间称为区域，区域可分为自然区域、行政区域和经济区域等类型。流域是自然区域的一种，具有区域的一般属性，同时流域又是一种特殊类型的区域，是以河流为中心构成的复杂系统，其结构和功能具有自身特点。

2.1.1　流域生态系统结构

不同领域内的研究者对流域边界及结构有不同认识，水文学上将汇集地面水和地下水的区域称为流域，也就是分水线包围的区域（詹道江和叶守泽，2000）；地貌学中，将分水线所限而有径流流入干流及其支流的集水面积称为流域，可分为 3 个子系统，即坡地系统、河道系统和三角洲系统，各子系统之间具有明显的边界，系统内各要素相互联系相互作用的关系，能量的输入及耗散、物质的输移及地貌演化的整体过程是流域地貌学的主要研究内容（沈玉昌和龚国元，1986）。水文学和地貌学界定的流域侧重于流域内的自然部分。实际上流域生态系统是流域内人及其他生物与环境之间不断进行物质循环和能量流动而形成的统一整体，因此，流域生态学中认为流域生态系统是一个社会—经济—自然复合生态系统（马世骏和王如松，1984），进一步划分为自然生态亚系统、经济生态亚系统和社会生态亚系统三大部分（图 2-1）。

针对流域内的自然生态亚系统，又分为高地、河岸带和河流连续体 3 个子系统。其中，高地是流域的汇流区，包括森林生态系统、草原生态系统、荒漠生态系统、农田生态系统等诸多类型的生态系统；河岸带属于水陆交错带，包括河岸边交错带、湖周交错带、河口三角洲交错带等，是具有丰富生物多样性的生态交错带；河流连续体是流域中的狭长网络状系统，包括河流的干流及其各级支流，以及与河流连通的湖泊、水库、湿地等，它是流域中的廊道系统，起着连通流域

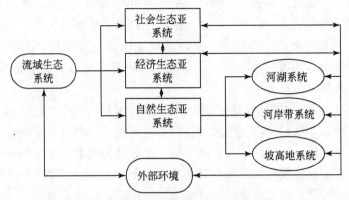

图 2-1　流域复合生态系统分类示意图

内各生态系统的作用（邓红兵等，1998；吴刚和蔡庆华，1998）。

　　流域生态系统具有一定的边界和外部环境，流域内包含人口、环境、资源、物资、资金、科技、政策和决策等基本要素，各要素在时间和空间上，以社会需求为动力，以流域可持续发展为目标，通过投入产出链渠道，运用科学技术手段有机组合在一起（王礼先，1995）。同时，流域内各要素与外部环境之间，流域与流域之间在不断地进行着物质、能量、信息的交换及资金、人员的交流，构成了一个开放的系统，并不断经历着发展与变化（王礼先，1995）。在这个复杂系统中，自然生态亚系统是基础，经济生态亚系统是命脉，社会生态亚系统是中心（饶正富，1991）。流域生态系统内部结构见图 2-2。

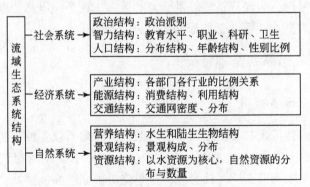

图 2-2　流域生态系统结构示意图

　　流域自然生态亚系统的结构分析以营养结构、物理结构为主线，包括绿色植物、动物、微生物、人工设施、景观及自然因素等。其中，绿色植物、动物、微生物等与环境系统所建立起来的营养关系，构成了自然生态亚系统的营养结构，它在人类出现以前就已形成。各种嵌块的配置和分布构成了流域的自然景观，它是流域的主要物理结构。此外，许多自然因素影响着流域的构型，包括地貌特性（如坡度）、水域的形状、地质构造，以及该地区的气候条件。因此，流域自然生态系统以生物与环境的协同共生及自然生态系统对社会、经济亚系统的支持、容纳、缓冲及净化为特征。

流域是以水能开发为基础的经济地区，水资源是经济生产的命脉，水资源开发及相应的渔业、航运经济是流域经济亚系统的核心。同时，城市和村庄等人工系统中的产业结构、能源结构、资源结构、交通结构和农业结构是流域经济生态亚系统的集中体现，其中以产业结构和能源结构对流域中城市的发展最为重要，而能源结构、资源结构和农业结构对流域自然生态亚系统最重要。一般来说，工业结构指工业系统内部各部门和各行业的比例关系以及工业区的"工业链"类型；能源结构指在能源消费中，不同类别的能源（煤炭、石油、天然气、水电、核电及太阳能等）所占的比例；资源结构是指各种资源（包括可再生资源和不可再生资源）丰度比例、品质比例和空间分布比例。生产部门由于行政或产业关系和互补关系最终形成的产业体系及其地带与空间分布，以资源为核心，由工业、农业、建筑、交通、贸易、金融、信息、科教等子系统组成。它以物资从分散向集中的高密度运转、能量从低质向高质的高强度集聚、信息从低序向高序的连续积累为特征，使经济再生产过程成为流域经济亚系统的中心环节。

社会生态亚系统以人口为中心，包括基本人口、服务人口、抚养人口、流动人口等，以满足城市居民的就业、居住、交通、供给、文娱、医疗、教育及生活环境等需求为目标，为经济系统提供劳力和智力。该系统以高密度的人口和高强度的生活消费为基本特征（王如松和周启星，2000）。

2.1.2　流域生态系统基本特征

1. 整体性和关联性

流域是整体性极强、关联度很高的区域，流域内不仅各种自然要素之间的联系极为密切，而且以河流为主线，上、中、下游和干支流间相互制约、相互影响，流域内自然生态亚系统为社会经济亚系统提供原料并接纳社会经济亚系统排放的废物，3个亚系统间的能量流动、物质循环、信息转化处于无时无刻的联系中。

2. 有序性和复杂性

流域是一个多层次的网络系统，由多级干支流组成。不同的等级和层次具有不同的性质和规律，各层次之间相互作用，并可以相互转化，使整个流域系统处于复杂而有序的状态。

3. 开放性、耗散性和可控性

流域是一种开放型、复杂的耗散结构系统，系统内的物质循环与能量流动的相互作用所产生的自校稳态机制使系统具有自我维持和调节能力，但流域生态系统的这种稳态机制是有限的，当外力与人为干扰超过系统可调节能力或可承载能力范围时，系统平衡将被破坏，甚至瓦解。作为系统组成要素的人类，除具有自然属性外，还具有社会属性，使流域生态系统除具有一般系统具有的自组织能力外，还具有主观能动组织能力，即由于人类的参与，流域生态系统的结构和功能是可以调控的。

4. 相对稳定性和动态性

流域生态系统的稳定性依赖于与外界的能量、物质和信息（熵）交换，这种稳定是一种动态稳定过程，是在过程中维持结构和功能的稳定，一般干扰可以引起相应的变化，但最终结果是被消化于其中，表现出较强的恢复能力。流域生态系统的结构和构成要素均随时间的推移而发展演化，发展使流域生态系统趋向稳定，演化使其从一种稳态结构向另一种稳态结构过渡。

5. 自组织性和相对平衡性

流域生态系统通过自组织和自我调节过程使自身处于一种相对稳定过程。流域生态系统的平衡是客观存在的，这种平衡是在保持自然生态平衡条件下的社会经济平衡；是在自然选择和人工选择的过程中，流域可持续发展的生态、经济和社会目标相统一的平衡状态（王礼先，1995），同时，这种平衡是相对的、动态的，依赖于与外界的能量、物质和信息交换以及系统的自组织能力。

2.1.3　流域生态系统基本功能

从系统论角度看，功能是指系统与外部环境相互作用联系过程中产生的秩序和能力（徐涤新，1987），生态系统功能是系统在相互作用中所呈现的属性，它表现了系统的功效和作用。从系统本身来看，功能是以"流"的形式表现出来的，流域生态系统即物流、能流、信息流、资金流的交换和融合过程，具有能量平衡与传递、物质传输和循环（水、沙、盐分、营养物质）、生物多样性维持、信息传递、资金增值等功能。其中，生产、消费和调节是流域生态系统的三大基本功能。

就流域自然生态亚系统而言（表 2-1），生产功能体现在光合作用、化能合成作用、第二性生产、水文循环等方面。消费功能体现在诱捕、摄食与寄生、资源消耗与代谢、污染与退化等方面。调节功能依组成结构的不同而不同，其中，河湖系统具有输沙、输水、泄洪、提供生物栖息地、接纳污染物、防止海水入侵等功能；河湖岸带生态系统具有明显的边缘效应，是最复杂的生态系统之一，对水陆生态系统间的物流、能流、信息流和生物流发挥廊道、过滤器和屏障功能，对于保持物种多样性、拦截和过滤物质流、鱼类的繁育、稳定毗邻生态系统、净化水体等均有重要的现实和潜在价值（Gregor et al.，1994）；坡高地系统作为流域的重要组成部分，是流域降水流入河道之前的重要影响因素，坡高地的形态变化也会影响河流水文情势及人类生存环境。此外，林地枯枝落叶层在调节地表径流、改良土壤结构、增加入渗、提高土壤的抗侵蚀能力和消减击溅侵蚀等方面具有重要作用。综上所述，流域自然生态亚系统的调节能力可概括为资源的持续供给、环境的持续容纳和自然的持续缓冲 3 种能力。

表 2-1　流域生态系统的基本功能

功能	经济亚系统	社会亚系统	自然亚系统
生产	水资源开发利用为基础和核心，物质与精神产品、中间产品及末端废物生产	人文资源	光合作用、化能合成作用、第二性生产、水文循环
消费	水体污染、商品的生产与消费（包括生产资料和生活用品）	信息的共享、文化范围、社会福利和基础设施	诱捕、摄食与寄生、资源消耗与代谢、污染与退化
调节	供需平衡、市场调节、银行干预	保险、治安、法制、伦理、道德、家教、信仰	输沙、输水、泄洪、提供生物栖息地、净化、廊道、过滤、屏障、涵养水域、调节地表径流、改良土壤结构

流域生态系统的社会和经济亚系统具有生产、生活、供给、控制和缓冲功能（表 2-1），它们相生相克，构成了流域内错杂复杂的人类生态关系，包括人与自然之间的促进、抑制、适应、改造关系；人对资源的开发、利用、储存、扬弃关系；以及人类生产、生活中的竞争、共生、隶属、协同、乘补关系。社会经济系统的生产功能不仅包括物质和精神产品的生产，还包括人类本身的生产，不仅包括产品的生产，而且包括废物的生产。社会经济系统的消费功能不仅包括商品的消费和基础设施的占用，而且包括无劳动价值的资源与环境消费、时间与空间的耗费、信息以及作为社会属性的人的心灵和情感的耗费。调节功能包括人类社会的自组织和自调节活力，正是由于这种调节功能，经济才得以持续，社会才得以安定，自然才得以平衡。

流域生态系统的功能是通过生产和再生产劳动过程实现的，自然生态亚系统的生产过程和社会经济亚系统生产过程是系统功能的两个方面，二者之间的关系见图 2-3。

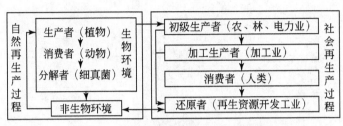

图 2-3　流域生态系统生产过程示意图

2.1.4　流域生态系统的调控原理

1. 流域生态系统发展的动力学机制

反馈是系统保持平衡的重要机制，通过反馈，系统内部各因子间产生连锁式的协调反应，从而不断打破原有的平衡，又达到新的动态平衡。它包括两种反馈机制：负反馈（自律性反馈）和正反馈（自足性反馈）（徐涤新，1987）。流域生态系统是社会、经济和自然生态亚系统三者相互耦合的复杂系统，每个亚系统内部及各亚系统之间的反馈机制共同维持着整个系统的协调和发展。为了提高流域生态系统的健康状态，需要在了解流域生态系统及其反馈机制的基础上，对系统稳定和发展的内在机理进行探讨，并对流域生态系统整合发展的驱动力和调控机制进行深入研究。

1）自然生态亚系统的反馈机制

自然生态亚系统是由自然资源子系统和自然环境子系统复合而成的统一整体，通过系统内部食物链网络的营养结构、物质循环和能量转化的有序结构实现系统的自我调节功能，并维持系统的动态平衡，这种自我调节功能表现为自然生态亚系统的自我反馈调节机制（图 2-4）。

图 2-4 是一个包括环境资源、生产者、消费者 A、消费者 B 及分解者的生态系统。系统内各成分之间的正负反馈机制是通过营养关系（包括捕食、寄生、营养元素的转移等）进行的，二者的交替作用使生态系统内各成分大体维持在一定的水平上，或围绕某一水平上下波动。虽然自然生态系统的自我调节机制同时存在着正负反馈过程，但自然生态亚系统整体自我调节机制的特点是以负反馈为主，系统内各成分在这种此消彼长的负反馈中维持着系统整体的动态稳定。当系统某一成分低于临界值，有影响系统整体稳定倾向时，负反馈迫使其回升；当某

成分高于临界值，从另一个方向影响系统的整体稳定时，负反馈机制又强迫其下降，这就是自然生态系统自我调控的自然法则（王书华，2002）。

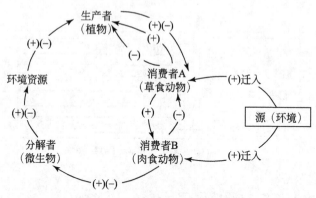

图 2-4　生态系统负反馈环简图

2）社会经济系统的反馈机制

与自然生态系统一样，在社会经济系统内部也存在着一个正负反馈交替作用的过程。由于社会经济系统的开放特点，需要不断从自然生态系统中补充物质和能量，同时由于人类具有主观能动性，可主动调节自身行为，通过限制负反馈机制，采取正反馈手段促进经济增长，提高消费水平，达到追求自身经济利益的目的。可见，社会经济系统反馈机制是以正反馈为主的增长型机制。

3）流域生态系统的耦合机制

耦合是控制论中的一个术语，耦合理论研究的系统是依靠因果关系链连接在一起的因果集合，各子系统之间的因果关系就称为耦合。一个良性循环的流域生态系统可以看成是自然生态系统和社会经济系统的耦合系统，三者之间互为因果关系。耦合能否实现主要取决于两个反馈机制的调控手段。也就是说，社会经济的调控手段（政策、法律、技术、经济手段）不仅要符合社会经济系统的反馈机制，而且要符合自然生态系统的反馈机制。

4）流域生态系统的动力学机制

自然生态系统功能机制实现的标志是生态供给，系统自我调节负反馈机制的存在说明生态供给是有一定限度的，即维持自然生态系统动态平衡所需要的系统各成分的量有一定的限度，这也是生态供给的主要特性。维持社会经济系统的发展、满足社会成员的全面需求，必须不断从自然生态系统获取物质和能量，并通过社会经济系统的正反馈机制不断扩大、扩展这种消费需求。自然生态系统供给能力的有限性和经济发展需求的无限性之间存在着矛盾，这一矛盾是流域生态系统的基本矛盾，也是产生各种生态环境问题的根源。

在一定的技术、社会经济背景下，自然生态系统的生态供给阈值是一定的，这就决定了经济发展的有限性。按照生态学中种群数量的增长规律，我们可以假设在某个生态供给阈值控制下，由于流域内自然生态系统起主导作用，而负反馈是其主导的自我调节机制，因此，在自然生态系统与社会经济系统的耦合运行机制中，流域生态系统的运行机制是以负反馈调节为主，正负反馈调节交织作用或交替进行的平衡型运行机制，生态系统的发展维持在一定的平衡水平，并围绕平衡位置上下波动（图 2-5）。这一特点是流域生态系统与生态经济系统或城市生态系统等以社会经济系统为主体的人工生态系统的本质区别。

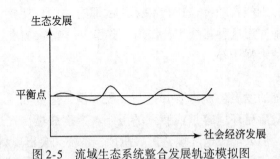

图 2-5　流域生态系统整合发展轨迹模拟图

2. 流域生态系统调控原理

流域生态系统作为复合生态系统，其控制论原理可借鉴王如松和周启星（2000）提出的自然–社会–经济复合系统的生态调控原理。

1）胜汰原理

系统的资源承载力、环境容量在一定时间和空间范围内是恒定的，但其分布是不均匀的。差异导致竞争，竞争促进发展，优胜劣汰是流域生态系统中自然组分及人类可持续发展的普遍规律。

2）拓适原理

任一企业，城市或区域的发展都有其特定的资源生态位。成功的发展必须善于拓展资源生态位和调整需求生态位，以改造和适应环境。只开拓不适应，缺乏发展的稳定和柔度，只适应不开拓，缺乏发展的速度和力度。

3）相克原理

任一系统都有某种利导因子主导其发展，也存在某种限制因子抑制其发展；资源的稀缺性导致系统内的竞争和共生机制。这种相生相克作用是提高资源利用效率、增强系统自生活力、实现可持续发展的必要条件，缺乏其中任何一种机制的系统都是没有生命力的系统。

4) 反馈原理

复合生态系统的发展受两种反馈机制控制，一是作用和反作用彼此促进、相互放大的正反馈，导致系统的无止境增长或衰退；另一种是作用和反作用彼此抑制、相互抵消的负反馈，它使系统维持在稳态或亚稳态附近。正反馈导致发展，负反馈维持稳定。一般地，在系统发展的初期正反馈占优势，在晚期则负反馈占优势。可持续发展的系统中正负反馈机制相互平衡。

5) 乘补原理

当系统的整体功能失调时，系统中某些组分乘机膨胀成为主导组分，使系统畸变；而有些组分则能自动补偿或代替系统的原有功能，使整体功能趋于稳定。系统调控中要特别注意这种相乘相补作用。要稳定一个系统时，使补胜于乘；改变一个系统时，使乘强于补。

6) 瓶颈原理

复合生态系统的发展初期需要开拓与发展环境，速度较慢；继而适应环境，呈指数式上升；最后受环境容量或瓶颈的限制，速度放慢，接近某个阈值水平，整个过程呈 S 形。但人能改造环境，扩展瓶颈，系统又会出现新的 S 形增长，并出现新的限制因子或瓶颈。复合生态系统正是在这种不断逼近和扩展瓶颈的过程中波浪式前进，实现可持续发展的。

7) 循环原理

系统中一切产品最终都要变成废物，系统中任一"废物"必然是对生物圈中某一生态过程有用的"原料"或缓冲剂；人类一切行为最终都要反馈到作用者本身。物质的循环再生和信息的反馈调节是复合生态系统可持续发展的根本动因。

8) 多样性和主导性原理

系统必须有优势种和拳头产品为主导，才会有发展的实力；必须有多元化的结构和多样化的产品为基础，才能分散风险，增强稳定性。主导性和多样性的合理匹配，是实现城市生态系统可持续发展的前提。

9) 生态发展原理

发展是一种渐近的、有序的系统发育和功能完善的过程。系统演替的目标在于功能的完善，而非结构或组分的增长；生态系统生产的目的在于对社会的服务功效，而非产品的数量或质量。

10) 机巧原理

系统发展的风险和机会是均衡的，大的机会往往伴随高的风险。强的生命系统要善于抓住一切适宜的机会，利用一切可以利用甚至对抗性、危害性的力量为系统服务，变害为利；善于利用中庸思想和半好对策避开风险、减缓危机、化险为夷。

2.1.5　流域生态系统健康

1. 流域生态系统健康的概念

目前，对各类自然生态系统健康概念及理论研究取得了一些相对成熟的研究成果，但对复合生态系统，特别是流域生态系统健康的相关研究尚不多见。本书借鉴国内外学者现有单一生态系统健康概念和评价理论的研究成果，在分析流域生态系统的结构、功能特征的基础上，提出流域生态系统健康概念，即流域生态系统健康是指流域内自然生态系统为社会经济系统提供完善服务功能的前提下，其自身抵抗外界干扰的稳定性和持续性状态。

流域生态系统健康包括两方面基本含义：社会经济亚系统健康和自然生态亚系统健康，二者缺一不可。后者是前者的基础和保障，前者是后者的目标和条件。

对流域自然生态系统而言，其服务功能中很重要的一部分是为社会经济系统提供资源和原材料，即生态供给，并吸纳其产生的污染物和废物，维持社会经济系统的持续发展。因此，能否提供高质量、持续的服务功能是流域自然生态系统健康与否的最基本的衡量指标。

干扰（disturbance）是指导致一个群落或生态系统特征超出其正常波动范围的因子，干扰体系包括干扰的类型、频率、强度及时间等（Mooney and Chapin，1994），按来源可分为自然干扰和人为干扰两类。一个健康、稳定的流域自然生态系统受到一系列的胁迫干扰后，会不断地演替或进化，从而偏离原来的稳定状态，其结构、功能和生物多样性等方面也会发生改变。如果系统变化超出了恢复力范围，就会跃迁到其他状态。流域自然生态系统偏离稳定状态的程度可以用缓和或消除内外扰动的能力（抵抗力，resistance）、受干扰后恢复原状的速率（恢复力，resilience）来表征。二者之间的关系和特征，可用沃科特干扰响应概念图（沃科特 K A 等，2002）很好地反映。图 2-6 表明，任何自然生态系统对胁迫都具有很强的抗性，但经受干扰后也不可能很快恢复到原来的状态。从受干扰的时间点 a 到复原时间点 b 之间的时段代表自然生态系统恢复力的大小。在生态系统维持正常功能的范围内，系统可以表现出很多种不同的状态。当受到外来干扰时，自然生态系统也许会转变到其演替过程的初始阶段。当一个破坏性的干扰强加到这个生态系统的时候，其恢复结果既有对干扰具有很强抗性的初始状态，也有抗性相对较弱，但具有尽量减小扰动影响特征的其他状态。

流域社会经济系统健康涉及经济系统健康和社会系统健康两方面。流域经济

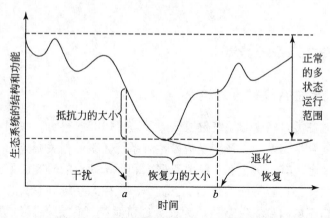

图 2-6　　自然生态系统对干扰响应的概念模型

系统健康是指在流域自然生态系统的弹性限度内，现有的经济技术水平下所能达到的适度经济活动强度与规模，包括各产业的发展规模及其各产业部门的比例关系，以及经济发展速度和经济发展水平的持续稳定。流域社会发展是一个多层面的概念，既包含人口的数量和质量，也包含人口生活质量，既包括人民生活便利程度的基础设施条件，也包括反映社会进步程度的科技文化教育水平。因此，流域社会系统健康主要反映流域生态系统内以人口为中心的社会发展的持续稳定及生活质量改善与生活水平提高的状况。流域社会系统健康可通过一定生活质量的人口数量和人口分布来反映。一个健康的流域社会经济系统，对流域自然系统的消费需求应该维持在自然系统的生态供给范围内。

2. 流域生态系统健康的特征

健康的流域生态系统应具备以下特征：①不受对生态系统有严重危害的生态系统胁迫综合征的影响；②具有多样性和均衡协调的结构和可调控的、高效低废的功能；③具有恢复力，能够从干扰和胁迫因素中恢复过来；④在没有或几乎没有投入的情况下，具有自我维持能力；⑤不影响相邻系统，即不会对别的系统造成压力；⑥在社会经济上是可持续的；⑦可维持人类和其他有机群落的健康。

非健康的流域生态系统表现为如下特征：①在结构方面，系统内物种多样性、结构多样性、遗传多样性、生物多样性、生态系统多样性和景观多样性低；②在能量方面，系统储存的能量和信息量低，食物链和产业链相对简单；③在物质循环方面，系统总有机质储存少，无机营养物多储存在环境库中，而较少储存在生物库中；④在稳定性方面，由于非健康流域生态系统的组成和结构单一，生态学过程简化，对外界干扰比较脆弱和敏感，系统的抗逆能力和自我恢复能力都较低。健康流域生态系统和非健康流域生态系统的特征比较详见表 2-2。

表 2-2　健康流域生态系统与非健康流域生态系统的特征比较

生态系统	生态系统特征	健康流域生态系统	非健康流域生态系统
自然生态系统	总生产力/总呼吸量（P/R）	高	低
	生物量/单位能流	高	低
	种类组成稳定状态	稳定	不稳定
	物质多样性	多	少
	异质性	高	低
	种间关系	稳定	不稳定
	食物链长度	长	短
	食物网结构	复杂网状	链状或简单网状
	净第一性生产力	高	低
	光能利用率	高	低
	生态功能	强	弱
	生态服务	完备	不完备
	熵值	低	高
	信息量	大	小
	脆弱性	低	高
	抵抗力	强	弱
	恢复力	强	弱
经济生态系统	经济结构	复杂而稳定	简单、不稳定
	经济效益	高	低
	经济发展速率	慢	快
	产业链（网）	长、复杂网状	短、链状或简单网状
社会生态系统	人口结构	合理而稳定	不合理、不稳定
	人口数量	适度	过高或过低
	人群健康水平	高	低
	人群生活质量	高	低
	社会的公平与公正性	高	低

2.2　基于生态系统健康的生态承载力基本理论

2.2.1　基于生态系统健康的生态承载力概念

自然生态系统由于物质循环与能量流动的相互作用所产生的自校稳态机制使

其具有自我维持和调节能力，但自然生态系统的这种稳态机制是有限的，当外力与人为干扰超过系统可调节能力或可承载能力范围时，系统平衡将被破坏，甚至瓦解。所以人类活动必须限制在自然生态系统的弹性范围之内，不应超越自然生态系统的承载阈值，这种承载阈值就是生态承载力。

生态承载力具有空间属性，它是相对某一区域而言的。为解决河流的连续性与行政区划的分割性，保证研究成果更好地为各级政府部门管理决策服务，本书基于生态系统健康的生态承载力（ecological carrying capacity，ECC）研究范围为流域内的某一区域，其定义为：在一定社会经济条件下，自然生态系统维持其服务功能和自身健康的潜在能力。它是相对于某一具体的历史发展阶段和社会经济发展水平而言的，集中体现在自然生态系统对社会经济系统发展强度的承受能力和一定社会经济系统发展强度下自然生态系统健康发生损毁的难易程度。

2.2.2　基于生态系统健康的生态承载力内涵

1. 自然生态系统支持能力

基于生态系统健康的生态承载力以自然生态系统为研究对象，即承载体为自然系统，被承载对象为社会经济系统。生态承载力直接反映了自然生态系统对社会经济生态系统发展需求和强度的支持能力；间接体现了自然生态系统能够抗御影响甚至破坏生态系统健康的社会经济系统压力，表征自然生态系统从生态系统健康破坏中恢复的能力。定量评价基于生态系统健康的生态承载力可以衡量生态系统健康一旦遭到破坏时自然生态系统可能造成的后果，并找到提高生态承载力、维育生态系统健康的途径与方法。

基于生态系统健康的生态承载力由 3 部分组成：①资源与环境系统对社会经济系统的供容能力，即资源承载力和环境承载力（resources carrying capacity，environmental carrying capacity，RECC），前者量值大小取决于系统中资源的丰度、人类对资源的需求以及人类对资源的开发利用方式，后者取决于一定环境标准下的环境容量，二者共同构成了生态承载力的基础条件；②自然生态系统的恢复力（弹性力）（resilience，RESI），取决于生态系统的缓冲与调节能力；③人类活动潜力，人类通过调整自身行为，改变资源、能源的利用方式，反作用于承载体，或通过系统间的人流、物流、资金流、信息流的交换能力，提高自然生态系统承载能力所带来的承载潜力（human potential，HP）。

生态承载力的前提条件是某一具体历史发展阶段和社会经济发展水平，即社会经济的发展规模和水平是生态承载力的影响因素。因此，在一定的时空范围内，对于某一给定的区域，生态承载力量值大小除由承载体刚性决定外，还与人类的调控作用有关。

2. 生态承载力的临界阈现象

临界阈现象在生态学上很广泛，指某一事件或过程（因变量）在影响因素或环境条件（自变量）达到一定程度（阈值）时突然进入另一种状态的情形。自然生态系统的维持和调节能力相对于人类活动强度是有一定限度的，随着人为干扰的增加，这种维持和调节能力下降，生态系统健康等级随着降低，一旦人类干扰超过系统可调节能力的最大阈值，将带来整个系统的破坏甚至崩溃。

3. 生态承载力与生态系统健康的关系

一定的生态系统健康等级对应一定的生态承载力水平，通过制定生态系统健康等级，可定量判断生态承载力对应的生态系统健康状态，及人类活动作用于生态承载力造成的生态系统健康等级的变化，从而确定制约生态系统健康甚至造成其崩溃的瓶颈问题，促进生态系统的整体发展及其健康状况更加稳定、合理和优化，使生态承载力达到最佳水平，为决策者提供有针对性的决策依据。

生态系统健康、社会经济系统对自然生态系统的压力（可间接衡量社会经济系统健康状态）与生态承载力之间的关系，可用图 2-7 来说明。图 2-7 中，MYH 曲线和 OYN 曲线分别为生态承载力（ECC）和压力（P），曲线上的点对应的横坐标为生态承载力和压力水平，纵坐标为对应的生态系统健康状态。对于任一相对独立的生态系统，一定的生态系统健康等级对应着一定的生态承载力水平和社会经济压力水平。当人口数量和经济发展规模所确定的压力不变时，随着生态系统承载力的增加，即随着资源丰度、生态弹性力的增加和环境质量的改善，生态系统状态趋于健康；与此相应，当生态承载力不变时，随着人口数量和经济发展水平的增加，生态系统健康状态趋于病态。从图 2-7 可知，压力和生态承载力对应的生态系统健康状态均处于健康或更高等级是生态系统健康的条件。此时，压力与承载力曲线相交于 Y 点，对应的生态承载力和压力分别为 ECC（Y）、$P(Y)$。

压力和生态承载力两条曲线相交处的下方（图 2-7 中的阴影区），即为生态系统健康范围。阴影区的上方，为生态系统非健康承载区，两曲线相交处的左侧是"承载力缺乏"限制区，此时社会经济系统的压力应严格控制在 OY 线之下，一旦突破临界线，生态系统即进入非健康承载区，生态系统将退化或死亡，生态系统健康呈现病态。两曲线相交处的右侧是"压力过量"的限制区，此时生态承载力的减少应严格控制在 YM 线之下，一旦突破此临界线，同样进入非健康承载区。

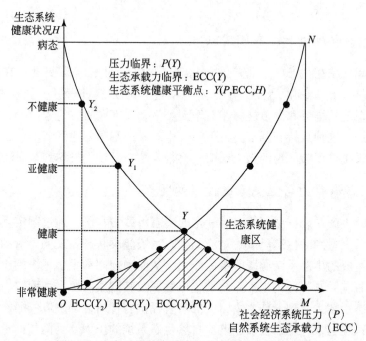

图 2-7 生态系统健康状态与生态承载力的关系图

Y、Y_1、Y_2 分别为生态系统处于亚健康、不健康和病态状态时生态承载力曲线上点，对应的 ECC (Y)、ECC (Y_1)、ECC (Y_2) 值为相应生态系统健康等级的生态承载力标准值，则 OECC (Y_2)、OECC (Y_1)、OECC (Y) 和 OM 为生态系统不同健康状态下的生态承载力范围。

人类活动的双重性对健康状态下生态承载力的作用集中体现在对健康临界点 Y 的影响上，人类经济活动对生态系统的压力将导致健康临界点的下降，即生态承载力曲线下移，使原有相同生态承载力对应的生态系统健康等级下降。换言之，生态系统健康等级下对应的生态承载力量值不断下降，直至降为零。相反，人类活动对生态系统的改善作用和系统间的交流将使健康临界点上移，生态承载力曲线随之上移，生态系统的发展及其健康状态更加合理化，健康区域扩大，使得原来处于亚健康状态下的生态承载力水平提高到健康状态。

2.2.3 基于生态系统健康的生态承载力基本特征

1. 客观性

自然生态系统的生态弹性力、资源总量和分布、环境质量和容量对应的生态承载力是自然系统客观存在的，属于生态系统的自然属性。

2. 阈值性

在某一具体历史发展阶段，自然生态系统对社会经济系统的支持能力存在一个"阈值"，这个"阈值"的大小受生态环境系统与社会经济系统两方面因素的影响，因此，基于生态系统健康的生态承载力具有阈值特性。这一阈值代表了生态系统最大支持能力，如果超过此阈值，将带来系统的崩溃，此时阈值对应的生态系统健康状态为病态。生态系统管理中关注的是生态系统健康状态下对应的生态承载力水平，并将此值作为管理中的生态承载力阈值。在不同历史发展阶段、不同社会经济发展水平、不同区域生态环境状况下，阈值随生态系统健康标准的变化而不同。

3. 时变性

部分耗竭性、不可再生性自然资源，其储量有限，资源承载力与时间成反比，具有时限性。同时，一方面自然生态亚系统的物质组成和结构也随着时间而不断进化、演替，从长时间来看有生态系统的进化，中时间来看有生态系统的演替，短时间来看有年度、季度和昼夜变化。另一方面自然生态系统又不断地受到社会经济系统越来越强的作用。因此，基于生态系统健康的生态承载力量值具有时变性。

4. 可控性

生态承载力的大小，一方面取决于自然生态系统本身的物质与结构；另一方面，在一定范围内受控于人类社会经济水平的发展。人类社会经济活动对生态承载力的影响具有两面性，一方面人类活动过度利用资源和污染环境，导致生态系统质量下降，生态承载力随之降低；另一方面人类可以通过有目的地对生态环境加以改造，并提高资源、能源的利用率和"三废"处理率，使得生态承载力朝着有利于人类的方向变化。

2.2.4 基于生态系统健康的生态承载力研究时空尺度

尺度是指在研究某一物体或现象时所采用的空间或时间单位，同时又可指某一现象或过程在空间和时间上所涉及的范围和发生的概率（邬建国，2002），它标志着对所研究对象细节的了解水平。在生态学中，尺度是指所研究生态系统的面积大小（空间尺度）或其动态变化的时间间隔（时间尺度）（肖笃宁，1991；肖笃宁等，1997）。以不同尺度研究时，内容也不尽相同。

1. 空间尺度

基于生态系统健康的生态承载力以区域生态系统为研究尺度，主要针对自然生态系统的结构、功能和生态空间格局。鉴于区域尺度较大，可以景观和行政区域为辅助研究单元，评价生态承载力。景观是由土地单元镶嵌构成，具有一定空间结构，由基质（matrix）、镶嵌于基质上的斑块（patch）以及线状的连接景观内生态系统的廊道（corridor）构成。构成景观的下一级单位是土地单元，上一级单元是构成地理分异的生态区划基础单元。因此，以景观为研究单元可全面反映区域生态系统的宏观结构。以行政管辖区为研究单元的主要优点是统计数据容易获取，社会、经济指标均以行政单元进行统计，缺点是对行政区单元中生态系统本身的结构与功能分异不能进行深入分析。因此，将区域生态系统、景观和行政区域三种研究尺度相结合，以生态系统尺度为主体，以景观和行政区域尺度为基础，可取长补短，从景观的结构、功能和变化，生态系统的信息、能量、物质的联系，以及生态系统的整合性等方面全面评价生态承载力水平（表2-3）。

表 2-3　基于生态系统健康的生态承载力研究空间尺度

尺度	研究内容及特点
自然生态系统	系统内部组成要素的动态特征，生态系统生产力，物质循环和能量流动，结构和功能，物种多样性
景观	对环境背景值的影响与响应，景观结构、功能和变化；景观要素和生态客体（动物、生物量），嵌块的动态变化
行政区域	不同行政区域间和行政区域内部的信息、能流和物质循环，社会、经济系统对自然生态系统的影响

2. 时间尺度

基于生态系统健康的生态承载力研究的目的是说明和评价外界干扰引发生态系统健康状况随时间的变异情况。以水电梯级开发为例，水电工程对生态承载力的影响起点较为明确，即为水库蓄水发电的时间点，而全面评价影响强度需要在水库影响显著、稳定后进行，这一时点是不确定的，确切地说是一个时间段而非一个时点。大型水库工程对生态系统的结构、功能及整体性产生影响，而生态系统的不同组成要素对水库工程干扰产生响应、且趋于稳定所需的时间不一致。依据现有对水库工程生态环境影响的研究成果，生态环境对水库工程干扰产生稳定而显著的响应需要十年左右的时间，因而大型水库工程生态承载力影响研究的时间尺度选在十年到几十年较为合适。对梯级水电工程来说，由于梯级水库建设时间存在前后差异，需要考虑未建水库的生态环境影响预测时段，而针对不同的生态环境影响，预测分析的时间段长度也不同，但梯级开发对生态承载力影响评价的时间尺度至少要延长至未建水库蓄水发电的时间点。

2.2.5　基于生态系统健康的生态承载力影响因素

基于生态系统健康的生态承载力不是固定的、静态的，而是一个范围的概念，它不仅受不断变化的自然和生态环境的直接影响，而且与人类的经济活动、生活质量、体制背景、风俗习惯、人文价值、生产消费模式、管理水平紧密相关。在诸多的影响因素中，最需要关注的是人类社会经济活动对生态承载力的影响。人类可以通过技术革新和生物进化对承载力进行改造，短期内人为因素的影响要远大于生物因素（Arrow et al.，1995；Daily and Ehrlich，1992；Singhal and Kapur，2002）。人类社会经济活动对生态承载力的影响可通过自然生态承载力和社会经济活动影响下的生态承载力简单模型来说明（Seidl and Tisdell，1999），见图 2-8。

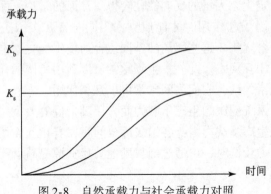

图 2-8　自然承载力与社会承载力对照

图 2-8 中，K_b 反映的是自然生态系统的承载力，为自然生态承载力；K_s 为自然生态环境与人类活动潜力耦合作用下的生态承载力。与自然生态承载力相比，K_s 代表了对生态系统更高的压力和消费，因此，其量值要低于自然生态承载力，即 $K_s \leqslant K_b$（Ehrlich and Holdren，1971；Hardin，1986；Daily and Ehrlich，1992）。

2.2.6　基于生态系统健康的生态承载力调控原理

生态学的一些基本规律对于基于生态系统健康的生态承载力调控也具有借鉴作用，这些原理如下。

1. "水桶原理"

"水桶原理"指一个水桶的容量是由水桶边沿最短的一块木板所决定。它的一般意义在于：对任何一个系统而言，其系统的整体水平由系统的各要素中最小的一个要素所决定。自然生态系统是一个复杂的有机体系，它涉及资源与环境系统的各个方面，包含诸多要素，生态承载力由这些要素中最小的要素决定。因此，从"水桶原理"出发，提高生态承载力的基本途径就是使"水桶边沿"整齐，即使生态系统各要素的承载力趋于一致。

2. "最小因子法则"

在一个生态系统中，物质和能量的输入输出处于平衡状态，生物都需要一定种类和一定数量的营养物，如果其中有一种营养物完全缺失，生物就不能生存。如果这种营养物数量极微，生物的生长就会受到不良影响。一个常见现象是，在对生物产生影响的各种生态因子之间存在明显的相互影响，因此，完全孤立地去研究生物对任一特定生态因子的反应往往会得出片面的结论。固定不变的最适概念只有在单一生态因子起作用时才能成立，当同时有几个因子作用于一种生物时，这种生物的适合度将随这些因子的不同组合而发生变化，也就是说，生态因子之间相互作用、相互影响。此外，生物常常可以利用所谓的代用元素，如果两种元素属于近亲元素的话，它们之间常常可以互相代用。

对于基于生态系统健康的生态承载力而言，其量值的大小是由各组成部分的整体水平决定的，生态承载力内部各组成部分间存在着相互作用和影响，如果某种资源或某种承载力较低时，可通过寻找其他替代资源提高承载力水平。

第 3 章

Chapter 3

基于生态系统健康的
生态承载力评价方法

3.1 基于生态系统健康的生态承载力计量方法

3.1.1 基于生态系统健康的生态承载力概念模型

模型是对客观实体最基本特征、关系和变化规律的一种抽象反应（徐涤新，1987），是对一个系统的抽象和简化（马世骏，1990）。模型以客观世界真实系统的各种要素、关系、法则、结构为蓝本，依据研究目的的不同，在一个高度概括的层面上对系统的部分重要特征进行模拟和再现，并在一定程度上反映该系统的基本动态行为。概念模型是从认识系统的基本行为以及一般的作用关系出发，揭示其本质特征（马世骏，1990）。一般来说，它包括特定系统的结构和层次状况，系统的功能和目标，系统中的物质流、价值流的流向和途径等，是认识对象系统的有力工具，也是进一步研究对象系统的基础。模型具有模拟性、可重复性、可实验性和可调节性的特点，模型的构建是抽象的哲学思辨进入科学应用层次的一个非常重要的界面。

状态空间是定量描述系统的一个非常重要的工具。在动力学中，系统的状态可以表述为"完整描述系统行为的最小一组变量"。假设给定了 $t = t_0$ 时刻该组变量的值和 $t \geq t_0$ 时刻系统的输入函数，则系统在时刻 t_0 以后任何时刻的行为及状态就完全确定了。在动力学中，这样一组变量称为状态变量，以状态变量为元素组成的向量称为状态向量，以状态向量为坐标轴构成的欧氏空间即为状态空间（王其藩，1995）。状态空间是欧氏几何空间用于描述系统状态的一种延伸，它由多个表征系统各要素状态的空间轴组成。余丹林（2000）和张传国（2002）在研究区域承载力时都引入了状态空间概念，并认为区域承载力数学表达式为

$$\text{RCC} = |M| = \sqrt{\sum_{i=1}^{n} w_i x_{ir}^2} \tag{3-1}$$

式中，RCC 为区域承载力；M 为代表区域承载力有向矢量的模；x_{ir} 为区域时段理想状态在状态空间中的坐标值，$i = 1,2,\cdots,n$；w_i 为 x_{ir} 的权重。

上述用状态空间表征区域承载力量值的方法开创了承载力量化研究数学模型法之外的又一研究方向。而采用数学模型表征承载力量值由于涉及因素复杂，系统内部各组分间相互耦合作用机理尚不清晰，难以实际应用，为此有学者采用单一或少数几个参数度量承载力的量值，如王家骥等（2000）采用植被净第一性生产力表征流域生态承载力，该方法具有一定的借鉴意义，但过于简化。因此，采用状态空间分析承载力量值不失为目前定量描述生态承载力的好方法。

同一系统可以在多个状态空间中加以描述，为了简化，本书构建一个仅由三维状态轴构成的状态空间来描述区域自然生态系统的承载状态。基于生态系统健康的生态承载力由资源环境承载力、生态弹性力构成，同时，具有时变性特征的人类活动潜力也是生态承载力不可或缺的重要组成部分。因此，三维状态空间的3 个轴分别代表：人类活动潜力、资源环境承载力和生态弹性力（图 3-1）。

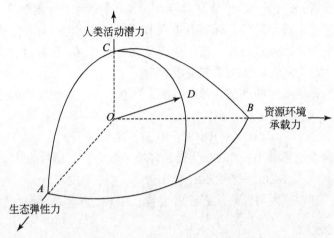

图 3-1　生态承载力概念模型示意图

在如图 3-1 所示的状态空间中，一定时空尺度内，区域自然系统的任何一种承载状态都可以用生态承载力状态点表示，如 D 点，这些状态点代表了生态承载力在状态空间中的位置。状态空间中的原点与系统状态点构成的矢量模，图 3-1中的 OD 代表了区域生态承载力的量值。根据理论研究中生态系统健康与生态承载力关系分析（图 2-7），一定的生态系统健康状态对应着一定的生态承载力水平，设图 3-1 中的 A、B、C 3 点为自然生态系统处于健康状态时生态弹性力、资源环境承载力和人类活动潜力的数值，则对于一定时段内的某一系统，曲面 ABCD 为对应生态系统健康状态下的生态承载力曲面。随着生态系统健康状态的提高，资源环境承载力、生态弹性力和人类活动潜力增大，因此，任何低于 ABCD 曲面的点，代表该生态承载力对应的生态系统健康状态趋于病态，而任何高于 ABCD 曲面的点，则表示该生态承载力对应的生态系统健康处于健康等级之上。

3.1.2 基于生态系统健康的生态承载力计量模型

根据图 3-1 给出的生态承载力概念模型，生态承载力的数学表达式可写为

$$\text{ECC}_r = |M_r| = \sqrt{\sum_{i=1}^{n}(w_i\text{RECC}_{ir})^2 + \sum_{j=1}^{m}(w_j\text{RESI}_{jr})^2 + \sum_{k=1}^{p}(w_k\text{HP}_{kr})^2} \quad (3\text{-}2)$$

式中，ECC_r 为 r 区域生态承载力水平；M_r 为生态承载力空间向量的模；RECC_{ir} 为 r 区域第 i 个资源环境指标在空间坐标轴上的投影；RESI_{jr} 为 r 区域第 j 个生态弹性力指标在空间坐标轴上的投影；HP_{kr} 为 r 区域第 k 个人类活动潜力指标在空间坐标轴上的投影；w_i、w_j 和 w_k 分别为第 i、j 和 k 个指标对应的权重。

将不同生态系统健康状态标准值带入 RECC_{ir}，RESI_{jr} 和 HP_{kr}，计算所得到的 ECC 数值即对应生态系统健康状态的生态承载力标准值，可通过这些标准值，判断不同生态承载力对应的生态系统健康状态。

如果将生态承载力的动态性考虑其中，则基于生态系统健康的生态承载力可表示为

$$\text{ECC} = f_i(\text{RECC}, \text{RESI}, \text{HP}, S_p, T) \quad (3\text{-}3)$$

式中，ECC 为生态承载力；RECC 为资源环境承载力，其函数表达式为

$$\text{RECC} = f(\text{RECC}_1, \text{RECC}_2, \cdots, \text{RECC}_n) \quad (3\text{-}4)$$

RECC_1，$\cdots$，RECC_n 为资源环境系统各要素；RESC 为生态系统弹性力，其函数表达式为

$$\text{RESI} = f(\text{RESI}_1, \text{RESI}_2, \cdots, \text{RESI}_n) \quad (3\text{-}5)$$

RESI_1，$\cdots$，RESI_n 为生态系统弹性力各要素；HP 为人类活动潜力，其函数表达式为

$$\text{HP} = f(\text{HP}_1, \text{HP}_2, \cdots, \text{HP}_n) \quad (3\text{-}6)$$

HP_1，$\cdots$，HP_n 为人类活动潜力各要素；S_p 为空间变量；T 为时间变量。

3.1.3　基于生态系统健康的生态承载力预测方法

灰色系统模型通过对数据列进行累加处理或分段建模，按照灰色系统的理论和方法处理，能够从无序的数据中发现有序，并适用于处理具有模糊和不确定性特征的复杂灰系统的特征模拟，因此灰色控制系统理论及相应的模型方法在 20 世纪 80 年代提出后（邓聚龙，1985），在农业、生态、管理等领域内得到广泛应用。GM（1，1）是灰色系统模型中经典的预测模型，本书采用此模型预测基于生态系统健康的生态承载力相关指数。

GM（1，1）模型建模的基本思路如下：

微分差：
$$\frac{\text{d}X^{(1)}}{\text{d}t} + aX^{(1)} = u \quad (3\text{-}7)$$

$$\hat{a} = (a, u)^{\text{T}} = (\boldsymbol{B}^{\text{T}}\boldsymbol{B})^{-1}\boldsymbol{B}^{\text{T}}\boldsymbol{Y}_N \quad (3\text{-}8)$$

$$\boldsymbol{Y}_N = [a^{(n)}(x_1^{(1)}, 2), \cdots, a^{(n)}(x_1^{(1)}, N)]^{\text{T}} \quad (3\text{-}9)$$

$$B = \begin{bmatrix} -\dfrac{1}{2}\left[x_1^{(1)}(2) + x_1^{(1)}(1)\right] & 1 \\[2mm] -\dfrac{1}{2}\left[x_1^{(1)}(3) + x_1^{(1)}(2)\right] & 1 \\[2mm] \vdots & \\[2mm] -\dfrac{1}{2}\left[x_1^{(1)}(N) + x_1^{(1)}(N-1)\right] & 1 \end{bmatrix} \tag{3-10}$$

对 $\hat{a}$ 求解后得到

$$\hat{x}^{(1)}(t) = \left[x^{(1)}(0) - \frac{u}{a}\right]\mathrm{e}^{-at} + \frac{u}{a} \tag{3-11}$$

采用式（3-7）~式（3-11）对生态承载力各要素进行预测，将预测结果代入式（3-2）~式（3-6）可预测未来时段生态承载力量值。

3.2　基于生态系统健康的生态承载力指标体系构建

3.2.1　流域生态系统健康指标体系构建

1. 流域生态系统健康指标体系筛选原则

1）突出重点原则

流域是以水文循环为基本特征界定的区域，流域水资源的数量、质量、水文循环、开发利用等特征对于流域生态系统有重要的影响，水资源的相关指标也是衡量流域生态系统健康状况的重要指标。

2）科学性原则

流域生态系统健康指标体系必须面向实际，立足于流域生态系统现状，指标概念明确，并具有一定的科学内涵，能反映评价目标与指标之间的支配关系及流域生态系统内部结构和功能关系和流域生态系统健康的内涵，以衡量流域生态系统所处的健康状态。

3）动态性原则

流域生态系统是不断发展变化的，客观上需要动态性的评价指标体系。指标体系必须具有一定的弹性，能够适应不同时期不同流域的特点，在动态过程中能较为灵活地反映流域生态系统的健康状态，并可以评价和监测一定时期内健康的变化趋势。

4）整体性原则

流域生态系统健康指标体系覆盖面要广，能够全面地反映流域自然生态系统、社会经济系统健康状态。但是指标之间不是简单相加，而是通过有机联系组成一个层次分明的整体。

5) 多样性原则

指标体系应具有鲜明的层次结构，具体指标在内容上应互不相关，彼此独立，既有定量指标，又有定性指标；既有绝对量指标，又有相对量指标；既有价值型指标，又有实物型指标，这样才能满足不同特点、不同层次、不同范围的流域生态系统健康的度量。

6) 可操作性原则

在保证完备性原则的条件下尽可能选择有代表性的、敏感的综合性指标，并确保指标在度量技术、投资和时间上是可行的，指标之间具有可比性。要尽可能选取现有统计指标，并与地方监测能力和技术水平相适应，以便引入社会和国民经济统计指标来衡量流域社会经济系统的健康水平。指标的数据采集应尽量节省成本，用最小的投入获得最大的信息量。指标应充分考虑时间分布和空间分布问题，以采集方法相同的数据为支持，这样才能进行不同区域和不同时段之间的比较。

2. 流域生态系统健康评价指标的选取标准

鉴于生态系统具有多变量的特性，衡量生态系统健康的标准也具有多尺度、动态性的特性（Mageau et al.，1995；Rapport et al.，1998）。可通过生态系统的活力、组织结构、恢复力、生态系统服务功能的维持、管理选择、外部输入减少、对邻近系统和人类健康影响等方面的指标衡量流域生态系统的健康状况。这些指标分属于自然、社会经济和人类健康范畴，在时空尺度上也存在差异。

1) 活力

活力（vigor）是指系统的能量或活动性，即生态系统的能量输入和营养物质循环容量，具体指标为生态系统的初级生产力和物质循环，集中体现为自然生态系统和经济系统的生产功能。在一定范围内，生态系统的能量输入越多，物质循环越快，活力就越高。但并不意味着能量越高、物质循环越快的系统就越健康。对流域水生生态系统来说，高输入可能会导致富营养化效应。

流域生态系统的活力是指流域的生产功能，主要体现在自然和经济亚系统的物质生产力上。自然生态亚系统包括陆生生态系统和水生生态系统，陆生生态系统生产力包括植被的生物量、耕地、林地、草地的生产能力，水生生态系统生产力则包括流域产水量和水生生物的生物量。本书拟采用归一化植被指数（NDVI）反映流域自然生态系统初级生产力的整体水平；采用农牧产品产量反映农牧业的生产能力，如人均粮食产量、人均牧产品产量；采用单位面积活力木蓄积量表征林地的生产能力；采用浮游生物量、底栖动物密度、人均水产品产量、人均航运收入、年水力发电量表征水生生态系统的生产力。自然生态亚系统的生产能力越高，表明流域生态系统健康水平越高。

经济生态亚系统的活力包括经济水平和经济效益两方面，本书拟采用人均 GDP 和 GDP 的年增长率反映流域经济亚系统的经济水平，采用万元 GDP 能耗、万元 GDP 物耗、万元 GDP 水耗表征经济系统的效率，反映经济系统在产出的同时对资源系统的消耗比例，在相同产值条件下，消耗的资源越少，流域生态系统越趋于健康。

2）恢复力

恢复力（resilience）是指生态系统维持结构与空间格局的能力，即在胁迫消失后系统克服压力逐步回复的能力，具体指标为自然干扰的恢复速率和生态系统对自然干扰的抵抗力（Holling，1995；Pimm，1984；Rapport，1989）。一般认为，受胁迫生态系统的恢复力弱于未受胁迫生态系统的恢复力（Whitford et al.，1999）。对流域自然生态亚系统而言，其能量与物质能够满足系统内生物生存的需要，属于"自给自足"系统，该系统的一个基本功能是能够自动建造、自我修补和自我调节，以维持本身的动态平衡，这就保证了流域自然生态亚系统的恢复力较强。

恢复力的测量非常困难，也很难用简单可测量的指标来反映一个生态系统的恢复力，尤其是对流域复合生态系统而言，更是无可借鉴。由恢复力的概念可知，恢复力在一定程度上可用自然生态系统的自我调节能力和社会经济系统的人工调控来体现。因此，根据不同地物覆盖对生态恢复力的贡献和作用不同，本书拟采用不同土地覆盖进行恢复力分级得到景观恢复力指数，用于表征陆生生态系统的恢复力；采用硅藻与蓝、绿藻比例、底泥污染级别、鱼类种类、水体的水质等级和水温反映水生生态系统的恢复力。

对社会经济亚系统而言，可通过废物处理能力、物质循环利用率、环境保护投资力度 3 方面衡量其恢复力健康状态。因此，本书拟采用环保投入占 GDP 的比率表征人类控制污染、改善环境质量的总体水平；采用工业废水达标排放率、生活污水处理率、机动车尾气达标排放率、危险废物处置率、环境噪声达标区覆盖率反映流域社会经济系统废物的人工管理能力；采用工业用水重复利用率、工业固废综合利用率、生活垃圾资源化利用率反映人工调控物质循环利用状况。

3）组织结构

组织结构（organization）是指流域生态系统结构的复杂性，包括流域的自然结构、经济结构和社会结构。系统的组织结构及其复杂性特征随生态系统的演替而发生变化，但一般的趋势是随着物种多样性及其相互作用（如共生、互利共生和竞争）的复杂性提高，生态系统的组织越来越健康。在同一个生态系统中，生物成分和非生物成分是相互依存的，在受到干扰的情况下，这些趋势会发生逆转（Odum，1985；Rapport et al.，1985）。

流域的自然结构包括生态系统各组成成分的数量和多样性，依据生态学理论和方法，可以景观格局等表征生态系统结构的变化。因此，本书拟采用景观多样性指数、植被覆盖率（或森林覆盖率）、水域密度、自然保护区覆盖率、耕地结构、植被结构、建成区绿化覆盖率、陆生生物多样性、水生生物多样性指数、水资源利用结构和鱼类多样性指数表征流域陆生和水生生态系统的组织结构。

经济结构包括流域提供的农业、林业、畜牧业、水资源开发等相关产业的布局和相对比重，可通过某些重要的新兴产业或能代表城市现代化的产业在整个经济结构中的比重来反映经济结构的健康状况，如第三产业 GDP 比例、高新技术产品增加值占 GDP 比例、社会消费品零售额占 GDP 比例、教育支出占 GDP 比例等。社会结构以人为主，包括人口密度、年龄结构、职业结构和智力结构，本书拟采用人口密度、老龄化人口比例、农牧业人口比例、文盲半文盲比例和高中以上人口比例来反映流域社会经济系统组织结构的健康状态。

4）维持生态系统服务功能

维持生态系统服务功能（maintenance of ecosystem services）是人类评价生态系统健康的重要标准，指生态系统可以对人类社会提供服务功能，如涵养水源、水体净化、提供娱乐、减少土壤侵蚀和降解有毒化学物质等。目前，生态系统服务功能的高低越来越成为人类评价生态系统健康与否的关键要素（Cairns and Pratt，1995）。

流域自然生态系统提供的涵养水源、调节气候、净化环境、提供娱乐等功能，可分别通过流域地表和地下水资源量、径流调节指数、输沙调节指数、洪涝灾害和旱灾影响及成灾面积比例、水体水质级别、人均耕地面积、人均林地面积、人均草地面积、流域输沙模数、退耕还林（草）面积占土地总面积比例、水土流失面积比例、土壤水力侵蚀模数、沙（石）漠化面积比例、盐渍化土地面积比例、空气污染指数、人均旅游收入、多年均气温和多年平均年降水量等指标来衡量。

流域社会经济系统的服务功能可间接通过社会适居水平来衡量，社会的安定与舒适直接影响着服务功能的优劣。社会适居水平包括社会稳定性、安全性、舒适度、满意度 4 方面，本书拟采用城镇失业人员比例、农民人均纯收入、贫困人口比例、人均民事和刑事案件立案数、恩格尔系数、城镇及农民人均居住面积、医疗指数、城镇自来水普及率、城镇气化率、境内交通密度、人均邮电业务总量、千人拥有本地电话用户、参加基本养老保险和医疗保险的职工比例等指标对流域社会经济系统的服务功能进行评价。

5）管理的选择

健康的生态系统支持多种潜在的服务功能，包括收获可更新资源、旅游、保护水源等各种用途和管理，退化的或不健康的生态系统不再具有多种用途和管理选择（management options），而仅能发挥某一方面的功能。例如，许多半干旱的草原生态系统曾经在畜牧放养方面发挥很重要的作用，同时植被的缓冲作用又会起到减少水土流失的功能；但由于过度放牧，这样的景观大多退化为灌木或沙丘，可承载的牲畜量降低（Milton et al.，1994）。

流域生态系统管理的选择主要针对自然系统中的耕地和草地，本书拟采用>25°坡耕地面积比例、草地退化面积比例、草地超载率来衡量流域生态系统健康状态。

6）减少外部输入

一个健康的生态系统具有尽量减少单位产出的投入量（至少是不增加），不增加人类健康的风险等特征。因此，健康的生态系统将在生物、经济和人类健康等方面减少对投入的依赖性。流域生态系统减少外部输入（reduced subsidies）主要体现在自然系统的能源上，本书拟采用秸秆综合利用率来衡量流域生态系统减少外部输入的健康状态。

7）对邻近生态系统的危害

许多生态系统是以别的系统为代价来维持自身系统发展的，如废物排放进入相邻系统，污染物排放，农田流失（包括养分、有毒物质、悬浮物）等都造成胁迫因素的扩散，增加人类健康风险，降低地下水水质，丧失娱乐休闲功能。而健康的生态系统在运行过程中对邻近系统的破坏（damage to neighboring systems）为零。流域生态系统是根据水文循环划定的相对独立的生态系统，本书拟采用单位面积农药和化肥输入量衡量流域生态系统对临近生态系统的危害。

8）对人类健康的影响

生态系统的变化可通过多种途径影响人类健康，人类健康状态本身可作为生态系统健康状况的直接反映指标。与人类相关又对人类影响较小或无影响的生态系统为健康的系统，健康的生态系统应该有能力维持人类的健康。生态系统的健康和相对稳定是人类赖以生存和发展的必要条件，维护与保持生态系统健康，促进生态系统的良性循环，对人类健康生存至关重要。本书拟采用婴儿死亡率；甲、乙类传染病发病率等指标衡量流域人类健康状况。

3. 流域生态系统健康指标体系

1）指标体系

根据流域生态系统健康指标选取原则和选取标准建立的流域生态系统健康初级评价指标体系见表3-1，共99个指标。

表 3-1 流域生态系统健康评价初级指标体系

亚系统	指标类别	具体指标	含义
经济亚系统	活力	GDP 年增长率/%	经济水平
		人均 GDP/（元/人）	经济水平
		万元 GDP 能耗/（tce/万元）	经济效益
		万元 GDP 物耗/（t/万元）	经济效益
		万元 GDP 水耗/（m^3/万元）	经济效益
	组织结构	第三产业 GDP 比例/%	经济结构
		高技术产业增加值占 GDP 比例/%	经济结构
		社会消费品零售额占 GDP 比例/%	经济结构
		教育支出占 GDP 比例/%	经济结构
	恢复力	环保投入占 GDP 比例/%	环保投资
		工业废水达标排放率/%	废物处理能力
		生活污水处理率/%	废物处理能力
		危险废物处置率/%	废物处理能力
		机动车尾气达标排放率/%	废物处理能力
		工业用水重复利用率/%	物质循环利用率
		工业废物综合利用率/%	物质循环利用率
		生活垃圾资源化利用率/%	物质循环利用率
社会亚系统	活力	人口自然增长率/%	人口增长速率
	组织结构	人口密度/（人/km^2）	分布结构
		老龄化人口比例/%	年龄结构
		农牧业人口比例/%	职业结构
		文盲半文盲人口比例/%	智力结构
		高中以上人口比例/%	智力结构
	恢复力	人均金融机构存款余额/（元/人）	赔付能力
		人均保险公司承保额/（元/人）	赔付能力
	服务功能	城镇失业人口比例/%	社会稳定度
		农民人均纯收入/（元/人）	社会稳定度
		贫困人口比例/%	社会稳定度
		人均民事和刑事案件立案数/（件/人）	社会安全度
		恩格尔系数/%	社会舒适度
		人均住房面积/（m^2/人）	社会舒适度
		医疗指数/（床·人/千人）	社会舒适度

续表

亚系统	指标类别	具体指标	含义
社会亚系统	服务功能	城镇自来水普及率/%	社会舒适度
		城镇气化率/%	社会舒适度
		交通指数/（km/km²）	社会舒适度
		人均邮电业务总量/（元/人）	社会舒适度
		千人拥有本地电话户数/（户/千人）	社会舒适度
		参加基本保险的职工数比例/%	社会满意度
	人群健康	婴儿死亡率/%	身体健康
		甲、乙类传染病发病率/%	身体健康
水生态系统	活力	浮游生物量/（mg/L）	生物生产力
		底栖动物密度/（g/m²）	生物生产力
		流域产水量/［m³/（km²·a）］	水资源量
		人均水产品产量/（t/人）	渔业生产能力
		人均航运收入/（元/人）	生产能力
		水力年发电量/（kW·h/km²）	电力行业生产能力
	恢复力	硅藻与蓝（绿）藻种类比例/%	水生生物弹性指数
		鱼类种类/种	水生生物弹性指数
		水体水质级别/类	水质弹性指数
		底泥污染级别/级	水质弹性指数
		多年平均水温/℃	水质弹性指数
	组织结构	水生生物多样性指数	水生生物结构
		鱼类多样性指数	水生生物结构
		地表水耗水指数	水资源利用状况
		地表水农业灌溉用水比例/%	水资源利用结构
		地表水工业用水比例/%	水资源利用结构
		地下水超采率/%	水资源利用状况
		地下水农业用水比例/%	水资源利用结构
		地下水工业用水比例/%	水资源利用结构
	服务功能	流域人均水资源量/（m³/人）	涵养水源
		输沙调节指数/万t	涵养水源
		流域输沙模数/［t/（a·km）］	涵养水源
		径流调节指数/亿m³	调节水资源时空分布
		洪涝灾害和旱灾影响面积比例/%	调节旱涝灾害
		洪涝灾害和旱灾成灾面积比例/%	调节旱涝灾害

续表

亚系统	指标类别	具体指标	含义
陆生生态系统	活力	NDVI	初级生产力
		人均粮食产量/（t/人）	农业生产能力
		人均牧产品产量/（t/人）	牧业生产能力
		单位面积活立木总蓄积/（m³/hm²）	林业生产能力
		陆生生物量/（mg/L）	生物生产力
	恢复力	景观恢复力指数	恢复（抵抗）力强度
	组织结构	景观多样性指数	景观空间结构
		水域密度/（km²/km²）	景观结构
		森林覆盖率/%	植被结构
		自然保护区覆盖率/%	植被结构
		建成区绿化覆盖率/%	植被结构
		有林地占林业用地面积比例/%	林地结构
		水浇田占耕地面积比例/%	耕地结构
		陆生生物多样性指数	陆生生物结构
	服务功能	人均耕地面积/（hm²/人）	资源状况
		人均林地面积/（hm²/人）	资源状况
		人均草地面积/（hm²/人）	资源状况
		水土流失面积比例/%	涵养水源
		土壤水力侵蚀模数/［t/（hm²·a）］	涵养水源
		沙（石）漠化面积比例/%	涵养水源
		盐碱化面积比例/%	涵养水源
		退耕还林（草）面积比例/%	保持水土
		空气污染级别/级	环境质量
		地质灾害影响面积比例/%	调节灾害
		地质灾害成灾面积比例/%	调节灾害
		人均旅游收入/（元/人）	提供娱乐
		多年平均气温/℃	调节气候
		多年平均降水量/mm	调节气候
	管理的选择	草地退化面积比例/%	草场退化
		草地超载率/%	草场退化
		>25°坡耕地面积比例/%	耕地退化
	减少外部输入	秸秆综合利用率/%	能源输入
	对临近生态系统危害	单位面积年农药施入量/［kg/（hm²·a）］	胁迫因素的扩散
		单位面积年化肥施入量/［kg/（hm²·a）］	胁迫因素的扩散

2) 指标计算方法

A. 医疗指数

$$医疗指数 = (千人拥有病床数 \times 千人拥有医生数)^{1/2} \qquad (3\text{-}12)$$

B. 交通指数

$$交通指数 = \frac{境内公路里程数 + 境内铁路里程数}{土地总面积} \qquad (3\text{-}13)$$

C. 参加基本保险的职工数比例

$$参加基本保险的职工比例 = (参加基本医疗保险职工的比例 \times 参加养$$
$$老保险职工的比例)^{1/2} \qquad (3\text{-}14)$$

D. 景观恢复力指数

参照已有研究结果（刘建军，2002），对不同类型土地利用的景观恢复指数进行分类，具体划分结果见表3-2。

表3-2　不同土地利用的景观恢复力赋值

土地覆盖类型	分值	含义
水域	1	对维持景观空间格局有决定意义；水域和林地再维持流域生态系统的稳定性和调节功能方面具有极其重要的作用
林地	0.9	
灌木疏林	0.8	
中高覆盖草地	0.7	对维持景观空间格局有重要意义；如过分干扰，易退化，导致景观恢复力下降
旱田	0.4	
低覆盖草地	0.2	
裸土裸岩	0	对维持景观空间格局的恢复力贡献很小
沙地	0	

景观恢复力指数的计算公式为

$$I = 100 \sum_{i=1}^{n} w(i) \cdot s(i) \qquad (3\text{-}15)$$

式中，I 为景观恢复力指数；$w(i)$ 为第 i 种土地覆盖类型的景观恢复力分值；$s(i)$ 为第 i 种土地覆盖类型面积占总面积的比例。

E. 输沙调节指数

$$S_i = - \sum_{j=1}^{n} S_1(j) + \sum_{k=1}^{m} S_0(k) \qquad (3\text{-}16)$$

式中，S_i 为第 i 个地区的输沙调节指数；$S_1(j)$ 为上游的 j 座水库对输沙量的净影响；$S_0(k)$ 为本地区第 k 座水库对输沙量的净影响；单一水库对输沙量的净影响为蓄水时间与年均输沙量净变化之积。

E. 径流调节指数

$$W_i = -\sum_{j=1}^{n} W_1(j) + \sum_{k=1}^{m} W_0(k) \tag{3-17}$$

式中，W_i 为第 i 个地区的径流调节指数 $W_1(j)$ 为上游的 j 座水库对径流量的净影响；$W_0(k)$ 为本地区第 k 座水库对径流量的净影响；单一水库对径流量的净影响为年末累积蓄水量。其中，龙羊峡水库对径流量的净影响为计算年与 1986 年年末累积蓄水量之差。

F. 人均牧产品产量

$$人均牧业产品产量 = \frac{肉类总产量 + 奶类总产量}{总人口数} \tag{3-18}$$

4. 流域生态系统健康指标体系筛选

1）指标体系筛选方法

由于流域生态系统的复杂性、各子系统之间错综的关联性，无论采用何种指标选取方式获得的指标体系，选取的指标项都很难避免存在一定的信息重叠，即指标项之间存在一定的相关性。指标之间相互重复的信息会影响所确定的指标体系对流域生态系统健康的客观评价。因此，需要对初步指标体系进行进一步筛选，选取最具代表性的指标。

常用的指标筛选方法有专家咨询法和主成分分析法等。专家咨询法（特尔菲法）是通过专家系统的知识和经验，对各指标进行比较，去除指标权重最小的指标。以主成分分析（principal component analysis，PAC）为核心的因子分析方法在进行相互关联指标项综合集成与重复信息处理方法中，具有独特优势。主成分分析方法是通过原始变量的线性组合，把多个原始指标减少为有代表意义的少数几个指标，以使原始指标能更集中更典型地表明研究对象特征的一种统计方法（张超和杨秉赓，1985）。从一般意义上来讲，主成分分析方法分析的对象是"样本点–定量变量"数据表对，其目的是采用数学方法，将描述不同样本点的各指标项所反映的各样本点的差异集中起来，形成新的综合指标，从而使得利用这些综合指标来衡量各样本点的特征最为明显。从理论上说，有多少原始指标，最终也将形成多少综合指标。但从主成分分析的原理来看，最先生成的几个主成分能够包含绝大多数系统信息，这使得其后获得的主成分在对于评价流域生态系统健康没有太多的实际意义。因此，通过因子分析，可以去掉信息重复，获得最终的流域生态系统健康评价指标体系。

主成分分析的基本步骤如下（高志刚和韩延玲，2001；梁嘉华等，1992）。

A. 建立观察值矩阵

某一系统状态最初由 p 个指标来表征，这 p 个特征指标称为原特征指标，通过对它们的观察了解系统的特性。它的每一组观察值表示为 p 维空间中的一个向量 $\boldsymbol{x}_i$，即

$$\boldsymbol{x}_i = (x_{i1}, x_{i2}, \cdots, x_{ip}) \tag{3-19}$$

这个 p 维空间称为原指标空间。对它进行 n 次观察，所得矩阵构成 $n \times p$ 观察值矩阵 $\boldsymbol{x}$：

$$\boldsymbol{x} = \begin{bmatrix} x_{11} & x_{12} & \cdots & x_{1p} \\ x_{21} & x_{22} & \cdots & x_{2p} \\ \vdots & \vdots & & \vdots \\ x_{n1} & x_{n2} & \cdots & x_{np} \end{bmatrix} \tag{3-20}$$

式中，n 为样本个数；p 为指标个数。

B. 标准化处理

为使指标之间具有可比性，应对观察值进行标准化处理。这里采用常用的标准差标准化处理方法，对原始观察数据计算求出它们的标准化观察矩阵 $\boldsymbol{y}$：

$$\boldsymbol{y} = \begin{bmatrix} y_{11} & y_{12} & \cdots & y_{1p} \\ y_{21} & y_{22} & \cdots & y_{2p} \\ \vdots & \vdots & & \vdots \\ y_{n1} & y_{n2} & \cdots & y_{np} \end{bmatrix} \tag{3-21}$$

y_{ij} 的计算方法为

对正指数：

$$y_{ij} = \frac{x_{ij} - \bar{x}_j}{s_j} \tag{3-22}$$

对逆指标：

$$y_{ij} = \frac{\bar{x}_j - x_{ij}}{s_j} \tag{3-23}$$

其中

$$\bar{x}_j = \frac{1}{n} \sum_{i=1}^{n} x_{ij} \tag{3-24}$$

$$s_j^2 = \frac{1}{n-1} \sum_{i=1}^{n} (x_{ij} - \bar{x}_j)^2 \tag{3-25}$$

C. 计算相关系数矩阵

为研究标准化观察值矩阵中各指标的相互关系，需求出它们的相关关系矩阵 $\boldsymbol{R}$，

$$R = \begin{bmatrix} r_{11} & r_{12} & \cdots & r_{1p} \\ r_{21} & r_{22} & \cdots & r_{2p} \\ \vdots & \vdots & & \vdots \\ r_{p1} & r_{p2} & \cdots & r_{pp} \end{bmatrix} \tag{3-26}$$

R_{ij} 的计算公式为

$$R_{ij} = \frac{1}{n-1} \sum_{i=1}^{n} y_{ji} y_{ij}, \quad i, j = 1, 2, \cdots, p \tag{3-27}$$

D. 求特征值和特征向量

根据特征方程 $|R - \lambda I| = 0$ 计算特征值（$K = 1, 2, \cdots, p$），并列入 λ_k 的特征向量 $L_K(K = 1, 2, \cdots, p)$。将特征向量依大小顺序排列：$\lambda_1 > \lambda_2 > \cdots > \lambda_p$，其相应的特征向量记为 $L_1, L_2, \cdots, L_p$。则第 k 个主成分的方查贡献率为 $\beta_k = \lambda_k \left(\sum_{j=1}^{p} \lambda_j \right)^{-1}$，前 k 个主成分的累计贡献率为 $\sum_{j=1}^{k} \lambda_k \left(\sum_{j=1}^{p} \lambda_j \right)^{-1}$。

E. 选择主成分

选择 m 个主成分，实际中通常所取主成分的累计贡献率达到85%以上，即

$$\sum_{j=1}^{k} \lambda_k \left(\sum_{j=1}^{p} \lambda_j \right)^{-1} \geqslant 85\% \tag{3-28}$$

按照以上5个步骤，通过样本数据对定性分析选定的指标体系进行主成分分析，可获得最终的流域生态系统健康评价指标体系。

2）筛选结果

根据研究区域的特点，并考虑到本书需评价梯级水电建设对生态承载力的影响，依据数据可得性和以水生生态指标为主的原则下，初步筛选了研究流域生态系统健康的评价指标体系，共73个指标，并选取黄河流域青海片的化隆、尖扎、共和、贵德、循化、玛多6县1999年的样本数据（青海省统计局，2000；青海省统计局和国家统计局青海调查总队，2000；青海省环境保护局，2001），应用主成分分析方法，去掉带有重复信息的指标，确定最终的评价指标体系。

应用 SPSS 软件计算流域生态系统健康初步指标体系主成分的特征值、贡献率和累计贡献率。其中，4个原始的特征值见表3-3。

表 3-3　主成分方差特征值

序号	初始特征值	占方差百分数/%	累计百分数/%
1	21.086	29.286	29.286
2	18.215	25.299	54.585
3	17.443	24.226	78.812
4	15.256	21.188	100

由表3-3可知，4个主成分的累计贡献率已达到100%（>85%），表明选取4个主成分即可包含足够的原始信息。由于筛选后的主成分所代表的因子成分复杂，无法用几个有实际含义的指标来代替主成分，因而还需运用因子载荷矩阵找出对每个主成分贡献率大的原始指标，将这些原始指标集合起来，便可以代表主成分以至整个原始样本数据的全部信息。正交旋转后的主因子载荷矩阵见表3-4。

表3-4　正交旋转后的主成分载荷矩阵（原始标准数据）

指标	主成分			
	1	2	3	4
GDP年增长率	-0.709	-0.605	0.322	0.169
人均GDP	-9.47×10^{-3}	-0.26	-0.111	0.959
万元GDP能耗	$9.66\ 10^{-2}$	-0.231	0.746	0.617
万元GDP水耗	0.138	-0.263	0.117	0.948
第三产业GDP比例	-0.637	0.361	-0.333	-0.594
社会消费品零售额占GDP比例	0.374	0.67	-0.146	-0.624
教育支出占GDP比例	-0.144	0.123	0.336	-0.923
人口自然增长率	-0.233	0.466	0.404	0.752
人口密度	0.325	-0.312	0.892	-4.69×10^{-2}
农牧业人口比例	6.59×10^{-2}	-0.876	0.476	4.43×10^{-2}
文盲半文盲人口比例	-0.835	-0.318	0.45	1.82×10^{-2}
高中以上人口比例	0.382	0.887	0.249	-6.90×10^{-2}
人均金融机构存款余额	0.687	0.678	-0.116	0.234
人均保险公司承保额	0.384	0.228	7.82×10^{-2}	0.891
农民人均纯收入	0.155	0.983	-7.16×10^{-2}	-6.58×10^{-2}
城镇失业人口比例	-0.416	0.46	-0.43	0.656
贫困人口比例	6.32×10^{-2}	-0.14	0.988	-7.55×10^{-3}
万人民事和刑事案件立案数	0.288	-1.08×10^{-2}	-0.646	-0.707
恩格尔系数	0.337	0.429	0.494	0.677
农民人均住房面积	0.377	0.543	0.116	0.741
医疗指数	-0.473	0.635	-0.602	$9.84\ 10^{-2}$
交通指数	-5.87×10^{-2}	0.163	0.952	-0.251

续表

指标	主成分			
	1	2	3	4
千人拥有本地电话户数	-0.992	-7.11×10^{-3}	-8.90×10^{-2}	-9.14×10^{-2}
人均邮电业务总量	0.139	0.269	-0.762	0.572
参加基本保险职工数比例	0.495	-0.726	-0.465	-0.106
婴儿死亡率	-0.992	-7.11×10^{-3}	-8.90×10^{-2}	-9.14×10^{-2}
水生生物量	-0.356	0.386	-0.846	-9.30×10^{-2}
流域产水量	0.364	-5.30×10^{-2}	0.523	0.872
人均水产品产量	0.157	0.929	-0.321	-9.79×10^{-2}
硅藻与蓝（绿）藻种类比例	-0.476	0.47	-0.702	-0.243
底栖动物密度	-6.42×10^{-2}	0.917	-0.369	-0.14
水体水质级别	0.934	5.95×10^{-2}	0.314	0.158
多年平均水温	0.832	0.426	0.322	0.151
水生生物多样性指数	-2.61×10^{-2}	0.788	-0.613	-4.61×10^{-2}
地表水耗水比例	0.764	-0.504	-0.183	-0.359
地表水农业灌溉用水比例	-0.531	0.546	8.64×10^{-2}	0.643
地表水工业用水比例	0.413	-0.628	-0.285	-0.595
地下水超采率	0.312	0.925	-3.89×10^{-3}	-0.216
地下水农业灌溉用水比例	0.197	-2.07×10^{-2}	0.922	-0.331
地下水工业用水比例	0.941	4.71×10^{-2}	-7.14×10^{-2}	0.328
流域人均水资源量	-0.934	-4.88×10^{-2}	-0.321	-0.151
流域输沙模数	0.112	-0.268	-6.37×10^{-2}	0.955
径流调节指数	-0.158	0.879	-0.437	-0.105
输沙调节指数	-0.164	0.888	-0.403	-0.145
洪涝灾害和旱灾受灾面积比例	0.129	-7.83×10^{-2}	0.85	0.505
洪涝灾害和旱灾成灾面积比例	6.67×10^{-2}	-0.187	0.896	0.398
NDVI	0.14	-0.676	0.667	0.282
人均粮食产量	0.913	-0.357	0.176	-9.45×10^{-2}

指标	主成分			
	1	2	3	4
人均牧业产品产量	−0.934	$9.86×10^{-2}$	−0.321	−0.119
景观弹性指数	$−3.65×10^{-2}$	$−1.63×10^{-2}$	$1.19×10^{-2}$	0.999
景观多样性指数	0.556	−0.127	0.787	0.235
水域密度	$8.01×10^{-2}$	−0.419	0.868	0.253
森林覆盖率	0.243	−0.336	0.667	0.618
有林地面积占林地面积比例	0.481	−0.584	0.577	0.306
水浇田占耕地总面积比例	0.896	0.221	$9.67×10^{-2}$	−0.373
人均耕地面积	0.934	0.298	−0.155	0.123
人均林地面积	−0.93	−0.186	−0.217	0.232
人均草地面积	−0.928	$−2.47×10^{-2}$	−0.334	−0.162
水土流失面积比例	0.595	−0.563	0.574	$1.17×10^{-2}$
土壤水力侵蚀模数	0.326	0.911	−0.252	$3.95×10^{-3}$
沙（石）漠化面积比例	−0.276	0.692	−0.489	0.454
盐碱化面积比例	0.297	0.921	−0.241	$−7.65×10^{-2}$
退耕还林（草）面积比例	0.404	−0.38	$2.04×10^{-2}$	0.832
空气污染级别	0.934	$5.95×10^{-2}$	0.314	0.158
人均旅游收入	0.485	−0.748	−0.441	0.106
多年平均气温	0.813	−0.236	0.495	0.199
多年平均降水量	−0.363	−0.379	$−3.29×10^{-2}$	0.85
草地退化面积比例	−0.816	0.289	0.114	0.488
草地超载率	0.744	−0.586	0.287	−0.143
>25°坡耕地面积比例	0.141	−0.25	0.694	0.661
秸秆综合利用率	−0.617	0.434	0.247	0.608
单位面积农药施入量	$1.37×10^{-2}$	$−7.33×10^{-2}$	0.972	−0.224
单位面积化肥施入量	0.616	$−8.56×10^{-2}$	0.634	−0.46

注：表中数据单位同表 3-1。

　　从正、负两方向选取 4 个主成分对应的载荷值较大的因子，并综合考虑流域生态系统的特征和功能，确定最终的黄河流域青海片生态系统健康评价指标体系，共包括 52 个具体指标，见表 3-5。

表 3-5　流域生态系统健康评价指标体系

亚系统	指标类别	具体指标	含义
经济亚系统	活力	GDP 年增长率	经济水平
		人均 GDP	经济规模
		万元 GDP 能耗	经济效益
		万元 GDP 水耗	经济效益
	组织结构	第三产业 GDP 比例	经济结构
		教育支出占 GDP 比例	经济结构
社会亚系统	活力	人口自然增长率	人口增长速率
	组织结构	人口密度	分布结构
		农牧业人口比例	职业结构
		高中以上人口比例	智力结构
	服务功能	贫困人口比例	社会稳定度
		农民人均纯收入	社会稳定度
		恩格尔系数	社会舒适度
		医疗指数	社会舒适度
		交通指数	社会舒适度
		千人拥有电话户数	社会舒适度
	人群健康	婴儿死亡率	人群健康状况
水生态系统	活力	流域产水量	水资源量
		浮游生物量	生物生产力
		底栖动物密度	生物生产力
		人均水产品产量	渔业生产能力
	恢复力	水体水质级别	水质弹性指数
		多年平均水温	水质弹性指数
	组织结构	水生生物多样性指数	水生生物结构
		地表水耗水指数	水资源利用状况
		地表水农业灌溉用水比例	水资源利用结构
		地表水工业用水比例	水资源利用结构
		地下水超采率	水资源利用结构

续表

亚系统	指标类别	具体指标	含义
水生态系统	服务功能	流域输沙模数	涵养水源
		输沙调节指数	涵养水源
		径流调节指数	调节旱涝灾害
		洪涝灾害和旱灾成灾面积比例	调节旱涝灾害
陆生生态系统	活力	NDVI	初级生产力
		人均粮食产量	农业生产能力
		人均牧业产品产量	牧业生产能力
	恢复力	景观恢复力指数	恢复（抵抗）力强度
	组织结构	景观多样性指数	景观空间结构
		森林覆盖率	植被结构
	服务功能	人均耕地面积	资源禀赋
		人均水资源量	资源禀赋
		人均林地面积	资源禀赋
		人均草地面积	资源禀赋
		水土流失面积比例	涵养水源
		沙（石）漠化面积比例	涵养水源
		盐碱化面积比例	涵养水源
		空气污染级别	环境质量
	服务功能	人均旅游收入	提供娱乐
		多年平均气温	调节气候
		多年平均降水量	调节气候
	管理的选择	草地退化面积比例	草场退化
		>25°坡耕地面积比例	耕地退化
	对临近生态系统的危害	单位面积农药施入量	胁迫因素的扩散

5. 流域生态系统健康标准

1) 流域生态系统健康标准的确定方法

生态系统健康评价标准一直是生态系统健康评价最困难的问题之一。流域生态系统以自然生态系统为主体，也包含了受人类活动改造和影响的人工生态系统，如何建立合理的生态系统健康评价标准需要大量的工作，并有待于从新的角度开拓思路。鉴于此，在研究前人对生态系统健康及相关生态系统健康标准的基础上，将流域生态系统健康评价标准划分为病态、不健康、亚健康、健康、非常健康 5 个等级。每个等级的生态学含义见表 3-6。

表 3-6　流域生态系统健康标准的生态学含义

项目	病态	不健康	亚健康	健康	非常健康
生态学含义	活力非常弱，结构完全不合理，恢复力、服务功能和人群健康非常差	活力较弱，结构不协调，恢复力、服务功能和人群健康较差	活力、结构、恢复力、服务功能和人群健康一般	活力强，结构合理、协调，恢复力、服务功能和人群健康水平都较强	活力非常强，结构均衡，恢复力、服务功能和人群健康非常强

如何确切地将流域生态系统健康指标进行分级，划分流域尺度实测数据的等级归属，国内外还没有先例，本书试图表达出每一个指标在国际和国内的分布情况，并根据分布特点、世界和中国的指标均值、生态县（市、省）的相应要求，确定最终的流域生态系统健康等级标准。具体步骤如下：①将各流域生态系统健康指标在国际和国内范围分别从小到大依次排列，以序号为横坐标，以对应的指标值为纵坐标，做指标分布的初始曲线；②将初始曲线拟合为较为准确的函数；③通过适当转换，将拟合函数转化为呈线性分布；④对转化后的线性函数应用等距法（张超和杨秉赓，1985）进行划分，确定初步健康等级标准；⑤参照国内均值、青海省均值和国家颁布的生态县（市、省）的相关要求，对指标进行修改，确定最终的流域生态系统健康等级标准。

划分流域生态系统健康等级标准的最终目标是确定流域生态系统所处健康状态，以此为依据，判断人类活动影响生态承载力带来的生态系统健康状态的变化，并关注非健康状态下流域生态系统的变化。设定的流域生态系统健康等级包括病态、不健康等 5 个评价等级，即等距法中的组数 $n=4$。组距 h 按下式计算：

$$h = \frac{x_{\max} - x_{\min}}{n} \tag{3-29}$$

式中，h 为组距；$x_{\max}$ 为样本数据中的最大值；$x_{\min}$ 为样本数据中的最小值；n 为组数。

第一组的上限值 y_1，可从样本数据最小值中加上 1/2 的组距求得，计算公式如下：

$$y_1 = x_{min} + 0.5h \tag{3-30}$$

第二组的上限值 y_2 等于第一组的上限值加上组距，即

$$y_2 = y_1 + h \tag{3-31}$$

以此类推，为使组间界限明确，可将每组计算确定的上限值划归其下一组，并使其成为各组的分界点。

笔者研究表明，流域生态系统健康评价指标分布呈指数型或呈线性。呈线性趋势的国际指标包括：GDP 年增长率、第三产业 GDP 比例、地表水农业灌溉用水比例、人口自然增长率、医疗指数、贫困人口比例、教育支出占 GDP 比例、森林覆盖率、人均耕地面积和水土流失面积比例；中国指标包括：农牧业人口比例和高中以上人口比例。线性分布指标可直接应用等距法进行分组。对指数型指标数据需要进行取对数运算，得到线性拟合线，见表 3-7 和表 3-8，对拟合曲线按式（3-29）~式（3-31）进行等距法划分，以对应的指标值作为流域生态系统健康等级标准。

表 3-7　国际生态系统健康指标分布趋势及处理后拟合函数

指标	趋势线	取对数后线性拟合线	拟合系数（R^2）
人均水产品产量	$y = 1.5330e^{0.1132x}$	$y = 0.0492x + 0.1857$	0.9311
人均牧业产品产量	$y = 12.2940e^{0.1166x}$	$y = 0.0507x + 1.0897$	0.9393
地表水耗水比例	$y = 0.7227e^{0.1314x}$	$y = 0.0571x - 0.1410$	0.9501
地表水工业用水比例	$y = 1.5888e^{0.1221x}$	$y = 0.053x + 0.2011$	0.9723
交通密度	$y = 0.0588e^{0.1191x}$	$y = 0.0517x - 1.2305$	0.9591
人均旅游收入	$y = 1.7597e^{0.2031x}$	$y = 0.0882x + 0.2454$	0.8938
人均地表水资源量	$y = 703.1300e^{0.1113x}$	$y = 0.0483x + 2.8470$	0.9349
人口密度	$y = 5.6904e^{0.1488x}$	$y = 0.0646x + 0.7551$	0.8333
人口密度 *	$y = 1.6293e^{0.0473x}$	$y = 0.0205x + 0.2120$	0.9652
农业人口比重	$y = 1.5885e^{0.0910x}$	$y = 0.0395x + 0.2010$	0.8658
人均粮食产量	$y = 120.6700e^{0.0699x}$	$y = 0.0304x + 2.0816$	0.8388
单位面积农药施入量	$y = 22.9460e^{0.0699x}$	$y = 0.0304x + 1.3607$	0.9230

续表

指标	趋势线	取对数后线性拟合线	拟合系数（R^2）
人均林地面积	$y=0.0099e^{0.0440x}$	$y=0.0191x-2.0051$	0.9097
人均草地面积*	$y=1.1006e^{0.0778x}$	$y=0.0338x+0.0416$	0.9632
森林覆盖率*	$y=0.2921e^{0.0567x}$	$y=0.0246x-0.5345$	0.9612
人均耕地面积	$y=57.9780e^{0.0180x}$	$y=0.0078x+1.7633$	0.8692
万元 GDP 能耗	$y=0.1581e^{0.0264x}$	$y=0.0114x-0.8011$	0.9841
万元 GDP 水耗	$y=11.712e^{0.0413x}$	$y=0.0179x+1.0686$	0.9515
婴儿死亡率	$y=2.3494e^{0.0766x}$	$y=0.0333x+0.3710$	0.9916
流域产水量	$y=15140e^{0.0456x}$	$y=0.0198x+4.1801$	0.7446

＊数据依据世界资源报告（2000～2001）中的流域数据划分

表3-8　国内生态系统健康指标分布趋势及处理后拟合函数

指标	趋势线	取对数后线性拟合线	拟合系数（R^2）
沙（石）漠化面积比例	$y=0.2926e^{0.4229x}$	$y=0.1837x-0.5337$	0.8764
盐碱化面积比例	$y=0.0900e^{0.3618x}$	$y=0.1571x-1.0460$	0.9637
草原退化面积比例	$y=6.0729e^{0.4400x}$	$y=0.1911x+0.7834$	0.9803
人口密度	$y=13.1730e^{0.1569x}$	$y=0.0681x+1.1197$	0.7883
底栖动物密度	$y=14.9130e^{0.4769x}$	$y=0.2071x+1.1736$	0.9303
输沙调节系数	$y=0.0045e^{0.7022x}$	$y=0.3049x-2.3516$	0.9617

2）流域生态系统健康等级划分结果

经计算，1999 年国际流域生态系统健康的初步等级标准见表 3-9。

黄河流域是世界上泥沙含量最高的河流之一，流域内水土流失严重，人口众多，人均经济指标相对较低，这些指标如采用国际标准，则评价结果无法反映我国的实际情况。因此，本书依据国内相关数据和已有水生生物、输沙模数和水库拦沙的研究成果（洪松和陈静生，2002；韦红波等，2003；席家治，1996），建立了部分经济、水文、水土流失和水生生物指标的健康标准，见表 3-10。

表 3-9　1999 年国际流域生态系统健康等级初步标准

具体指标	健康标准					世界均值	中国	青海	生态标准
	病态	不健康	亚健康	健康	非常健康				
GDP年增长率	<-0.6	-0.6~2.7	2.7~6.1	6.1~9.4	≥9.4	4.7	8	8.2	
人均GDP/美元	<410	410~1130	1130~4640	4640~28 310	≥28 310	5170	860	4662	≥16 000
万元GDP水耗	>6531	6531~881	881~119	119~16	≤16	141.61	610	1157	≤150
万元GDP能耗	>2.2	2.2~0.9	0.9~0.4	0.4~0.1	≤0.1	0.4	1.4	3.9	≤1.2
第三产业 GDP 比例	<35.9	35.9~46.2	46.2~56.5	56.5~66.8	≥66.8	50.6	33.2	41.94	≥50
教育支出占 GDP 比例	<1.6	1.6~3.4	3.4~5.3	5.3~7.1	≥7.1	4.5	2.99	3.05	≥6
人口自然增长率	>3.5	3.5~2.1	2.1~0.6	0.6~0.9	<-0.9	1.31	8.77	13.9	
人口密度	>2399	2399~316	316~42	42~5	≤5	45	132	6.5	
人口密度*	>188.4	188.4~42.2	42.2~9.4	9.4~2.1	≤2.1	42	132	6.5	
农牧业人口比例	>30.6	30.6~6.0	6.0~1.2	1.2~0.2	≤0.2	42.4	74.49	71.65	
贫困人口比例	>32.2	23~32.2	13.8~23	4.6~13.8	≤4.6	22.8	4.6		
医疗指数	<1.73	1.73~2.67	2.67~3.49	3.49~5.17	≥5.17	3.59	2.0	5.73	
交通密度	<0.2	0.2~0.4	0.4~1.0	1.0~2.5	≥2.5	0.96	0.2	0.027	
千人拥有本地电话户数	<86	86~251	251~416	416~581	≥581	261.9	130	77.9	
人均水产品产量	<1.5	1.5~5.9	5.9~22.9	22.9~89.1	≥89.1	20.83	45.66	0.25	
流域产水量	<108	108~3190	3190~94 135	94 135~2 778 114	≥2 778 114		77 154	93 558	

续表

具体指标	健康标准					世界均值	中国	青海	生态标准
	病态	不健康	亚健康	健康	非常健康				
地表水耗水比例	>40.5	40.5~11.5	11.5~3.3	3.3~0.9	≤0.9	8.0	18.6	4.38	<40
地表水农业灌溉用水所占比例	>85.3	85.3~61.8	61.8~38.3	38.3~14.8	≤14.8	71	77	71.1	
地表水工业用水比例	<1.7	1.7~5.3	5.3~16.1	16.1~48.8	≥48.8	19	18	3.7	
人均地表水水资源量	<871	871~3311	3311~12 589	12 589~47 863	≥47 863	8696	2139	13 342	
人均粮食产量	<29.9	29.9~111.9	111.9~418.1	418.1~1562.3	≥1562.3	677.68	405.5	203.14	
人均收获农产品产量	<18.8	18.8~83.4	83.4~370.5	370.5~1645.3	≥1645.3	118.55	77.01	77.84	
森林覆盖率	<11.8	11.8~35.4	35.4~59.0	59.0~82.6	≥82.6	26.47	14.3	2.65	≥45
森林覆盖率*	<0.2	0.2~1.3	1.3~6.8	6.8~36.6	≥36.6				
人均耕地面积	<0.01	0.01~0.05	0.05~0.2	0.2~1.3	≥1.3	0.259	0.109	0.15	
人均林地面积	0.00	0.00~0.03	0.03~0.53	0.53~8.63	≥8.63	0.57	0.104	0.71	
人均草地面积*	<0.6	0.6~9.8	9.8~154.9	154.9~2454.7	≥2454.7	0.83	0.318	6.51	
人均旅游收入/美元	<0.9	0.9~5.8	5.8~35.9	35.9~221.3	≥221.3	75.07	15.62	1.56	
单位面积农药输入量	>7038.8	559.1~7038.8	44.4~559.1	3.5~44.4	≤3.5	2650		4.76	
婴儿死亡率	>61.7	25.7~61.7	10.7~25.7	4.5~10.7	≤4.5	53.8	32(25.1)	34.80	

注：表中数据来自国际统计年鉴(2002)和世界源报告(2000~2001)；*数据依据世界资源报告(2000~2001)中的流域数据划分；表中数据单位同表3-1

表3-10　1999年中国流域生态系统健康等级初步标准

具体指标	健康标准					中国	青海	生态标准
	病态	不健康	亚健康	健康	非常健康			
水土流失面积比例	>62.1	44.4~62.1	26.6~44.4	8.9~26.6	≤8.9	38.2	55.95	
沙(石)漠化面积比例	>29.1	6.2~29.1	1.3~6.2	0.3~1.3	≤0.3	13.2	14.11	
盐碱化面积比例	>5.3	1.9~5.3	0.7~1.9	0.2~0.7	≤0.2	0.68	3.13	
农民人均纯收入	<354.1	354.1~904.2	904.2~1598.3	1598.3~3229.1	≥5000	2210.34	1486.31	≥5000
浮游生物量	<0.6	0.6~1.8	1.8~3.0	3.1~4.3	≥4.3	1.76	0.4028	
底栖动物密度	<21	21~97	97~445	445~2036	≥2036	730.3	10.4	
水体水质级别	<V	V-IV	IV-III	III-II	≥II		II	
多年平均水温	<6.3	6.3~8.3	8.3~10.3	10.3~16.1	≥16.1			
水生生物多样性指数	<1.3	1.3~1.6	1.6~1.9	1.9~2.2	≥2.2	1.7	1.7	
流域输沙模数	>1000	500~1000	200~500	100~200	≤100	100	48	
径流调节指数	<20	20~50	50~100	100~150	≥150			
输沙调节指数	>306 037	92 422~306 037	27 911~92 422	8429~27 911	≤8429			
洪涝灾害和旱灾成灾面积比例	>15.3	10.93~15.3	6.56~10.93	2.19~6.56	≤2.19	3.24	0.46	
NDVI	<0	0~0.3	0.3~0.5	0.5~0.6	≥0.6	0.465		
景观恢复力指数	<20	20~40	40~70	70~90	≥90			
景观多样性指数	<1.5	1~1.5	1.5~2	2~2.5	≥2.5	2.33	1.38	
空气污染级别	<V	V-IV	IV-III	III-II	≥II			

续表

具体指标	健康标准					中国	青海	生态标准
	病态	不健康	亚健康	健康	非常健康			
多年平均气温	<5	5~10	10~15	15~20	≥20		-5.6~8	
多年平均降水量	<25	25~400	400~1000	1000~1500	≥1500	460	285.6	
秸秆综合利用率	<40%	40%~60%	60%~80%	80%~100%	=100%		95	100
恩格尔系数	>55	50~55	45~50	40~45	≤40	38.00	57.89	<40
高中以上人口比例	<1.9	1.9~4.9	4.9~7.8	7.8~10.8	≥10.8	5.42	2.3	
草地超载率	>150	50~150	10~50	-20~0	≤-20		11.83	
地下水超采率	>150	50~150	10~50	-20~0	≤-20		1.19	0
人均GDP	<2058	2058~3617	3617~4555	4555~10434	≥10434			
第三产业GDP比例	<29.4	29.4~30.3	30.3~30.7	30.7~32.7	≥32.7			
人口自然增长率	>13.7	9.5~13.7	5.2~9.5	1.0~5.2	≤1.0			
人口密度	>906.8	157.6~906.8	27.4~157.6	4.8~27.4	≤4.8			
农牧业人口比例	>89.6	84.5~89.6	79.5~84.5	74.4~79.5	≤74.4			
千人拥有本地电话户数	<4	4~5	5~7	7~13	≥13			
人均粮食产量	<215.1	215.1~231.6	231.6~247.6	247.6~261.9	≥261.9			
人均牧业产品产量	<9.3	9.3~13.0	13.0~16.0	16.0~20.8	≥20.8			

注：表中数据来自中国统计年鉴(2000)，中国农村统计年鉴(2000)，中国农业年鉴(2000)，中国农村能源年鉴(2000)，中国农村住户调查年鉴(2000)，中国县市社会经济统计年鉴(2000)，生态县(市、省)建设指标(试行)，中华人民共和国行业标准(土壤侵蚀分类分级标准(SL190—1996)》和中华人民共和国国土资源部(2001)；中国科学院可持续发展研究组(2001)；表中数据单位同表3-1

根据国际标准、国内标准和生态县（市、省）的不同要求，对资源利用指标、部分经济指标和部分生活质量指标进行了修正，最终的流域生态系统健康等级标准见表 3-11，表 3-11 中的数据单位同表 3-1。

表 3-11　1999 年流域生态系统健康等级标准

具体指标	健康标准				
	病态	不健康	亚健康	健康	非常健康
GDP 年均增长率	<-0.6	-0.6~2.7	2.7~6.1	6.1~9.4	≥9.4
人均 GDP	<3000	3000~8000	8000~10 400	10 400~16 000	≥16 000
万元 GDP 水耗	>6000	900~6000	150~900	20~150	≤20
万元 GDP 能耗	>2.2	1.5~2.2	1.2~1.5	0.9~1.2	≤0.9
第三产业 GDP 比例	<30	30~35	35~50	50~65	≥65
教育支出占 GDP 比例	<1.6	1.6~3.4	3.4~6.0	6.0~7.1	≥7.1
人口自然增长率	>13.7	9.5~13.7	5.2~9.5	1.0~5.2	≤1.0
人口密度	>320	190~320	45~190	5~45	≤5
农牧业人口比例	>84.5	79.5~84.5	74.4~79.5	42.4~74.4	≤42.4
贫困人口比例	>32.2	23~32.2	13.8~23	4.6~13.8	≤4.6
医疗指数	<0.89	0.89~1.73	1.73~2.67	2.67~3.49	≥3.49
交通密度	<0.1	0.1~0.2	0.2~0.4	0.4~1.0	≥1.0
通讯指数	<4	4~5	5~7	7~13	≥13
人均水产品产量	<1.5	1.5~5.9	5.9~22.9	22.9~89.1	≥89.1
地表水耗水比例	>40.5	40.5~11.5	11.5~3.3	3.3~0.9	≤0.9
地表水农业灌溉用水比例	>85.3	85.3~61.8	61.8~38.3	38.3~14.8	≤14.8
地表水工业用水比例	<1.7	1.7~5.3	5.3~16.1	16.1~48.8	≥48.8
流域人均地表水资源量	<871	871~3311	3311~8696	8696~12 589	≥12 589
人均粮食产量	<111.9	111.9~215.1	215.1~261.9	261.9~418.1	≥418.1
人均牧业产品产量	<9.3	9.3~20.8	20.8~83.4	83.4~370.5	≥370.5
森林覆盖率	<7	7~12	12~35	35~45	≥45
人均耕地面积	<0.01	0.01~0.05	0.05~0.2	0.2~0.6	≥0.6
人均林地面积	0.03	0.03~0.13	0.13~0.53	0.53~2.17	≥2.17
人均草地面积	<0.6	0.6~2.5	2.5~9.8	9.8~38.8	≥38.8
人均旅游收入	<8	8~50	50~290	290~1800	≥1800
单位面积农药输入量	>7038.8	559.1~7038.8	44.4~559.1	3.5~44.4	≤3.5
水土流失面积比例	>62.1	44.4~62.1	26.6~44.4	8.9~26.6	≤8.9

具体指标	健康标准				
	病态	不健康	亚健康	健康	非常健康
沙（石）漠化面积比例	>29.1	6.2 ~ 29.1	1.3 ~ 6.2	0.3 ~ 1.3	≤0.3
盐碱化面积比例	>5.3	1.9 ~ 5.3	0.7 ~ 1.9	0.2 ~ 0.7	≤0.2
农民人均纯收入	<354.1	354.1 ~ 904.2	904.2 ~ 1598.3	1598.3 ~ 3229.1	≥5000
浮游生物量	<0.6	0.6 ~ 1.8	1.8 ~ 3.0	3.1 ~ 4.3	≥4.3
流域产水量	<32	32 ~ 171	171 ~ 302	302 ~ 940	≥940
底栖动物密度	<21	21 ~ 97	97 ~ 445	445 ~ 2036	≥2036
水体水质级别	< V	V - IV	IV - III	III - II	≥ II
多年平均水温	<6.3	6.3 ~ 8.3	8.3 ~ 10.3	10.3 ~ 16.1	≥16.1
水生生物多样性指数	<1.3	1.3 ~ 1.6	1.6 ~ 1.9	1.9 ~ 2.2	≥2.2
流域输沙模数	>1000	500 ~ 1000	200 ~ 500	100 ~ 200	≤100
径流调节指数	<20	20 ~ 50	50 ~ 100	100 ~ 150	≥150
输沙调节指数	>306 037	306 037 ~ 92 422	92 422 ~ 27 911	27 911 ~ 8429	≤8429
洪涝灾害和旱灾成灾面积比例	>15.3	10.93 ~ 15.3	6.56 ~ 10.93	2.19 ~ 6.56	≤2.19
NDVI	<0	0 ~ 0.3	0.3 ~ 0.5	0.5 ~ 0.6	≥0.75
景观恢复力指数	<20	20 ~ 40	40 ~ 70	70 ~ 90	≥90
景观多样性指数	<1	1 ~ 1.5	1.5 ~ 2	2 ~ 2.5	≥2.5
空气污染指数	< V	V - IV	IV - III	III - II	≥ II
多年平均气温	<5	5 ~ 10	10 ~ 15	15 ~ 20	≥20
多年平均降水量	<25	25 ~ 400	400 ~ 1000	1000 ~ 1500	≥1500
秸秆综合利用率	<40%	40% ~ 60%	60% ~ 80%	80% ~ 100%	= 100%
恩格尔系数	>55	50 ~ 55	45 ~ 50	40 ~ 45	≤40
高中以上人口比例	<1.9	1.9 ~ 4.9	4.9 ~ 7.8	7.8 ~ 10.8	≥10.8
草地超载率	>150	150 ~ 50	50 ~ 0	0 ~ 20	≤ -20
婴儿死亡率	>61.7	25.7 ~ 61.7	10.7 ~ 25.7	4.5 ~ 10.7	≤4.5
地下水超采率	>150	150 ~ 50	50 ~ 0	0 ~ 20	≤ -20

对 20 世纪 80 年代中期国际和国内流域生态系统健康评价体系中分布呈指数型的指标进行线性转化，得到线性拟合方程（表 3-12）。对所有指标按式（3-29）~式（3-31）进行划分，得到 20 世纪 80 年代中期国际和国内流域生态系统健康等级初步标准，见表 3-13 和表 3-14，对部分标准进行修正，确定 1985 年最

终的流域生态系统健康等级标准见表 3-15。表 3-12～表 3-15 中数据来自国际统计年鉴（1986），中国统计年鉴（1986），中国农村统计年鉴（1986），中国分县农村经济统计概要（1987），中国自然资源丛书编纂委员会（1996），中国科学院国家计划委员会自然资源综合考察委员会（1990），表中数据单位同表 3-1。

表 3-12　1985 年生态系统健康指标分布趋势及处理后拟合函数

指标	范围	趋势线	取对数后线性拟合线	拟合系数（R^2）
人口密度	国际	$y=5.9624e^{0.1298x}$	$y=0.0564x+0.7754$	0.826
人口密度	国内	$y=13.421e^{0.1533x}$	$y=0.0666x+1.1278$	0.8214
千人拥有本地电话户数	国内	$y=0.7521e^{0.0752x}$	$y=0.0326x-0.1237$	0.8935
人均地表水资源量	国际	$y=0.1312e^{0.0563x}$	$y=0.0244x-0.882$	0.9282
地表水耗水比例	国际	$y=1.0769e^{0.0716x}$	$y=0.0311x+0.0322$	0.9096
地表水工业用水比例	国际	$y=1.8891e^{0.0722x}$	$y=0.0313x+0.2762$	0.9651
人均 GDP	国际	$y=121.82e^{0.0369x}$	$y=0.016x+2.0857$	0.9799
人均旅游收入	国际	$y=0.6960e^{0.2170x}$	$y=0.0942x-0.1574$	0.9352
高中以上人口比例	国内	$y=3.0963e^{0.0540x}$	$y=0.0234x+0.4908$	0.8193

表 3-13　1985 年国际流域生态系统健康等级初步标准

| 具体指标 | 健康标准 | | | | | 世界均值 | 中国 | 青海 |
	病态	不健康	亚健康	健康	非常健康			
GDP 年增长率	<-5.3	-5.3～2.1	2.1～9.6	9.6～17.0	≥17.0	3.3	12.9	9.86
人均 GDP（美元）	<204	204～589	589～1689	1689～4898	≥4898	2520	956	602.1
人口自然增长率	>29.7	21.3～29.7	12.9～21.3	4.5～12.9	≤4.5	1.7	14.26	9.63
人口密度	>1522.3	187.3～1522.3	23～187.3	2.8～23	≤2.8	38	109	5.65
地表水耗水比例	>61	19～61	6～19	2～6	≤2	7.69	16	3.49
地表水农业灌溉用水比例	>86.8	62.3～86.8	37.8～62.3	13.3～37.8	≤13.3	69	87	77.57
地表水工业用水比例	<1.7	1.7～5.3	5.4～16.7	16.7～51.6	≥51.6	23	7	3.35
人均地表水资源量	<135	135～1549	1549～17 783	17 783～204 174	≥204 174	7690	2501	15 499
人均旅游收入	<0.6	0.6～5.2	5.2～43.9	43.9～373.7	≥373.7	41.08	11.96	1.17

表 3-14 1985 年国内流域生态系统健康等级初步标准

具体指标	健康标准					中国	青海
	病态	不健康	亚健康	健康	非常健康		
GDP 年增长率	<-1.3	-1.3~0.8	0.8~2.9	2.9~5.0	≥5.0	12.9	10.84
人均 GDP	<400	400~1000	1000~2100	2100~4800	≥4800	956	602.1
人口自然增长率	>28.7	19.9~28.7	11.1~19.9	2.2~11.1	≤2.2	14.26	9.63
人口密度	>350	150~350	30~150	5~30	≤5	109	5.65
千人拥有本地电话户数	<1.4	1.4~2.7	2.7~5.2	5.2~10.2	≥10.2	6.9	5.46
农民人均纯收入	<324.1	324.1~461.7	461.7~599.4	599.4~737.1	≥737.1	398	342.94
恩格尔系数	>60	55~60	50~55	45~50	≤45	57.8	64.11
森林覆盖率	<4.9	4.9~14.1	14.1~23.2	23.2~32.4	≥32.4	12	2.59
人均粮食产量	<218.8	218.8~308.6	308.6~398.5	398.5~488.3	≥488.3	362.7	246.4
交通密度	<0.08	0.08~0.22	0.22~0.35	0.35~0.49	≥0.49	0.104	0.025
高中以上人口比例	<1.4	1.4~4.0	4.0~6.4	6.4~9.0	≥9.0	7.5	5.9

表 3-15 1985 年流域生态系统健康等级最终标准

具体指标	健康标准				
	病态	不健康	亚健康	健康	非常健康
GDP 年增长率	<-0.3	-0.3~2.9	2.9~5.0	5.0~9.6	≤9.6
人均 GDP	<400	400~1000	1000~2100	2100~4800	≥4800
人口自然增长率	>29.7	21.3~29.7	12.9~21.3	2.2~12.9	≤2.2
人口密度	>350	350~150	150~30	30~5	≤5
地表水耗水比例	>61	19~61	6~19	2~6	≤2
地表水农业灌溉用水比例	>86.8	62.3~86.8	37.8~62.3	13.3~37.8	≤13.3
地表水工业用水比例	<1.7	1.7~5.3	5.4~16.7	16.7~51.6	≥51.6
输沙调节指数	>648	648~2147	2147~7109	7109~23 541	≤23 541
人均旅游收入	<4	4~30	30~200	200~1350	≥1350
千人拥有本地电话户数	<1.4	1.4~2.7	2.7~5.2	5.2~10.2	≥10.2
农民人均纯收入	<324.1	324.1~461.7	461.7~599.4	599.4~737.1	≥737.1
恩格尔系数	>58	50~58	43~50	35~43	≤35
森林覆盖率	<4.9	4.9~14.1	14.1~23.2	23.2~32.4	≥32.4
人均粮食产量	<220	220~310	310~400	400~490	≥490
交通密度	<0.08	0.08~0.22	0.22~0.35	0.35~0.49	≥0.49
高中以上人口比例	<1.4	1.4~4.0	4.0~6.4	6.4~9.0	≥9.0

3.2.2　基于生态系统健康的生态承载力评价指标体系

高吉喜（2001）采用三级评价指标体系评价生态承载力状况，一级评价指标体系由气候、地物覆盖、土壤、地形地貌和水文五方面指标组成，用于评价生态弹性力的大小；以资源和环境单要素构成资源环境承载力二级指标体系；三级指标体系反映人口和经济发展对系统的压力度。毛汉英和余丹林（2001）构建了由27个指标构成的区域承载力评价体系，该体系包括承压指标、压力指标和区际交流指标。其中，承压指标由反映承载体状态和发展的指标构成，包括资源环境类指标和潜力指标；压力指标由反映人口及社会经济活动的指标构成；区际交流指标反映了外部控制能力。张传国（2002）构建了由27个指标构成的绿洲系统承载力评价指标体系，该指标体系包括生态承载力、生产承载力和生活承载力三方面指标。其中，生态承载力由资源利用指标和生态环境指标组成；生产承载力由经济发展指标和基础设施指标组成；生活承载力由人口发展指标和生活质量指标组成。

以上三种承载力指标体系各有特色，其共同特点是承载力概念包括了社会经济系统对自然系统的压力衡量，这与本书提出的基于生态系统健康的生态承载力概念差异较大，难以应用于本书的研究。因此，在借鉴前人成果的基础上，本书构建了适于评价流域内某一区域，基于流域生态系统健康指标体系的生态承载力指标体系。

1. 生态承载力指标体系构建原则

初始指标选择时主要遵循以下几个原则：①代表性原则。选取的指标可以代表和反映自然生态系统某方面的特性；②综合性原则。选取的指标能够涵盖系统范围越广越好，通过指标分析可以得出系统特征现状和未来演化趋势；③可量化原则。尽量选择客观可测量的指标，以量化分析生态承载力水平。

基于生态系统健康的生态承载力指标体系构建的几点要求如下。

1）面向生态系统健康

生态承载力的概念与生态系统健康息息相关，本书在构建生态承载力的指标体系时，选取的指标全部来自流域生态系统健康指标体系，以便于确定生态系统承载力与生态系统健康间的定量关系。

2）突出重点

指标体系要切中所要解决的问题。本书构建的生态承载力指标体系研究尺度为流域内的梯级开发区域，因此，指标体系需要突出与水资源相关的指标，并赋予更大的权重。

3）充分考虑指标的功能和应用条件

指标按功能可分为结构指标和功能指标。结构指标反映系统的构成，功能指标反映作用和功效。按作用可分为总量指标、速率指标、相对指标、平均指标。总量指标反映总体规模，速率指标反映发展速度，相对指标反映程度和差异，平均指标反映平均水平。在应用时要将这些指标结合使用，才能全面、准确地判断基于生态系统健康的生态承载力水平。

2. 生态承载力指标体系

根据上述原则，确定基于生态系统健康的生态承载力评价指标体系，见表3-16。

表 3-16　基于生态系统健康的生态承载力评价指标体系

目标层	准则层	指标层 1		指标层 2	
		具体指标	代码	具体指标	代码
生态承载力 A	资源环境指标 B1	资源利用指标	C1	人均水资源量	D1
				人均耕地面积	D2
				人均草地面积	D3
				人均林地面积	D4
		环境质量指标	C2	水体水质级别	D5
				空气污染级别	D6
	生态系统弹性力指标 B2	景观与植被	C3	景观多样性指数	D7
				NDVI	D8
		水文及水生生物	C4	径流调节指数	D9
				输沙调节指数	D10
				流域输沙模数	D11
				流域产水量	D12
				多年平均水温	D13
				浮游生物量	D14
				水生生物多样性指数	D15
		气候	C5	年平均气温	D16
				年平均降水量	D17
		生态质量	C6	水土流失面积比例	D18
				森林覆盖率	D19
				草原退化面积比例	D20
				地表水耗水比例	D21
				地下水超采率	D22
				洪涝和旱灾成灾面积比例	D23

目标层	准则层	指标层 1		指标层 2	
		具体指标	代码	具体指标	代码
生态承载力 A	人类潜力指标 B3	技术水平	C7	万元 GDP 水耗	D24
				万元 GDP 能耗	D25
		生活质量	C8	恩格尔系数	D26
		教育水平	C9	高中以上人口比例	D27
		系统间交流	C10	境内交通密度	D28
				千人拥有电话户数	D29

3. 指标初始化方法

获得原始指标数据后，由于各指标数据具有不同的量纲和量级，直接使用无法真实反映生态承载力的状况。因此，需要在数据实际应用之前，对其进行归一化处理，以消除数据间量纲和量级的影响。

基于生态系统健康的生态承载力指标可分为正向指标和负向指标两大类。

1）正向指标

正向指标值与健康程度呈正相关关系，呈单增分布，即指标值越高，健康程度越高，如森林覆盖率、交通指数、医疗指数、人均各种资源量等。

2）负向指标

负向指标值与健康程度呈负相关关系，呈单减分布，即指标值越高，健康程度则越低，如万元 GDP、水耗与能耗、恩格尔系数等。

数据预处理公式如下：

正向指标：

$$x_{ij}^* = \frac{x_{ij} - \min x_{ij}}{\max x_{ij} - \min x_{ij}} \tag{3-32}$$

逆向指标：

$$x_{ij}^* = \frac{\max x_{ij} - x_{ij}}{\max x_{ij} - \min x_{ij}} \tag{3-33}$$

式中，x_{ij}^* 为第 i 个地区第 j 个指标的预处理之后的值；x_{ij} 为第 i 个地区第 j 个指标的原始值；$\max x_{ij}$ 为第 j 个指标在所有 i 个地区中的最大值；$\min x_{ij}$ 为第 j 个指标在所有 i 个地区中的最小值。

在实际计算过程中，生态承载力指标和生态系统健康等级标准值共同采用式（3-32）和式（3-33）进行标准化，转化结果为指标数值越大，自然生态系统对社会经济系统的承载能力越强，生态系统健康等级越趋于健康方向。

4. 基于生态系统健康的生态承载力指标体系赋权

1）赋权方法

层次分析法（analytic hierchy process，AHP）是由美国著名运筹学家萨蒂（T. L. Satty）（Satty，1980）提出的一种多目标、多准则的决策方法。它通过整理和综合专家的经验判断，将专家们对某一事物的经验判断进行量化，是目前处理定性和定量相结合问题的比较简便易行又行之有效的一种系统分析方法。其基本原理是将要识别的复杂问题分解成若干层次，由有关专家对每一层次上的各指标通过两两比较相互间重要程度构成判断矩阵，通过计算判断矩阵的特征值和特征向量，确定该层次指标对其上层要素的贡献率，最后通过层次递阶技术，求得基层指标对总体目标而言的贡献率。层次分析法在进行指标权重分析中具有重要作用，它通过多层次分别赋权，可避免主观性与大量指标同时赋权的混乱与失误，有利于提高预测和评价的简便性和准确性。

进行层次分析法赋权的基本步骤如下。

A. 建立层次递阶结构

层次递阶结构是对系统认识的一种方法。每一层次的指标对上层指标的贡献都是一种网络递进关系，使得在计算底层指标对总目标的贡献时，不能采取简单加和的方式，而必须依循网络递阶的规律，从全部层次的角度作系统加和。生态承载力指标系统的层次递阶图（图3-2）。

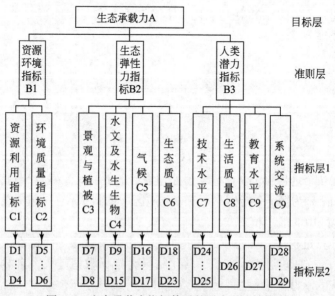

图3-2　生态承载力指标体系的层次递阶结构图

B. 构造判断矩阵

层次结构模型确定了上下层元素间的隶属关系，这样就可依据同一层次的各项指标或因子的相对重要性程度，针对上一层的准则构造判断矩阵，重要性判断结果的量化通常采用 1~9 标度进行（表 3-17）。根据标度表，采用专家经验判断法即可得到判断矩阵。

表 3-17　判断矩阵标度及其含义

标度	含义
1	表示两个因素相比，具有同样重要性
3	表示两个因素相比，一个因素比另一个因素稍微重要
5	表示两个因素相比，一个因素比另一个因素明显重要
7	表示两个因素相比，一个因素比另一个因素强烈重要
9	表示两个因素相比，一个因素比另一个因素极端重要
2，4，6，8	上述两相邻判断的中值
倒数	因素 i 与 j 比较得判断 b_{ij}，则 j 与 i 比较的判断 $b_{ij} = 1/b_{ji}$

C. 重要性排序

求判断矩阵的最大特征根所对应的特征向量 w，w 即为所求的各指标的权重：

$$w = (w_1,\ w_2,\ w_3,\ w_4,\ w_5)^{\mathrm{T}} \tag{3-34}$$

$$W_i = \frac{\sqrt[n]{\prod\limits_{j=1}^{n} a_{ij}}}{\sum\limits_{i=1}^{n} \sqrt[n]{\prod\limits_{j=1}^{n} a_{ij}}} \tag{3-35}$$

D. 一致性检验

计算判断矩阵的最大特征根 $\lambda_{\max}$

$$\lambda_{\max} = \frac{1}{n} \sum_{i=1}^{n} \frac{\mathrm{AW}_i}{W_i} \tag{3-36}$$

式中，AW_i 为向量 AW 的第 i 个元素。则判断矩阵的一致性检验指标如下：

$$\mathrm{CR} = \frac{\mathrm{CI}}{\mathrm{RI}} \tag{3-37}$$

$$\mathrm{CI} = \frac{1}{n-1}(\lambda_{\max} - n) \tag{3-38}$$

RI 为判断矩阵的随机一致性指标，取值见表 3-18。

表 3-18　判断矩阵的随机一致性指标

阶数 n	1 或 2	3	4	5	6	7	8	9
RI	0	0.58	0.90	1.12	1.24	1.32	1.41	1.45

当 CR 小于或等于 0.1 时，认为矩阵具有满意一致性，说明确定的各指标的权重是合理的，否则需对矩阵进行调整，直至具有满意的一致性。

2）应用层次分析法确定生态承载力指标权系数

根据 AHP 赋权原理，邀请青海省环保部门和北京师范大学环境学院多名专家填写重要性判断矩阵，计算得到各指标相对于生态承载力的权重，结果见表3-19。

表 3-19　应用 AHP 技术确定的生态承载力指标权系数

生态承载力层	A			
B 层对 A 层	层次	B1	B2	B3	D 层对 A 层
	贡献率	0.444	0.444	0111	
人均地表水资源量		0.386			0.171
人均耕地面积		0.082			0.036
人均草地面积		0.155			0.069
人均林地面积		0.209			0.093
水体水质级别		0.125			0.056
空气污染级别		0.042			0.019
景观多样性指数			0.116		0.051
NDVI			0.058		0.026
径流调节指数			0.255		0.113
输沙调节指数			0.068		0.030
流域输沙模数			0.016		0.007
流域产水量			0.053		0.023
多年平均水温			0.084		0.037
浮游生物量			0.053		0.023
水生生物多样性指数			0.053		0.023
年均气温			0.032		0.014
年均降水量			0.130		0.058
水土流失面积比例			0.008		0.004
森林覆盖率			0.033		0.014

生态承载力层		A			D 层对 A 层
B 层对 A 层	层次	B1	B2	B3	
	贡献率	0.444	0.444	0111	
草原退化面积比例			0.006		0.003
地表水耗水比例			0.019		0.008
地下水超采率			0.014		0.006
洪涝和旱灾成灾面积比例			0.003		0.002
万元 GDP 水耗				0.398	0.044
万元 GDP 能耗				0.229	0.025
恩格尔系数				0.145	0.016
高中以上人口比例				0.081	0.009
境内交通密度				0.086	0.010
千人拥有电话户数				0.06	0.007

注：表中空格处权重为 0

5. 基于生态系统健康的生态承载力标准的确定

根据表 3-11 和表 3-15 中确定的 1999 年和 1985 年流域生态系统健康不同等级标准的具体数值，采用式（3-2）~ 式（3-6）和表 3-19 中的指标权重，算得不同生态系统健康等级下的生态承载力指数标准值，分别见表 3-20 和表 3-21。

表 3-20　1985 年基于生态系统健康等级的生态承载力标准

指数	病态	不健康	亚健康	健康	非常健康
资源环境承载力	<0.0029	0.0697	0.1448	0.2462	≥0.2462
生态弹性力	<0.2827	0.3548	0.4725	0.5892	≥0.5892
人类潜力	<0.2272	0.2527	0.2658	0.2751	≥0.2751
生态承载力	<0.3627	0.4411	0.5611	0.6953	≥0.6953

表 3-21　1999 年基于生态系统健康等级的生态承载力标准

指数	病态	不健康	亚健康	健康	非常健康
资源环境承载力	<0.0029	0.0697	0.1448	0.2462	≥0.2462
生态弹性力	<0.2639	0.3496	0.4713	0.5889	≥0.5889
人类潜力	<0.2272	0.2528	0.2664	0.2764	≥0.2764
生态承载力	<0.3483	0.4371	0.5604	0.6956	≥0.6956

　　生态承载力的判别较为复杂，需要考虑资源环境承载力、生态弹性力和人类活动潜力各自对应的生态系统健康状态不同，单纯采用生态承载力模向量对应的生态系统健康状态难以全面衡量生态系统的健康状态。鉴于资源环境承载力和生态弹性力对生态承载力的量值大小起决定作用，而人类潜力为其影响因素，本论文采用三级判断标准，作为生态承载力对应生态系统健康状态判别标准，见表3-22。

表 3-22　生态承载力对应的生态系统健康状态判别标准

指数	病态	不健康	亚健康	健康	非常健康
资源环境承载力指数（RECC）	$RECC < H_4$	$RECC \geqslant H_4$	$RECC \geqslant H_3$	$RECC \geqslant H_2$	$RECC \geqslant H_1$
生态弹性力（RESI）	$RESI < H_4$	$RESI \geqslant H_4$	$RESI \geqslant H_3$	$RESI \geqslant H_2$	$RESI \geqslant H_1$
生态承载力（ECC）	$ECC < H_4$	$ECC \geqslant H_4$	$ECC \geqslant H_3$	$ECC \geqslant H_2$	$ECC \geqslant H_1$

　　注：$H_1 \sim H_4$ 依次为各指数对应生态系统健康等级为非常健康~不健康的生态承载力向量模

3.3　梯级水电开发对生态承载力净影响量化方法

3.3.1　梯级水电开发对生态承载力要素净影响分析方法

1. 生态环境现状调查方法

　　生态环境现状调查是水电梯级开发对生态承载力影响评价的基础工作。生态环境现状调查要遵循生态系统完整性原则、人与自然控制共生原则和突出重点的原则。

　　自然环境状况调查是传统环境研究和生态研究的常规内容，已建立较为完善的方法体系，以及详细的技术规范和标准。基础调查内容应包括：①气象气候因素和地理特征因素；②自然资源状况，如水资源，土壤资源，动植物资源，珍稀濒危动、植物资源等；③区域自然灾害发生情况；④生态环境演变的基本特征。

　　同时，在大型水库工程生态影响后评价中，应收集各类基础图件，包括地形图、土地利用现状图、植被图、土壤侵蚀图等；此外，还可采用遥感和地面勘察、勘测、采样分析相结合的方法编制各种基础信息图件。

　　在水电梯级开发影响评价的自然环境状况调查中，应特别注意了解水电工程所在生态系统的生产能力和稳定状况、生物多样性状况、生物组分的空间分布及在区域空间的移动状况、生物组分异质状况及其调控环境质量的能力、土壤的理化组成以及其他敏感生态因子状况。

植物种类多样复杂，因此，植物物种多样性调查一般只限于维管植物，即调查单位面积内维管植物种数。

动物分布与区域生态环境的差异性关系密切，其中植被条件尤为重要。因此，动物多样性的调查可在植被类型确定的基础上进行，但同时也应注意动物有较强的迁移能力。在动物多样性的调查中，应先根据以往资料，确定本区珍稀濒危动物的物种情况，结合不同种的巢区面积要求，确定调查的样方面积和调查方法。调查方法可采用示踪法、遥测法、野外观测法等。

水电梯级开发对生态承载力影响评价中社会经济状况调查的目的是了解水电梯级开发区域社会经济系统健康状况和与区域生态承载力相关的人为影响因素，调查的基础内容包括社会结构情况、经济结构与经济增长方式，如人口密度、人口发展状况、生活水平状况、科技和文化水平状况、产业构成、自然资源的利用方式和强度以及主要生产方式等。

公众参与则是社会经济状况调查的重要手段，同时也是水电梯级开发生态承载力影响评价的重要组成部分。公众参与是通过调查水电梯级开发工程的工作人员、受影响人群的切身感受，反映工程建设与蓄水对生态环境产生的真实影响。调查以问卷或座谈会等形式开展，调查的主要对象是梯级水库工作人员和梯级开发区域居民等。

2. 水电梯级开发对局地气候影响评价方法

1) 水电梯级开发区域气象特征分析方法

地统计学中的 Kriging 方法以区域化变量理论为基础，半变异函数为分析工具，对于研究空间分布具有随机性和结构性的变量具有独特的优点。本书采用 Kriging 插值方法获取气象要素的空间分布值，其插值表达式为

$$Z_x^* = \sum_{i=1}^n \lambda_i \cdot Z(X_i) \tag{3-39}$$

式中，λ_i 为赋予站点气象要素值 $Z(X_i)$ 的权重，用来表示各站点要素值 $Z(X_i)$ 对估计值 Z_x^* 的贡献；X_i 为站点位置。

为了达到线性无偏估计，使估计方差最小，权重系数由 Kriging 方程组决定，普通 Kriging 点的估计 Kriging 方程组为

$$\begin{cases} \sum_{i=1}^n \lambda_i C(X_i, X_j) - \mu = C(X_i, X^*) \\ \sum_{i=1}^n \lambda_i = 1 \end{cases} \tag{3-40}$$

式中，$C(X_i, X_j)$ 为样点间的协方差；$C(X_i, X^*)$ 为样点与插值间的协方差；μ 为

极小化处理时拉格朗日乘子，协方差与半变异函数的关系为

$$C(h) = \delta^{*2} - \gamma(h) \tag{3-41}$$

式中，δ^{*2} 为试验方差。

Kriging 插值的权重取决于变量的空间结构性，而变量的空间结构性由半变异函数决定，其表达式为

$$\gamma(h) = \frac{1}{2N(h)} \sum_{i=1}^{N(h)} \left[Z(X_i) - Z(X_i + h) \right]^2 \tag{3-42}$$

式中，$\gamma(h)$ 为变量 Z 以 h 为距离间隔的半方差；$N(h)$ 为被距离区段 h 分隔的试验数据对的数目。

本书气象要素的插值采用的半变异函数模型为球形函数模型，表达式为

$$\gamma(h) = \begin{cases} C\left(\dfrac{3}{2} \dfrac{h}{\alpha} - \dfrac{1}{2} \dfrac{h^3}{\alpha^3} \right), & h \leqslant \alpha \\ C & h > \alpha \end{cases} \tag{3-43}$$

式中，α 为变程；C 为基台值。

目前，GIS 技术的发展为处理大规模数据空间分布提供了强有力的工具。可以在 ARC/VIEW 空间分析中利用 Kriging 扩展模块实现。

2）水库对气象要素净影响的计算模型

目前研究水电工程局地气候影响的模型都比较复杂，参数需要现场长期实测（雷孝恩等，1987；长江水利委员会，1997）。为获得简便易行的计算方法和模型，尚可政等（1997）提出了一种直接采用气象资料进行计算的方法，即将代表站气象要素变化（建库前后气象要素的差值）减去背景站气象要素变化后的值视为水库对近库地区的气候效应。这种方法应用于尺度较大的梯级开发区域时存在两个问题：①采用代表站代替水库气象数据，与真实情况有差异；②背景站的气象变化与代表站的气象变化并非绝对相关（相关系数小于1），用二者的变化差值直接相减作为水库的影响，没有考虑到气候的滞后效应。傅抱璞和朱超群（1974）也提出了一种简易推算水库净影响的方法，但该方法的假定条件为：如果无水库影响，受水库影响点和不受水库影响的点在水库建成前后各自气象要素的比值是大致相同的，这一假设使该方法不适用于地处高海拔山区且库区气象观测记录年代较短的梯级开发气候效应研究。

以上两种方法各有优缺点，为研究梯级开发对局地气候的净影响，本书借鉴其优点，建立了分析水库气候效应的新方法。该方法以气象数据为基础，考虑了背景站与受水库影响点之间气象要素变化的不同步性，并通过简单的运算得出水库对局地气候的净影响。计算过程和模式为：设 $y_0(i)$ 和 $x_0(i)$ 为受水库影响点 A 和不受水库影响的对照点 B 在水库蓄水前的气象要素实测值，两者之间的关系为

$$y_0(i) = ax_0(i) + b \tag{3-44}$$

按最小二乘原则，计算 a 和 b 的数值为

$$a = \frac{1}{n} \left(\sum_{i=1}^{n} y_0(i) - b \sum_{i=1}^{n} x_0(i) \right) \tag{3-45}$$

$$b = \frac{n \sum_{i=1}^{n} x_0(i) y_0(i) - \sum_{i=1}^{n} x_0(i) \sum_{i=1}^{n} y_0(i)}{n \sum_{i=1}^{n} x_0^2(i) - \left(\sum_{i=1}^{n} x_0(i) \right)^2} \tag{3-46}$$

式中，n 为拟合周期的时间长度。如无水库建设，影响点与对照点气象要素的相关关系不变。$y(i)$ 和 $x(i)$ 为在水库建成后相应的气象要素实测值，通过式 (3-44) ~式 (3-46) 可计算假设无水库影响，仅有气候变动时 A 点在水库建成后应有的气象要素计算值 $y^*(i)$，即

$$y^*(i) = ax(i) + b \tag{3-47}$$

$y(i)$ 与 $y^*(i)$ 之差 $\Delta y(i)$ 为单纯由于水库影响所引起的气象要素的变化，即

$$\Delta y(i) = y(i) - y^*(i) = y(i) - [ax(i) + b] \tag{3-48}$$

确保该模型计算结果准确的关键是对照点 B 选取的准确性。综合前人的研究结果（傅抱璞和朱超群，1974；傅抱璞，1997；雷孝恩，1987；长江水利委员会，1997），水库的气候效应以库区 5 km 内最为明显，各气象要素中，以降水的影响距离最远，可达到 70~80km，因此，对照点 B 的选择范围确定为距离库区 80km 以外的区域为宜。为准确反映水库区域气象背景特征，避免因个别对照点在某个时期特殊变化和局地小气候引起的误差，对照点 B 的选取以库区为中心 80km 外靠近库区的两个经纬线上数量相同的点，取它们的气象要素平均值作为对照点气象要素值，即以靠近库区的两个经纬度气象要素平均值作为计算影响点的对照点背景值，具有较好的代表性和稳定性。

3）水库对气温影响范围的计算模型

为推算水库对两岸气温的影响范围，假定以 $\left| \dfrac{\partial T}{\partial h} \right| \cdot h$ 为热力混合作用，且

$$|\Delta T| - \left| \frac{\partial T}{\partial h} \right| \cdot h_{max} = 0 \tag{3-49}$$

式中，$|\Delta T|$ 为岸边测点的变性值；h_{max} 为最大影响高度（徐裕华等，1987）。

设峡谷坡度为 a，则最大水平影响范围为

$$h'_{max} = \frac{h_{max}}{\sin a} \tag{3-50}$$

式中，h'_{max} 为以斜坡距离表示的最大水平影响范围。

4）预测未建梯级水库对局地气温影响的类比法

通过类比法预测未建梯级水库对局地气温的影响是得到已建梯级水库的经验

方程，根据水文、气象条件相似原则，应用这些方程预测未建水库蓄水前后气象要素的变化。该方法的具体步骤如下。

设蓄水后水面 1.5m 处的气温为 T_a，蓄水前该点的气温为 T_b，蓄水后水面水温为 T_w，则蓄水前后某点气温变化值为

$$\Delta T = T_a - T_b \tag{3-51}$$

由分析可知，水库水面水温与气温之间存在相关关系，即

$$T_w = aT_b + b \tag{3-52}$$

同时，蓄水后水库表层水温与水面气温之差 $\Delta T_a (\Delta T_a = T_w - T_a)$ 与表层水温与建库前的气温（也可用水库外围对照点的气温）T_b 之差 $\Delta T_b (\Delta T_b = T_w - T_b)$ 密切相关（长江水资源保护科学研究所等，1988），即 ΔT_a 与 ΔT_b 有良好的线性关系：

$$T_w - T_a = a_1 (T_w - T_b) - b_1 \tag{3-53}$$

式中，a、b、a_1、b_1 为系数。对于未建水库，根据水面水温与气温的相关关系 [式（3-52）]，由库区附近气象站的平均气温（T_b）推算水面水温（T_w）；而后由式（3-53）求算建库后水面上空 1.5m 处的气温；通过式（3-51）计算得到未建水库对局地气候的影响，总的计算公式为

$$\Delta T = T_w - a_1 (T_w - T_b) + b_1 - T_b \tag{3-54}$$

5）预测未建梯级水库对相对湿度影响的类比法

前人研究发现，库区与未被水库影响的对照点间的相对湿度与饱和湿度之差有着良好的相关关系（长江水资源保护科学研究所等，1988），即

$$100 - f = a_2 (100 - f_1) + b_2 \tag{3-55}$$

式中，f 为库区相对湿度；f_1 为对照点相对湿度；a_2、b_2 为系数。

由未建水库附近气象站的相对湿度，通过式（3-55），可计算其对库周相对湿度的影响。

3. 水电梯级开发对水文影响评价方法

1）径流量和输沙量

反映径流量和输沙量年际和年内相对变化幅度的特征值主要是年（月）径流量的变差系数（年际变化：Cv；年内变化：Cvy）和偏差系数（年际变化：Cs；年内变化：Csy）。变差系数越小径流量分配越均匀，反之亦然；偏差系数表征分布的不对称情况，Cs（Csy）= 0 为密度曲线对称，Cs（Csy）>0 为正偏，Cs（Csy）<0 为负偏。计算公式如下（黄锡荃，1993）：

$$Cv = \sqrt{\frac{\sum_{i=1}^{n} (K_i - 1)^2}{n - 1}} \tag{3-56}$$

$$Cs = \frac{\sum\limits_{i=1}^{n} (K_i - 1)^3}{(n-1)Cv^3} \tag{3-57}$$

$$Cvy = \sqrt{\frac{\sum\limits_{i=1}^{n} \left(\frac{K_i}{\overline{K}} - 1\right)^2}{12}} \tag{3-58}$$

$$Csy = \frac{\sum\limits_{i=1}^{n} (K_i - 1)^3}{n \cdot Cv^3} \tag{3-59}$$

$$K_i = \frac{x_i}{\overline{x}} \tag{3-60}$$

$$\overline{K} = \frac{100\%}{12} = 8.33\% \tag{3-61}$$

式中，Cv 为年际变差系数；Cvy 为年内变差系数；Cs 为年际偏差系数；Csy 为年内偏差系数；K_i 为第 i 个月平均径流量（输沙量）；$\overline{K}$ 为年平均径流量（输沙量）。

2）水质

为了使监测得到的各种水质参数数据能综合反映水体的水质，可以根据水体水质数据的统计特点选用多项水质参数综合评价指数（陆书玉等，2001）：

（1）幂指数法

$$I_j = \prod_{i=1}^{m} I_{ij}^{w_i}, \quad 0 < I_{ij} \leqslant 1, \quad \sum_{i=1}^{m} w_i = 1 \tag{3-62}$$

式中，I_j 为 j 点的综合评价指数；w_i 为水质参数 i 的权值；m 为水质参数的个数；I_{ij} 为水质参数 i 在 j 点的水质指数，下同。

（2）权平均法

$$I_j = \sum_{i=1}^{m} w_i I_{ij}, \quad \sum_{i=1}^{m} w_i = 1 \tag{3-63}$$

（3）量模法

$$I_j = \left(\frac{1}{m} \sum_{i=1}^{m} I_{ij}^2\right)^{1/2} \tag{3-64}$$

（4）算术平均法

$$I_j = \frac{1}{m} \sum_{i=1}^{m} I_{ij} \tag{3-65}$$

在这几种方法中，幂指数法适于各水质参数标准指数单元相差较大的时候；加权平均法一般用在水质参数标准指数单元相差不大的情况；向量模法用于突出污染最重的水质参数影响的时候。水质现状评价的标准一般采用评价时国家正在执行的水质标准。

3）水库蓄水对水温净影响的计量模型

目前研究水库蓄水影响水温的方法主要归结为两大类，即数学模型法和经验公式法，前者通过分析影响水温的主要因子，根据热量、质量平衡原理建立数学模型（叶守泽等，1998），具有一定的普遍性，精度也较高，但计算较为复杂；后者多采用蓄水前后同一断面的水温差值表征（王欣，1999；傅抱璞等，1994；蔡为武，2001），计算简单但没有考虑到不同时间和不同区域气温等自然因素引发的水温变化，很难准确反映水库蓄水影响水温的真实情况。为了获取更加符合实际的结果，消除气温对表层水温的影响，本书引入表层水温与气温的相关关系，提出了一种评价水库对水温净影响的新方法，其计算过程为

$T_{w_0}(i)$ 和 $T_{b_0}(i)$ 分别为水库蓄水前表层水温和气温的多年特征实测数据，二者存在如下相关关系：

$$T_{w_0}(i) = a \cdot T_{b_0}(i) + b \tag{3-66}$$

按最小二乘原则，计算 a 和 b 的数值分别为

$$a = \frac{1}{n} \Big[\sum_{i=1}^{n} T_{w_0}(i) - b \sum_{i=1}^{n} T_{b_0}(i) \Big] \tag{3-67}$$

$$b = \frac{n \sum_{i=1}^{n} T_{b_0}(i) \cdot T_{w_0}(i) - \sum_{i=1}^{n} T_{b_0}(i) \cdot T_{w_0}(i)}{n \sum_{i=1}^{n} T_{b_0}^2(i) - \Big[\sum_{i=1}^{n} T_{b_0}(i) \Big]^2} \tag{3-68}$$

采用整年数据进行计算，n 取 12。如无水库建设，则水库河段和下游河道的水汽相关关系不变。$T_w(i)$ 和 $T_b(i)$ 分别为水库蓄水后的实测水温和气温多年特征值，通过蓄水前水气相关关系 [式（3-66）~ 式（3-68）] 可计算无水库建设情况下 T_b 气温对应的水温值 $T_w \cdot (i)$，即

$$T_{w^*}(i) = a \cdot T_b(i) + b \tag{3-69}$$

$T_w(i)$ 与 $T_{w^*}(i)$ 之差 $\Delta T_w(i)$ 即为由水库蓄水引起的河流水温的净变化值，即

$$\Delta T_w(i) = T_w(i) - T_{w^*}(i) = T_w(i) - [aT_b(i) + b] \tag{3-70}$$

4. 水电梯级开发对水生生物影响评价方法

为分析已建大型水库蓄水对库区及下游河段群落结构的影响，本书计算了多样性指数（H'）、最大多样性指数（H'_{max}）和均匀度（J）指数，相应的计算公式如下。

1）Shannon-Wiener 指数

用于反映种群的复杂程度：

$$H' = - \sum_{i=1}^{S} P_i \log_2 P_i \tag{3-71}$$

$$P_i = \frac{N_i}{N} \tag{3-72}$$

2）最大多样性指数

$$H'_{max} = \log_2 S \tag{3-73}$$

3）均匀度指数

用于表达样品中物种间个体均匀分布的程度：

$$J = H' / \log_2 S \tag{3-74}$$

4）丰富度指数

用于表达样品中物种的丰富程度：

$$D_1 = 1 - \sum_{i=1}^{S} p_i^2 \tag{3-75}$$

5）优势度指数

用于表示居第一、第二的物种个体数之和与该样品总个体数的比值，其阈值为（0，1）：

$$D_2 = \frac{N_1 + N_2}{N} \tag{3-76}$$

以上公式中，N_i 为第 i 种的个体数；N 为样品中的总个体数；S 为总种数；N_1、N_2 分别表示样品中居第一、第二位物种的个体数。

5. 梯级水库诱发地震

为评价梯级水电建设未来地震的发展趋势，本书分别采用综合影响参数的经验公式对未来水库地震的危险性进行了定量预测，该参数的定义是

$$S = E \frac{V}{H} \tag{3-77}$$

式中，S 为水域面积，km^2；V 为库容，$10^6 m^3$；H 为最大水深，m；E 为水库综合影响参数。由式（3-73）推导得出 E 的计算公式为

$$E = \frac{S \cdot H}{V} \tag{3-78}$$

丁原章等（1989）通过理论分析给出了库深 $H_{max} > 50m$ 和相应库容为 1×10^{10} m^3 以上规模水库诱发地震震级 M 与综合影响参数 E 的经验公式，即

$$M_1 = 1.317 + 0.995E \pm 1.201 \tag{3-79}$$

常宝琦和梁纪彬（1992）利用30座水库资料，也建立了 E 与震级 M 的经验公式，即

$$M_2 = 1.024 + 1.024E \pm 0.98 \tag{3-80}$$

6. 水电梯级开发区域承灾体脆弱性评价方法

承灾体脆弱性评价在我国刚刚起步（樊运晓等，2000），虽然目前还没有统一的评价县区承灾体脆弱性的适用方法和指标体系，但已有不少学者对此进行了研究（樊运晓等，2000；2001；高兴和，2002；马宗晋和要闵峰，1990）。

本书提出了适用于我国西部高海拔、自然条件恶劣、多灾地区承灾体脆弱性评价指标体系（图3-3）。该指标体系涵盖了区域自然、经济、社会等方面的信息，具有数据易得、系统和可操作性强等优点，其中，经济结构用第三产业增加值占总增加值比例表征，区域开发规模反映研究区城镇和农业分布密度，城镇化水平用城镇建成区面积占土地总面积比例表征，境内交通情况包括境内公路情况和铁路情况，分别采用境内公路里程和境内铁路里程表征，通讯情况采用邮电业务总量反映。

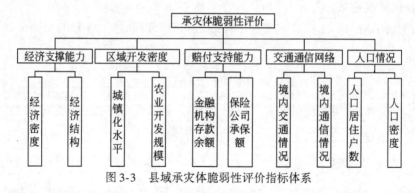

图 3-3　县域承灾体脆弱性评价指标体系

承灾体脆弱性评价方法采用的加权分级评分法，计算公式为

$$M = \sum_{k=1}^{n} a_k \cdot W_k \tag{3-81}$$

式中，M 为各县的总评分值；a_k 为各县第 k 个评价指标的评分值；n 为综合评价指标数；W_k 为第 k 个评价指标的权重值。为确保权重的准确性，笔者多方邀请有关灾害专家和研究人员填写灾害重要度比较矩阵，并采用权重计算方法中相对完善的层次分析法确定各灾种的权重值（表3-23）。

表 3-23　承灾体脆弱性评价指标权重

权重	人口密度	年末总户数	经济密度	经济结构	城镇化水平	年末实有耕地面积	金融机构存款余额	保险机构承保额	境内公路里程	境内铁路里程	邮政业务总量
洪涝灾害	0.304	0.101	0.188	0.078	0.037	0.111	0.050	0.010	0.014	0.082	0.024

续表

权重	人口密度	年末总户数	经济密度	经济结构	城镇化水平	年末实有耕地面积	金融机构存款余额	保险机构承保额	境内公路里程	境内铁路里程	邮政业务总量
干旱灾害	0.132	0.066	0.201	0.091	0.049	0.243	0.054	0.027	0.062	0.048	0.027
病虫灾害	0.123	0.061	0.203	0.082	0.039	0.275	0.054	0.027	0.068	0.045	0.023
地震灾害	0.194	0.097	0.219	0.072	0.136	0.045	0.041	0.041	0.048	0.075	0.030
地质灾害	0.225	0.112	0.213	0.071	0.140	0.047	0.047	0.024	0.055	0.042	0.024

7. 水电梯级开发对 NDVI 影响的评价方法

1) 区域 NDVI 时空分析方法

植被是陆地生物圈的主体，作为陆地生态系统中的重要组分与核心环节（孙睿和朱启疆，2000），它不仅在全球物质与能量循环中起着重要作用，而且在调节全球碳平衡、减缓大气中 CO_2 等温室气体浓度上升以及维护全球气候稳定等方面具有不可替代的作用。植被净初级生产力（net primary productivity，NPP）指绿色植物在单位时间和单位面积上所积累的有机干物质总量。它不仅是表征植物活动的重要变量，也是判定生态系统碳汇和调节生态过程的主要因子（朴世龙等，2001a），常用于测定植物群落的生长状况和对干扰的反应。估算 NPP 可以度量生态系统的做功能力、结构进化能力以及抵抗干扰能力，是一个能够深刻反映环境变化的参数，对生物和非生物环境具有极强的敏感性，因此被作为反映陆地生态系统功能或活力的重要指标之一。

归一化植被指数（normalized difference vegetation index，NDVI）反映植被所吸收的光合有效辐射比例，是最常见的植被指数之一（邬建国，2002），利用遥感陆地卫星近红外和红光两个波段所测值计算得到，计算公式为

$$NDVI = \frac{NIR - VIS}{NIR + VIS} \tag{3-82}$$

式中，NIR 为近红外波段的反射率；VIS 为可见光或红光波段的反射率；VIS 可以很好地反映地表植被的繁茂程度，它与生物量、叶面积指数（LAI）有较好的相关关系（Asrar et al.，1985；Lo et al.，1993；Nemani and Running，1989；Tucker et al.，1981）。植物的绿色越浓，植物叶绿素吸收红光的能力越强，叶状海绵体反射红外线的能力越强，则 VIS 的值越小，NIR 的值越大，NIR 与 VIS 之

差也就越大，NDVI 的值也相应增大。NDVI 对植物的生长势和生长量非常敏感，可以很好地反映植被生理状况，估测土地覆盖面积的大小、植被光合能力、叶面积指数（LAI）、现存绿色植物生物量、NPP 等，因此，本书采用 NDVI 衡量青海省黄河流域植被覆盖情况和生态系统功能。

本书资料来自于美国 EROS（地球资源观测系统）数据中心 Pathifinder（探路者）数据库的 1982 ~ 1999 年 8 km 分辨率的每旬 AVHRR NDVI 数据，以及部分年份每旬 1 km 分辨率 AVHRR NDVI 数据集。获得的 NDVI 资料是 3 ~ 253 的整数，使用前需要经过转换成为 –1 ~ +1 的数据。转换公式为

$$转换值 = \frac{原始值 - 128}{0.008} \tag{3-83}$$

为了获得研究区 1982 ~ 1999 年 NDVI 的逐月变化。对原始逐旬的 NDVI 遥感数据进行以下处理，以月为单位，对每月三旬的 NDVI 值通过国际通用的 MVC（最大值合成）法处理，可以消除云、大气、太阳高度角等干扰，保证 NDVI 反映的是每月的地表植被覆盖状况，方法如下：

$$NDVI_i = maxNDVI_{ij} \tag{3-84}$$

式中，$NDVI_i$ 为第 i 月的 NDVI 数值；$NDVI_{ij}$ 是第 i 月第 j 旬的值。

由于每年只有 3 ~ 10 月数据（11 月 ~ 次年 2 月为冬季，未进行处理），其中 1994 年缺 9 ~ 10 月数据，采用相临年平均插补得到。

2）水电梯级开发对区域 NDVI 影响计量模型

水库蓄水后沿岸各县 NDVI 减少，主要原因有三个，其一为水库蓄水后，库区水面面积扩大，水面 NDVI 几乎为 0，造成沿岸各县 NDVI 数值明显降低，记为 $NDVI_w$。其二水库气候效应与大的气候背景条件变化的共同作用使局地气象条件发生改变。已有研究表明气象要素的变化也是导致 NDVI 的变化的原因之一（孙睿和朱启疆，2000）。其中，水库气候效益变引发的变化记为 $NDVI_a$、当地大气候背景的变化记为 $NDVI_b$。其三人为活动和人为改变景观，如开垦耕地或植树造林等活动都会使植被覆盖发生变化，进而改变 NDVI 指数，这一部分记作 $NDVI_p$。区域 NDVI 总的变化可通过式（3-47）衡量：

$$\Delta NDVI = NDVI_w + NDVI_a + NDVI_b + NDVI_p \tag{3-85}$$

8. 水电梯级开发对景观空间格局影响度量模型

景观指数是指能够高度浓缩景观格局信息，反映其结构组成和空间配置某些方面特征的简单定量指标（邬建国，2002）。本书采用斑块密度、多样性指数和均匀度指数反映流域景观格局分布。相应的计算公式如下。

1）斑块密度 PD

单位：个/hm²；范围：PD>0。

$$PD = \frac{n_i}{A} \tag{3-86}$$

2）多样性指数

该指数的大小反映景观类型的多少和各景观类型所占比例的变化。当景观是由单一类型构成时，景观是均质的，其多样性指数为 0；由两个以上类型构成的景观，当各景观类型所占比例相等时，其景观的多样性指数最高；各景观类型所占比例差别增大，则景观的多样性下降。

（1）Shannon 多样性指数 SHDI：SHDI≥0。

$$SHDI = -\sum_{i=1}^{m} (P_i \cdot \ln P_i) \tag{3-87}$$

式中，P_i 为生态系统类型 i 在景观中的面积比例，式（3-87）～式（3-92）同。

（2）Simpson 多样性指数 SIDI：0≤SIDI<1。

$$SIDI = 1 - \sum_{i=1}^{m} P_i^2 \tag{3-88}$$

（3）修正 Simpson 多样性指数 MSIDI：MSIDI≥0。

$$MSIDI = -\ln \sum_{i=1}^{m} P_i^2 \tag{3-89}$$

3）均匀度指数

描述景观中各组分的分配均匀程度，其值越大，表明景观各组成成分分配越均匀。

（1）Shannon 均匀度 SHEI：0≤SHEI≤1。

$$SHEI = \frac{-\sum_{i=1}^{m} (P_i \cdot \ln P_i)}{\ln m} \tag{3-90}$$

（2）Simpson 均匀度 SIEI：0≤SIEI≤1。

$$SIEI = \frac{1 - \sum_{i=1}^{m} P_i^2}{1 - \left(\dfrac{1}{m}\right)} \tag{3-91}$$

（3）修正 Simpson 均匀度 MSIEI：0≤MSIEI≤1。

$$MSIEI = \frac{-\ln \sum_{i=1}^{m} P_i^2}{\ln m} \tag{3-92}$$

3.3.2　梯级水电开发对生态承载力净影响的计量方法

梯级开发对生态承载力的净影响以相同时期有无梯级水电建设下，生态承载力量值之差表征，其计算公式如下：

$$\Delta ECC_q = ECC_q - ECC_r = |M_q| - |M_r| \tag{3-93}$$

其中

$$ECC_q = |M_q| = \sqrt{\sum_{i=1}^{n}(w_i RECC_{iq})^2 + \sum_{j=1}^{m}(w_j RESI_{jq})^2 + \sum_{k=1}^{p}(w_k HP_{kq})^2}$$

$$\tag{3-94}$$

$$RECC_{iq} = RECC_{ir} \pm \Delta RECC_{iq} \tag{3-95}$$

$$RESI_{jq} = RESI_{jr} \pm \Delta RESI_{jq} \tag{3-96}$$

$$HP_{kq} = HP_{kr} \pm \Delta HP_{kq} \tag{3-97}$$

式中，ECC_r、$RECC_{ir}$、$RESI_{jr}$、HP_{kr}分别为生态承载力、资源环境承载力、生态弹性力和人类潜力的现状值或预测值，计算公式同式（3-2）~式（3-6），对于已建水库，其对生态承载力各要素的影响已经存在，ECC_q、$RECC_{iq}$、$RESI_{jq}$、HP_{kq}为假设无梯级水库建设相应的生态承载力各指标的量值；对于已建梯级水库，式（3-95）~式（3-97）中取"−"号；对于梯级开发未建水库，ECC_q、$RECC_{iq}$、$RESI_{jq}$、HP_{kq}为累积了梯级开发影响后生态承载力相应指数的量值，式（3-95）~式（3-97）中取"+"号。

式（3-93）中，ΔECC为梯级开发对生态承载力的净影响；ΔECC_{ir}为梯级开发对第i个资源环境要素的影响；$\Delta RESI_{jr}$为梯级开发对第j个生态弹性力要素影响；ΔHP_{kr}为梯级开发对第k个人类潜力要素的影响；w_i、w_j和w_k为第i、j和k个要素对应的权重。

3.4 基于生态系统健康的生态承载力调控模式

基于生态系统健康的生态承载力调控可以通过单一承载力和多种承载力联合调控两种模式来实现。

3.4.1 分力间联合调控

不同生态承载力分力，特别是针对不同资源和环境要素的承载力计算，为保护资源和环境提供了宝贵的数据和资料，但分别计算可能出现各承载力上限的相互矛盾，无法指示整个生态系统所处状态和整体生态承载力水平的实际情况。如果单纯依据各上限中的最小值，会造成资源环境的富余，如依据其中的最大值，又会带来生态系统的破坏。可行的调控方式是应用"水桶原理"和最小因子法则，提高生态承载力各分力中数值较低的分力水平，使整体利用水平提高，而又不破坏生态系统。基于 Papageorgiu 模型，生态承载力分力间联合调控模式见图

3-4。图 3-4 中，a 曲线为生态弹性力–资源利用水平曲线，生态系统最大缓冲和
调节能力对应的利用水平即为生态弹性力 U_R；b 曲线为生态系统负面影响–资源
利用水平曲线，代表自然资源利用水平与资源枯竭和环境污染之间的关系，随着
自然资源利用水平的增加，对资源和环境的不利影响也会相应增大，高于 U_E 利
用水平时，将引起不可逆转的负面影响，即 U_E 为资源环境承载力。生态弹性力
和资源环境承载力之间的关系可能为 $U_E \leqslant U_R$ 或者 $U_E \geqslant U_R$。设经济收益与资源利
用水平呈线性关系，即 c 为预期经济收益直线，E_B 为最小可接受的经济收益，对
应的资源利用水平为 U_B。如果 $U_B < U_R$（或 U_E），资源利用水平还可进一步提供，
并获得收益，直至达到最大生态弹性力和资源环境承载力为止。如果 $U_B > U_R$（或
U_E），则需进行承载力调控。针对 $U_R < U_B < U_E$ 的情况（图 3-4），管理者需要采取
一定的补偿措施，使当地的生态弹性力曲线不断发展变化（a→a'），增加当地的
生态弹性力（$U_R \rightarrow U_{R1}$），将最小可接受经济收益控制在生态弹性力和生态承载
力的范围内。当 $U_E < U_B < U_R$ 时，调控过程与 $U_R < U_B < U_E$ 情况类似。

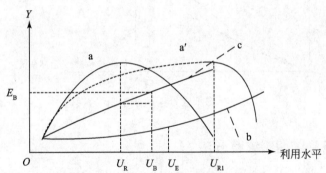

图 3-4　生态承载力分力间联合调控模式

Y 为生态系统缓冲调节能力/资源枯竭和环境污染/经济收益

3.4.2　分力内部调控

　　生态承载力 3 个分力内部调控可分为强化调控和弱化调控两种方式。所谓弱
化调控主要是通过技术手段和管理措施来调控社会经济系统，减少其对自然生态
系统的压力，间接影响生态承载力。强化调控则是通过提高自然生态系统对经济
发展和资源利用的支持能力提高承载力水平。基于 Dixon 模型（Dixon and Scura，
1993），构建的生态承载力分力内部的强化和弱化调控模式见图 3-5。

　　图 3-5 中，A 代表社会经济系统带来的资源破坏和环境污染等不利影响已达
到引起人类关注的水平，高于此阈值将带来自然生态系统物种减少等一系列不可
逆转的负面影响。曲线 OC 为损害曲线，代表一定社会经济条件下资源利用对

生态系统的负面影响。OD_1 为达到 A 阈值时自然系统的生态承载力，该数值可通过改善管理等弱化措施使阈值压力水平提高（$A \rightarrow B$），使得利用资源而不会带来生态系统不可逆转负面影响的生态承载力各分力水平随之上升，相应的生态承载力增至 OE_1。同时，在社会经济系统压力阈值不变条件下，通过强化调控措施可提高自然生态系统的支持能力，使得利用资源而不会带来生态系统不可逆转负面影响的生态承载力水平随之上升（$OC \rightarrow OC_1$），相应的生态承载力增至 OF_1。

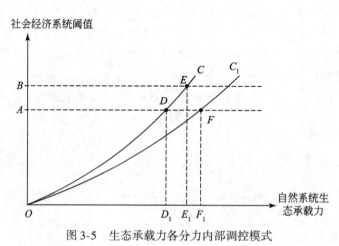

图 3-5　生态承载力各分力内部调控模式

3.4.3　生态系统健康维育方法

　　自然生态系统与社会经济系统之间的供给与需求矛盾是生态系统发展的驱动力，也是影响生态系统健康的根源。从系统动力学的角度，生态系统健康维育可借鉴生态经济系统协调发展的机理与驱动机制（王书华，2002），采用正负反馈两方面措施。生态系统健康正反馈调控是弱化社会经济系统的增长型反馈机制，即为了避免正反馈环的过速运转，应该推行有利用生态环境的绿色政策，并对生态资源的浪费性需求加以控制和减弱，以便建立一个适度、协调、持续稳定的社会经济增长机制，消除盲目高速增长和大起大落的失调性波动，达到既满足经济发展和人口增长的需求，又避免生态失调。生态系统健康负反馈调控是强化生态系统的稳定型调控机制，即通过发展新技术，提高资源的更新力；通过寻求某种适当的替代资源，满足社会经济需求；通过推行有利于自然生态系统整体水平提高的政策措施，提高自然生态系统对社会经济系统的支持能力，即提高生态供给能力，满足经济需求（图 3-6）。因此，生态系统健康维育可以通过生态承载力调控和社会经济系统健康维育两种途径来实现。

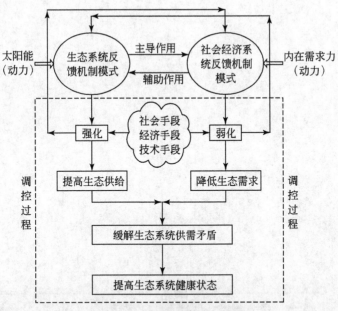

图 3-6　生态系统健康维育过程图

第 4 章

基于基线评估的水资源承载力评价方法

4.1　基线评估方法

4.1.1　基线评估内涵

环境问题总是在一定的经济、技术水平下产生，因此对社会经济、科学技术、决策机构和组织等背景因素的分析是必不可少的。规划影响分析的成功在很大程度上取决于这些数据的准确性。基线预测与评估的目的是掌握生态环境质量现状或本底及未来发展趋势，识别评价区域主要环境问题，评价规划对生态环境的"净"影响。规划对生态环境的"净"影响，可以通过规划执行与否两种情况下的环境状况的差异来衡量。基线评估由基线调查、预测和评价三部分组成。

4.1.2　基线评估原则

1. 全面性原则

由于规划生态环境影响研究涉及范围广、时间跨度大、涉及因素多、影响复杂，因此在继续评估中应坚持全面性原则，尽可能全面地收集、调查与规划有关的环境背景信息。

2. 针对性原则

全面进行环境状况基线调查，但并不是要求面面俱到，而是应该结合规划分析，针对规划特点及评价区域环境特点，对环境中与所评规划有着密切关系的部分，全面、详细并尽可能地做定量分析；而对于一般的内容可做得简单些，甚至删去不必要的内容。

3. 可行性原则

在基线调查和评估中还应坚持可行性原则，即根据人力、物力、财力及时间要求，并结合有关信息的可获得性（信息获得的难易程度），首先应收集现有的资料，当这些资料不能满足需要时，再进行现场调查、测试。

4.1.3　基线评估范围

1. 空间范围

一般来说，规划执行（或实施）是有一个明确的区域界限的，这个区域界限一般是以行政区划为依据的，但有时也可能以与自然资源条件相关的区域为界限。但是任何一项规划的生态环境影响并不局限于其执行区域的范围内，往往通过水流、大气、生物等环境介质作用、经济贸易、人员往来等途径扩散到与之相邻的其他区域，数千千米之外的区域，直至扩散到全球范围。因此，基线评估不仅应包括规划执行区域的环境状况，还应同时包括执行区域以外的其他受影响区域。

2. 时间范围

根据规划所处的阶段性（分为制定过程中、正在实施和已结束三类），其基线调查、预测和评估的内容也各有侧重，大致包括过去环境状况、环境现状及未来环境状况三个时段。或者说，基线评估在时间上应包括过去、现在和将来三个不同历史时期。

对于不同范围内的环境基线评估，研究方法和重点内容也各不相同。在规划执行区域的基线评估中应尽可能全面、详细和定量化；而对于规划执行区以外受影响区域或对于过去及将来的基线评估，应基于资料的可获得性、人力、物力及技术等因素进行。

4.1.4　基线评估内容

1. 基线调查

基线调查是指为了衡量项目预期结果的发展而对这些结果最初状态的描述。通过基线调查可以识别出主要环境问题并为后续的环境影响预测与监测提供有用信息。基线调查一般在项目开始或开始实施后不久开展，对选定的监测指标做定性或定量的阐述，包括自然生态环境和社会经济环境调查两个方面。

具体的调查内容如下。

1）地理位置

规划执行区域及受其影响区域的经、纬度，行政区位置及二者之间的关系状况（经贸关系、风向、流域上下游等），并附平面图。

2）地质与地形地貌

一般情况，只需根据现有资料，简要说明下述部分或全部内容：地层概况、地壳构造的基本形式及与之相应的地貌表现、已探明或开采的矿产资源情况；海拔、地形特征、地貌类型以及岩溶、冰川、风成等特殊地貌类型；崩塌、滑坡、泥石流、冻土等有危害的地貌现象。可借助于现场调查以及遥感与 GIS 技术方法。

3）气候与气象

评价区域的主要气候特征：包括年平均风速、主导风向，年平均气温、极端气温与月平均气温，年平均相对湿度及平均降水量、降水天数、降水级值，日照以及主要天气特征等。

4）环境质量与自然资源状况调查

规划生态环境影响的广泛性，决定了在环境质量和自然资源状况调查范围的复杂程度。这部分内容包括全球环境质量、自然生态环境与资源利用和区域环境质量。

（1）全球环境质量。主要是调查评价区域内与全球环境质量关系较为密切的环境背景。例如，评价区域内 CO_2、NO_x、CH_4 等温室气体或破坏臭氧层物质的排放情况；对于保护全球生物多样性有特殊意义的物种，包括稀有物种、濒危物种或特有物种或生境，如热带雨林、湿地。

（2）自然生态环境与资源利用。主要调查以下 5 个方面的内容。①大气环境质量状况：大气环境中污染物种类、质量、来源；②水环境质量状况：地面水资源分布及利用情况，水文特征、水质状况及水污染物来源；地下水的开采利用情况、埋深、水质状况及污染物来源；水资源（地表、地下水体）保护情况；③矿产资源、化石能源等不可再生资源的利用：包括资源开发利用方式、开发强度、合理开发的阈值、替代物或替代技术的开发；④土地和土壤资源：土地利用情况及非农业用地占地情况，土地保护情况；土壤的质量情况（如通透性、肥力、颗粒性等）、水土流失、沙化退化情况；⑤固体废弃物情况：固体废弃物的产生途径、产生量和类型、循环利用情况及无害化处置方式。

（3）区域环境质量。主要调查以下 3 个方面的内容。①景观特征：景观异质性、特有景观、景观分布特征；②生活质量：建筑物的设计，道路、出行方向及安全情况，绿地等休闲场所；③文化遗产：历史古迹、风景名胜及其他有历史保护价值的建筑或地点。

5）社会经济情况

包括评价区域居民区分布情况及特点、人口数量、人口密度以及人的素质，具体包括群众及政策制定、执行者的文化程度、受教育年限，参政、议政的意识，对上级政策的认可程度以及向心力和凝聚力等；不同产业、行业的产值、所占比重、产业布局等；政治文化背景，以了解影响规划制定、执行的社会经济因素，调查内容主要包括评价区域内的传统、习惯、民俗、文化氛围等。

2. 基线预测与评价

采用预测方法对各指标的未来发展态势进行预测，并通过对比评价法等一系列方法评价规划的生态环境影响，是基线预测与评估的主要内容。①无规划条件下的生态环境、社会经济发展趋势；②调整未来某一参数条件下的生态环境的变化。

4.1.5 基线评估模型

对比评价法是目前基线评估中广为使用的方法。对比评价法包括前后对比分析和有无对比分析两种类型。

1. 概念模型

1）前后对比分析法

前后对比分析法（before and after comparison，简称前后对比法）是将规划执行前后的生态环境质量状况进行对比，其概念模型见图 4-1。前后对比法的优点是简单易行，缺点是可信度低，因为难于确定这些变化（环境效应）是由该规划引起的，还是由别的因素影响造成的，即前后对比法所确定的生态环境影响不一定是规划的净影响。

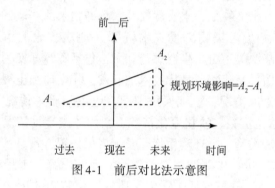

图 4-1 前后对比法示意图

2）有无对比分析法

有无对比分析法（with and without comparison，简称有无对比法）是指将规划生态环境影响预测情况（A）与若无规划执行这一假设条件下的生态环境质量状况进行比较，以评价规划的真实或净环境影响。确定无规划实施这一假设下的生态环境状况可以通过类推预测法进行，其概念模型见图 4-2。类推预测法预测评价规划实施后某一时刻的社会、经济及环境状况，同时预测假设没有该规划实施时同一时刻的社会、经济及环境状况，二者的差值即为评价规划"净"环境影响。

2. 基线评估的计量模型

调水工程对生态环境的净影响以相同时期有无工程条件下，评价因子量值之差表征，计算公式见式（4-1）：

$$\Delta A_q = \left| A_{2q} - O_q \right| - \left| A_{1q} - O_q \right| \tag{4-1}$$

式中，ΔA_q 为规划的实施对生态与环境第 q 个评价因子的净影响；A_{2q} 为规划实施

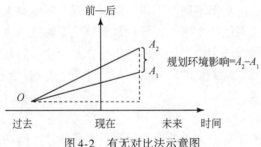

图 4-2 有无对比法示意图

后预测水平年第 q 个评价因子量值；A_{1q} 为假设无规划实施预测水平年第 q 个评价因子量值；O_q 为假设无规划实施基准年第 q 个评价因子量值。

4.2 基于基线评估的区域水资源承载力评价方法

4.2.1 调水工程规划环境影响评价指标体系

1. 调水工程生态影响特征分析

调水工程是通过人工输水建筑物，将一地区的地表水或地下水引入另一地区，从而解决引入地区的水源问题，而且可以兼顾发电、航运等多方面利用，一般由水源工程、取水工程、输水工程及蓄水体组成。调水工程按引水方式，可分为明渠引水和暗管引水。蓄水体通常为大型湖泊水库。与单项水电工程相比，调水工程，特别是跨流域调水工程对生态环境的影响范围较大，历时较长，且需要人工修建取水工程及输水干渠，加上水源地、水源地下游区及受水区生态环境现状的差异，使调水工程对区域生态环境的影响除具有单项水利水电工程的共性外，还具有累计性、群发性等诸多新特征，其影响特征如下。

1）群发性

调水工程对生态环境的有利影响，如在防洪、发电、工农业用水、生态用水等功能方面，大于单项水电工程和输水干渠的影响之和，这就是调水工程规划对环境影响的群体效应（李亚农，1997）。发挥调水工程对生态环境有利影响的群体效益，是在系统学指导下，通过与水源工程的统一调度、宏观控制来实现的；而减缓调水工程对生态环境的不利影响，则多是以生态学为指导，从生态系统整体性角度出发，在水源工程的选择和输水干渠的布置上，采取相应措施来解决的。

2）广泛性

调水工程对环境影响的范围，一般比单一水电工程对环境影响所涉及的范围大，它所影响的区域，除固定的水源工程影响区、常年影响区外，还随输水干渠的施工与运行所涉及的范围不同而不同。调水工程，不仅对水源工程区域的社会经济系统、自然生态系统产生影响，导致水源地及下游区森林采伐速度加快、水土流失面积扩大、泥沙淤积增多、人民的生活方式变化，而且对受水区生态环境产生影响，甚至对有利益关系的跨流域、跨地区产生影响，且这些影响可能在未来较长时间内都存在。

3）累计性

调水工程对环境影响的突出的特点就是具有累计性。例如，水源地有些生态环境因子的变化，如水温、水量、泥沙的改变不仅受水源工程的影响，而且还受到引水工程的影响，这些影响有叠加性质。

4）潜在性

单一水电工程对环境的影响虽也有潜在性，但易于区别与防范，而调水工程对环境潜在的影响则要复杂得多。在已建水源工程情况下，取水工程建设可能再次出现诱发地震、塌岸、滑坡或三者同时发生的可能性。对水源水库水质如泥沙的富集作用，使有毒、有害物质沉积于水库，这些物质可能是潜在的二次污染源，要预测它对水生生物及人体的危害，及其发生区域、时段、条件，以及通过输水工程与受水区水体间的相关影响、叠加作用、连锁反应十分复杂。

2. 构建原则

调水工程规划生态环境影响评价初始指标选择时主要遵循以下几个原则。

1）代表性原则

选取的指标可以代表和反映自然生态系统某方面的特性。

2）综合性原则

选取的指标能够涵盖系统范围越广越好，通过指标分析可以得出系统特征现状和未来演化趋势。

3）可量化原则

尽量选择客观可测量的指标，以量化分析调水工程的生态环境影响强度。

4）突出重点

指标体系要切中所要解决的问题。调水工程对生态环境影响显著，其中尤以水环境质量、水文情势和水生生物为重。因此，本书构建的评估指标体系突出与水生态系统相关的指标。

5）充分考虑指标的功能和应用条件

指标按功能可分为结构指标、功能指标，结构指标反映系统的构成，功能指标反映作用和功效；按作用可分为总量指标、速率指标、相对指标、平均指标，总量指标反映总体规模，速率指标反映发展速度，相对指标反映程度和差异，平均指标反映平均水平。应用时要将这些指标结合使用,才能全面、准确地判断调水工程规划对生态环境的影响水平。

3. 水源地及下游区评价指标体系

水源工程和取水工程对水源地及水源工程下游区生态环境影响评价指标体系见表4-1。

表4-1 水源地生态与环境影响评价指标体系

区域	类别	重点评价因子	推荐评价指标
水源地	环境质量	水质	水体水质级别
		水文情势	多年平均径流量
			多年平均输沙量
			多年平均水温
			库区水位
		环境地质	水库诱发地震最大震级
	生态系统	景观与土地利用	各类型土地面积
			景观多样性指数
		植被覆盖	森林覆盖率
			NPP (NDVI)
		水生生物	珍稀濒危鱼类种类
			浮游生物种类
		陆生生物	珍稀濒危动植物种类和数量
	社会环境	自然景观	受影响的环境敏感点数量及程度
下游区	环境质量	水质	水体水质级别
		水文情势	多年平均下泄量
			多年平均输沙量
			多年平均水温
	生态系统	水生生物	浮游生物种类
			珍稀濒危鱼类种类

4. 受水区生态环境影响评价指标

水资源承载力是随着水问题的日益突出由我国学者在 20 世纪 80 年代末提出来的。水资源承载力是一个国家或地区持续发展过程中各种自然资源承载力的重要组成部分,可定义为"某一区域在特定历史阶段的特定技术和社会经济发展水平条件下，以维护生态良性循环和可持续发展为前提，当地水资源系统可支撑的社会经济活动规模和具有一定生活水平的人口数量"（惠泱河等，2001）。水资源承载力研究已引起学术界高度关注并成为当前水资源科学中的一个重点和热点研究问题，是目前评价水资源对人类活动的阈值及人类活动对水资源配置影响的较为成熟的方法。水资源紧缺是制约调水工程规划受水区社会发展的瓶颈因素，对受水区的综合发展和发展速度及规模有至关重要的影响，本书以水资源承载力为评价指标，分析调水工程规划对受水区的影响。

4.2.2 水源工程生态环境影响评价方法

1. 水文

水库水坝工程的建设显著影响河流水文过程，为了说明水库工程建成蓄水前后河流上下游水文特征的变化情况，需要借助于水文变量的分布参数。水文现象的统计参数能反映其基本的统计规律。而且用这些简明的数字来概括水文现象的基本特征，既具体又明确，又便于对水文统计特性进行地区或时段综合（任树海等，2001）。

1) 平均数

设离散型随机变量有以 p_1，p_2，$\cdots$，p_n 为概率的可能值 x_1，x_2，$\cdots$，x_n。用下式计算所得的数值称为随机变量的平均数，并记为 $\bar{x}$：

$$\bar{x} = \frac{x_1 p_1 + x_2 p_2 + \cdots + x_n p_n}{p_1 + p_2 + \cdots + p_n} = \frac{\sum_{i=1}^{n} x_i p_i}{\sum_{i=1}^{n} p_i} \tag{4-2}$$

$$\sum_{i=1}^{n} p_i = 1 \tag{4-3}$$

$$\bar{x} = \sum_{i=1}^{n} x_i p_i \tag{4-4}$$

p_i 可以看成是 x_i 的权重，这种加权平均数也称为数学期望值，记为 $E(X)$。这里的 E 可作为一个运算符号，表示对随机变量 X 求期望值。引进数学期望的符号后，式（4-4）可写成

$$E(X) = \sum_{i=1}^{n} x_i p_i \tag{4-5}$$

2) 标准差

离散特征参数可用相对于分布中心的离差来计算。设以平均数代表分布中心，由分布中心计量随机变量的离差为 $x - \bar{x}$。因为随机变量的取值有些是大于 $\bar{x}$ 的，有些是小于 $\bar{x}$ 的，故离差 $(x - \bar{x})$ 有正有负，其平均值则为零，以离差本身的值来说

明离差程度是无效的。为使离差的正值和负值不相互抵消，一般取 $x-\bar{x}$ 平方的平均数，然后开方作为离散程度的计量标准，并称为标准差，或均方差，即

$$\sigma = \sqrt{E\left(X-\bar{x}\right)^2} \tag{4-6}$$

式中：$E\left(X-\bar{x}\right)^2$ 为 $\left(X-\bar{x}\right)^2$ 的数学期望，即 $\left(X-\bar{x}\right)^2$ 的平均数。

标准差的单位与 X 相同。显然，分布越分散，标准差越大；分布越集中，标准差越小。

3）变差系数和偏差系数

标准差虽说明随机变量分布的离散程度，但对于两个不同的随机变量分布，如果它们的平均数不同，标准差不适用于比较这两种分布的离散程度。采用变差系数和偏差系数可衡量分布的相对离散程度和特征分布的不对称情况。

2. 水温

1）水库水温结构预测

水库水温结构可根据 α 指标法和 β 指标法（朱党生，2006）进行判断，公式如下：

$$\alpha = \frac{W}{V} \tag{4-7}$$

式中，α 为判别系数；W 为多年平均年径流量，m^3；V 为总库容，m^3。当 $\alpha<10$ 时为分层型；$\alpha>20$ 时为混合型；$10\leq\alpha\leq20$ 时为过渡型。

$$\beta = \frac{Y}{V} \tag{4-8}$$

式中，β 为判别系数；Y 为一次洪水总量，m^3；V 为总库容，m^3。对于分层型水库，如遇 $\beta\geq1$ 的洪水，则往往成为临时的混合型；而 $\beta\leq0.5$ 的洪水一般对水温分层影响不大；$0.5<\beta<1$ 的洪水对分层的影响介于二者之间。

蔡为武（2001）的水库水温判别方法也可用于水库水温结构的判断，方法见表 4-2。

表 4-2　水库水温类型分类判别

水库调节类型	孔口高程与功能						
	表孔取水	表孔泄洪	深孔泄洪	深孔季节性取水	深孔常年取水	底孔季节性取水	底孔常年取水
年调节水库	稳定分层型	短期过渡型	过渡型	过渡型	稳定分层型	过渡型	混合型
季调节水库	过渡型	过渡型	过渡型	过渡型	过渡型	过渡型	混合型
径流水库	过渡型	混合型	混合型	混合型	混合型	混合型	混合型

2) 年均库表水温预测

蓄水后多年平均库表水温可采用气温水温相关关系经验公式［朱伯芳，1985，式（4-9）］、热量平衡法［吴中如和吉肇泰，1984，式（4-10）］、水气相关关系经验公式［吴中如和吉肇泰，1984，式（4-11）；蔡为武，2001，式（4-12）］进行预测，计算公式如下：

$$T_w = T_b + \Delta b \tag{4-9}$$

式中，T_w 为建库后库表水温，℃；T_b 为建库前气温，℃；Δb 在计算中参考文献（朱伯芳，1985）取3℃。

$$T_w = \frac{\sum\limits_{i=1}^{12} Q_i T_i}{\sum\limits_{i=1}^{12} Q_i} \tag{4-10}$$

式中，T_w 为建库后年平均库表水温，℃；Q_i 为天然来水多年平均月流量，m^3/s；T_i 为天然来水多年平均月水温，℃。

$$\bar{t}_w = 9.22 + 0.617\bar{t}_a \tag{4-11}$$

$$\bar{t}_w = 7.3 + 0.875\bar{t}_a \tag{4-12}$$

式（4-11）和式（4-12）中，$\bar{t}_w$ 为建库后年平均库表水温，℃；$\bar{t}_a$ 为建库前年平均气温，℃。

3) 年均库底水温预测

年均库底水温可分别采用《水利水电工程水文计算规范》（SL278—2002）中的库底年平均水温沿纬度分布图和冬季水温法（朱伯芳，1985）进行预测，公式如下：

$$T_b \approx \frac{T_{12} + T_1 + T_2}{3} \tag{4-13}$$

式中，T_b 为年均库底水温，℃；T_{12}、T_1 和 T_2 为蓄水前12月、1月和2月的平均气温，℃。

4) 月均水温预测

蓄水后库表及库底月均水温采用朱伯芳（1985）法进行预测，公式如下：

$$T(y, t) = T_m(y) + A(y)\cos\frac{2\pi}{p}\omega(t - t_0 - \varepsilon) \tag{4-14}$$

$$A(y) = A_0 \exp(-\beta y) \tag{4-15}$$

$$A_0 = \frac{T_7 - T_1}{2} \tag{4-16}$$

$$\varepsilon = d - f\exp(-\gamma y) \tag{4-17}$$

$$T_m(y) = c + (b - c)\exp(-\alpha y) \tag{4-18}$$

$$c = \frac{T_d - b\exp(-0.04H)}{1 - \exp(-0.04H)} \tag{4-19}$$

式（4-14）~式（4-19）中，$T(y,t)$ 为第 t 月任意深度 y 的平均水温，℃；$T_m(y)$ 为任意深度 y 的年平均水温，℃；T_d 为库底水温，℃；b 为库表水温，℃；$A(y)$ 为任意深度 y 的水温变幅，℃；H 为水库深度，m；ε 为水温位相差；t 为时间，月；t_0 为 6.5 月；T_7 和 T_1 分别为 7 月和 1 月的多年平均气温，℃。计算中 y 取 0，β 取 0.018，γ 取 0.085，d 取 2.15，f 取 1.30，p 取 12，α 取 0.040。

5）铅直水温分布

年均库区水温铅直分布可采用《水利水电工程水文计算规范》（SL278—2002）中推荐的中国水利水电科学院模型和朱伯芳（1985）法进行预测。中国水利水电科学院模型公式如下：

$$T_y = T_b + \Delta T\left(1 - 2.08\frac{y}{\delta} + 1.16\frac{y^2}{\delta^2} - 0.08\frac{y^3}{\delta^3}\right) \tag{4-20}$$

式中，T_y 为从水面算起的计算深度 y 处的多年平均水温，℃；T_b 为库底稳定低温水层的温度，℃；ΔT 为多年平均库表水温与 T_b 之差值，℃；δ 为计算变温水层的厚度，m，参考有关文献（吴中如和吉肇泰，1984）计算时取 60m。

库区月均水温均铅直水温分布可采用《水利水电工程水文计算规范》（SL278—2002）中推荐的东勘院模型和朱伯芳（1985）法预测。东勘院模型计算公式如下：

$$T_y = (T_0 - T_b)\exp\left[-\left(\frac{y}{X}\right)^n\right] + T_b \tag{4-21}$$

$$n = \frac{15}{m^2} + \frac{m^2}{35} \tag{4-22}$$

$$X = \frac{40}{m} + \frac{m^2}{2.37(1 + 0.1m)} \tag{4-23}$$

式（4-21）~式（4-23）中，T_y 为坝前水温，℃；T_0 为库表月平均水温，℃；T_b 为库底月平均水温，℃；m 为月份；y 为坝前水深，m。

6）下泄低温水

《水利水电工程水文计算规范》（SL278—2002）对于水库下游河道年、月平均水体水温估算没有列出具体的预测公式，只是建议通过对已建的类似水库水温与坝下河道水温的分析，在设计水库内选择一个合理的代表层水温作为坝下水温的预估算；建议坝下河道水温与水面以下 15~20m 处的水温一致。

3. 局地气候

1）气象数据的空间差值方法

温度、降水、风速和水汽压是反映一个地区气候状况的几个主要指标。为了得到整个研究区内连续面上的温度、降水、风速及水汽压，必须对这几项因子进行空间插值。一般情况下，对于气候要素的插值方法通常有以下几种：最邻近距离插值、趋势面插值 Kriging 空间插值方法及 cokriging 方法插值等。其中，趋势面插值和 Kriging 空间差值方法最为常用。

A. Kriging 空间插值方法

地统计学中的 Kriging 方法以区域化变量理论为基础，半变异函数为分析工具，对于研究空间分布具有随机性和结构性的变量具有独特的优点。具体方法见本书3.3小节。

B. 趋势面差值

地形的影响导致山区诸多气候因子呈现出强烈的地形特征，最典型的即为年平均温度。为了反映出这种特征，通常采用趋势面方法进行空间插值。所谓趋势面方法，即将某一气象要素看成是经度、纬度和高度的一个线性组合，通过现有站点的数据及线性回归方法，确定方程参数，从而进行空间插值的一种方法，计算公式如下：

$$气候因子 = a \times 经度 + b \times 纬度 + c \times 高度 + 常数 \tag{4-24}$$

通过对这些气候因子和经度、纬度、高度的统计分析，发现年平均温度和年平均水汽压显示出这种地形特征，因而对这两个气象因子采用趋势面方法进行空间插值。

2）对局地气候影响预测

水源工程对局地气候的影响评价模型见本书3.3小节。除计量模型外，类比法也可用于局地气候影响预测。类比法是根据水文、地形、气象条件相似原则，通过与现有规模相似湖泊和已建水库工程类比，分析未建水库对局地气候要素的影响。

4. 景观格局

采用景观单元特征指数中的斑块数（NP）、分维数（DLFD）及景观异质性指标中的 Shannon 多样性指数（SHDI）、Shannon 均匀度（SHEI）、优势度（D）、破碎度（FN_1）反映研究区景观格局分布，计算公式如下（邬建国，2002；傅伯杰等，2002；曾辉，1999）。

1）景观形状指数

本书采用分维数描述斑块边缘的复杂性特征。斑块周边的复杂性与人类的干扰活动密切相关，人类干扰活动强，斑块边缘几何形状趋于简单，具有较低的分维数，而自然形成的斑块边缘具有曲线化特征，分维数值较高（王仰麟等，1999；赵羿和李月辉，2001）。

分维数双对数分维数 DLFD　单位：无；范围：$1 \leqslant \mathrm{DLFD} \leqslant 2$。

$$\mathrm{DLFD} = \cfrac{2}{\cfrac{\left[n_i \sum\limits_{j=1}^{n} (\ln p_{ij} \cdot \ln a_{ij}) \right] - \left[(\sum\limits_{j=1}^{n} \ln p_{ij})(\sum\limits_{j=1}^{n} \ln a_{ij}) \right]}{(n_i \sum\limits_{j=1}^{n} \ln^2 p_{ij}) - (\sum\limits_{j=1}^{n} \ln p_{ij})^2}} \tag{4-25}$$

式中，a_{ij} 为斑块面积；p_{ij} 为斑块周长。

景观丰富度指数和景观多样性指数见本书 3.3 小节。

2）景观均匀度指数

描述景观中各组分的分配均匀程度，其值越大，表明景观各组成成分分配越均匀。

Shannon 均匀度 SHEI；范围：$0 \leqslant \mathrm{SHEI} \leqslant 1$。

$$\mathrm{SHEI} = \frac{- \sum\limits_{i=1}^{m} (P_i \cdot \ln P_i)}{\ln m} \tag{4-26}$$

式中，P_i 为生态系统类型 i 在景观中的面积比例。

3）景观破碎化指数

指景观被分割的破碎程度，值域为 [0，1]。破碎度与自然保护紧密相关，许多濒危物种需要大面积自然生境才能保证生存。同时，破碎度也是景观异质性的一个重要组成部分。景观破碎度越大，景观异质性越高（傅伯杰等，2001）。

$$\mathrm{FN}_1 = \frac{(\mathrm{NP} - 1)}{\mathrm{NC}} \tag{4-27}$$

式中，FN_1 为景观整体破碎度指数；NC 为景观中所有斑块的平均面积；NP 为景观里各类斑块的总数。

5. 植被净初级生产力（NPP）

植被是陆地生物圈的主体，作为陆地生态系统中的重要组分与核心环节（孙睿和朱启疆，2000），它不仅在全球物质与能量循环中起着重要作用，而且在调节全球碳平衡、减缓大气中 CO_2 等温室气体浓度上升以及维护全球气候稳定等方面具有不可替代的作用。NPP 指绿色植物在单位时间和单位面积上所积累的有机干物质总量。它不仅是表征植物活动的重要变量，也是判定生态系统碳汇和调节生态过程的主要因子（朴世龙等，2001a），常用于测定植物群落的生长状况和对干扰的反应。估算 NPP 可以度量生态系统的做功能力、结构进化能力以及抵抗干扰能力，是一个能够深刻反映环境变化的参数，对生物和非生物环境具有极强的敏感性，因此被作为反映陆地生态系统功能或活力的重要指标之一。

　　CASA（carnegie-ames-stanford approach）模型是目前研究植被净初级生产力最流行的模型（朴世龙等，2001a；Christopher et al.，1995）。它利用遥感数据、气候数据，以及其他一些地表参数（如植被覆盖、土壤质地等）来估算地表净初级生产力。它由 Potter 于 1993 年建立完成，1995 年，Field 对模型中关于光能利用率等问题作了进一步的讨论和补充，使 CASA 模型日臻成熟。目前，该模型已经由一个仅计算 NPP 的简单模型扩展为可计算 NPP、NEP 以及 NBP 在内的一个较为全面的生态系统生产力模型。

　　在 CASA 模型中，NPP 主要由植被所吸收的光合有效辐射（APAR）与光能转化率（ε）两个变量来确定：

$$NPP(x, t) = APAR(x, t) \cdot \varepsilon(x, t) \tag{4-28}$$

式中，t 为时间；x 为空间位置。

1）APAR 的确定

　　植被所吸收的光合有效辐射取决于太阳总辐射和植被对光合有效辐射的吸收比例，用下式表示：

$$APAR(x, t) = 0.5SOL(x, t) \cdot FPAR(x, t) \tag{4-29}$$

式中，$SOL(x, t)$ 为 t 月象元 x 处的太阳总辐射量，MJ/m^2；$FPAR(x, t)$ 为植被层对入射光合有效辐射（PAR）的吸收比例；常数 0.5 为植被所能利用的太阳有效辐射（波长为 $0.4 \sim 0.7\mu m$）占太阳总辐射的比例。植被对太阳有效辐射的吸收比例取决于植被类型和覆盖状况。研究证明，由遥感数据得到的归一化植被指数（NDVI）能很好地反映植物覆盖状况。模型中 FPAR 由 NDVI 和植被类型两个因子来表示，并使其最大值不超过 0.95。

$$FPAR(x, t) = \min \left| \frac{SR(x, t) - SR_{min}}{SR_{max} - SR_{min}}, 0.95 \right| \tag{4-30}$$

$SR(x, t)$ 由 $NDVI(x, t)$ 求得

$$SR(x, t) = \frac{[1 + NDVI(x, t)]}{[1 - NDVI(x, t)]} \tag{4-31}$$

2）光能转化率的确定

　　光能转化率（ε）是指植被把所吸收的光合有效辐射（PAR）转化为有机碳的效率。目前认为在理想条件下植被具有最大光能转化率，而在现实条件下光能转化率主要受温度和水分的影响，用下式表示：

$$\varepsilon(x, t) = T_{\varepsilon 1}(x, t) \cdot T_{\varepsilon 2}(x, t) \cdot W_{\varepsilon}(x, t) \cdot \varepsilon^* \tag{4-32}$$

式中，$T_{\varepsilon 1}$ 和 $T_{\varepsilon 2}$ 为温度对光能转化率的影响；W_{ε} 为水分胁迫影响系数，反映水分条件的影响；ε^* 为理想条件下的最大光能转化率。$T_{\varepsilon 1}$ 反映在低温和高温时植物内在的生化作用对光合的限制而降低净初级生产力的影响，用下式计算：

$$T_{\varepsilon 1}(x) = 0.8 + 0.02 T_{opt}(x) - 0.0005 \left[T_{opt}(x) \right]^2 \tag{4-33}$$

式中，$T_{opt}(x)$ 为某一区域一年内 NDVI 值达到最高时月份的平均气温。当某一月平均温度小于或等于-10℃时，$T_{\varepsilon1}$ 取 0。$T_{\varepsilon2}$ 反映环境温度从最适宜温度 $[T_{opt}(x)]$ 向高温和低温变化时植物的光能转化率逐渐变小的趋势，用下式计算：

$$T_{\varepsilon2}(x, t) = \frac{1.1814}{\frac{(1 + e^{|0.2[T_{opt}(x) - 10 - T(x, t)]|})}{(1 + e^{|0.3[-T_{opt}(x) - 10 + T(x, t)]|})}} \qquad (4-34)$$

当某一月平均温度 $[T(x, t)]$ 比最适宜温度 $[T_{opt}(x)]$ 高 10℃ 或低 13℃ 时，该月的 $T_{\varepsilon2}$ 值等于月平均温度 $[T(x, t)]$ 为最适宜温度 $[T_{opt}(x)]$ 时 $T_{\varepsilon2}$ 值的一半。

水分胁迫影响系数（W_{ε}）反映了植物所能利用的有效水分条件对光能转化率的影响。随着环境中有效水分的增加，W_{ε} 逐渐增大。它的取值范围为 0.5（在极端干旱条件下）到 1（非常湿润条件下），由下式计算：

$$W_{\varepsilon}(x, t) = 0.5 + 0.5EET(x, t)/PET(x, t) \qquad (4-35)$$

式中，PET 为潜在蒸散发量；EET 为估计蒸散发量。当月平均温度小于或等于 0℃ 时，该月的 $W_{\varepsilon}(x, t)$ 等于前一个月的值，即 $W_{\varepsilon}(x, t-1)$。

3）潜在蒸散发量

如前所述，当月均温度小于或等于 0℃ 时，认为 PET 为 0；当月均温度大于 0℃ 时，PET 由 Thornthwaite 方法计算得出。CASA 模型中所引用的 Thornthwaite 公式如下：

$$PET(x, t) = \frac{16D}{30L} \cdot 12 \times \left[\frac{10T(x, t)}{I(x)}\right]^{\alpha} \qquad (4-36)$$

式中，D 为当月天数；L 为当月的平均昼长；$T(x, t)$ 为 t 月的平均温度；$I(x)$ 为热指数，计算公式为

$$I(x) = \sum_{t=1}^{12} \left[\frac{T(x, t)}{5}\right]^{1.514} \qquad (4-37)$$

得出 $I(x)$ 后，α 可由下式计算：

$$\alpha = 6.75 \times 10^{-7}I(x)^3 - 7.71 \times 10^{-5}I(x)^2 + 1.79 \times 10^{-2}I(x) + 0.49239$$
$$(4-38)$$

式中，D 与 L 的乘积由一个纬度的一元三次方程计算得出，不同月份该方程有不同系数。系数组由 CASA 模型内部给出，这里不再罗列。

4）估计蒸散发量

当月均温度小于或等于 0℃ 时，认为估计蒸散发量（EET）为 0；当月均温度大于 0℃ 时，EET 由下面两个公式算出：

$$EET(x, t) = PET(x, t), \qquad 当 PPT(x, t) \geqslant PET(x, t) 时 \qquad (4-39)$$
$$EET(x, t) = \min(\{PPT(x, t) + [PET(x, t) - PPT(x, t)]RDR\},$$

$$\{PPT(x,\ t) + [SOILM_A(x,\ t-1) - WPT(x)]\}),$$

$$当 PPT\ (x,\ t) < PET\ (x,\ t)\ 时 \tag{4-40}$$

式中，RDR 为相对干燥度；WPT 为萎蔫含水量；$SOILM_A$ 为 $PPT(x,\ t) < PET(x,\ t)$ 时的土壤含水量。PPT 为月平均降水量，作为已知量直接输入。

5）相对干燥度

相对干燥度（RDR）与土壤质地及土壤含水量密切相关，其计算公式如下：

$$RDR(x,\ t) = \frac{(1+a)}{(1+a\theta^b)} \tag{4-41}$$

式中，a 和 b 为 Saxton 等提出的经验公式求得的系数；θ 为前一月土壤水分含量。它们的计算公式为

$$a = 100\exp[-4.396 - 0.0715(\%\ clay) - 4.880 \times 10^{-4}(\%\ sand)^2$$
$$- 4.285 \times 10^{-5} \times (\%\ sand)^2(\%\ clay)] \tag{4-42}$$

$$b = -3.140 - 0.002\ 22(\%\ clay)^2 - 3.484 \times 10^{-5} \times (\%\ sand)^2(\%\ clay)$$
$$\tag{4-43}$$

式中，（% sand）为土壤中砂粒所占百分比；（% clay）为土壤中黏粒所占百分比。

6）田间持水量与萎蔫含水量

模型中田间持水量（FC）和萎蔫含水量（WPT）是由土壤质地确定的。这是因为，不同类型土壤的水分常数主要取决于土壤质地和结构，质地和结构相近的土壤，其水分常数大体相近，而不同质地和结构的土壤达到某一水分常数时，其含水量则不同。Saxton 等总结前人有关土壤水分含量与土壤质地之间关系的研究，并建立了土壤水分含量与土壤颗粒之间的经验关系式，CASA 模型采用了这种方法。该方程为

$$\psi = a\theta^b \tag{4-44}$$

式中，ψ 为土壤水势，kPa；θ 为土壤水分含量，m^3/m^3；系数 a 与 b 的算法见式（4-42）和式（4-43）。

Potter 等（1993）认为粗土壤质地的田间持水量等于土壤水势为 10kPa 时的土壤体积含水量；中、细土壤质地的田间持水量等于土壤水势为 33kPa 时的土壤体积含水量；土壤中萎蔫含水量则等于土壤水势为 1500kPa 时的土壤体积含水量。该模型继承了这种算法。当土壤含水量大于上限值，即田间持水量时，模型中假设剩余水流出该栅格，但相邻的栅格之间没有相互作用。

7）土壤含水量

土壤水分子模型中每一个栅格的月平均土壤含水量利用下式来求算：

当 PPT<PET 时，

$$SOILM\ (x,\ t) = SOILM\ (x,\ t-1) - [PET\ (x,\ t) - PPT\ (x,\ t)]\ RDR$$

当 PPT≥PET 时，

$$SOILM\ (x,\ t)\ =SOILM\ (x,\ t-1)\ +\ \left[PPT\ (x,\ t)\ -PET\ (x,\ t)\right]$$

$$\tag{4-45}$$

式中，SOILM $(x,\ t)$ 为某一月的土壤含水量；SOILM $(x,\ t-1)$ 为上一月的土壤含水量；PPT 为月平均降水量；RDR 为土壤水分的蒸发潜力。

Potter 等（1993）假设当某一月的平均温度小于或等于 0℃ 时，土壤含水量不发生变化，与上一月的土壤含水量相等，而该月的降水（雪的形式）将累加到从该月起第一个出现温度大于 0℃ 的月份。

6. 水库诱发地震

为评价梯级水电建设未来地震的发展趋势，采用综合影响参数的经验公式（常宝琦和梁纪彬，1987）对未来水库地震的危险性进行了定量预测。在该公式基础上，丁原章等（1989）、常宝绮和梁纪彬（1987）也给出了水库诱发地震的经验公式，见本书 3.3 小节。

此外，常宝琦和梁纪彬（1992）将回归变量增加了最大水深（H），并把 E（水库综合影响参数）和 H 都作为回归分析的变量，给出了适用于"构造型"水库地震（$M_s \geqslant 4.5$）[式（4-46）] 和非"构造型"水库地震（$M_s <$ 4.5）的经验公式 [式（4-47）]，即

$$M_3 = -4.7251 + 1.1962E + 1.2420\ln H \pm 0.511 \tag{4-46}$$

$$M_4 = -7.9295 + 1.4991E + 1.6504\ln H \pm 1.032 \tag{4-47}$$

常宝琦和梁纪彬（1994）给出了水库地震震级预测的一般经验公式，即

$$M_5 = 0.8816 + 0.7165E + 0.7874\ln H \pm 0.70 \tag{4-48}$$

光耀华（1988）利用 30 座水库资料建立了水库 E 值与诱发地震震级 M 之间的经验公式，即

$$M_6 = 1.394 + 0.952E \pm 0.971 \tag{4-49}$$

4.2.3　水源地及下游区生态环境评价方法

采用统计分析方法、基线预测和基线评价方法，根据表 4-1 中的指标体系，评价调水工程规划对水源地下游区生态与环境的影响。统计分析是根据研究的目的和要求，采用各种分析方法，对研究的对象进行解剖、对比、分析和综合研究，以揭示事物的内在联系和发展变化的规律性（张三力，1998）。统计分析的步骤如下：首先，根据统计分析的任务，明确分析的具体目的，拟订分析提纲；其次，对用于分析的统计资料进行评价和辨别真伪；再次，将评价并肯定的统计资料进行比较对照分析，从而发现矛盾，并探明问题的症结所在；最后，对分析的结果给出结论，提出建议。

4.2.4 受水区生态环境影响评价方法

基线预测、基线评价方法和水资源承载力评价方法是受水区生态环境影响评价的方法。单因子评价法是目前水资源承载力评价中较为简便准确的方法，其计算方法见式（4-50）（夏军和朱一中，2002；张素珍和宋保平，2004）。式（4-50）中，人均供水量标准及其相应的水资源承载力内涵参照了已有研究成果（傅湘和纪昌明，1999），详见表4-3。

$$水资源承载力 = \frac{供水量}{人均供水量标准} \tag{4-50}$$

表 4-3　水资源承载力标准

人均供水量/（m³/人）	水资源承载力等级	水资源承载力内涵
<240	水资源承载能力已经接近饱和值，进一步开发利用潜力较小，发展下去将发生水资源短缺	承载最大人口
240～400	水资源供给开发利用已有相当规模，但仍有一定的开发利用潜力，区域国民经济发展对水资源供给需求有一定的保证	
>400	水资源仍有较大的承载能力，水资源利用程度、发展规模都较小，区域发展对水资源的需求是有保障的，水资源供给情况较为乐观	承载最优人口

第 5 章

Chapter 5

梯级水电开发对区域生态
承载力单要素影响评价

5.1 黄河流域青海片梯级水电开发概况

5.1.1 黄河流域青海片社会经济概况

青海省位于我国西部腹地,北、东与甘肃省相依,东南与四川省相邻,西南与西藏自治区接壤,西北与新疆维吾尔自治区毗连。位于东经89°35′~103°04′、北纬31°39′~39°19′,东西长约1200km,南北宽约800km,面积为71.6万 km²,居全国第四位,现辖1个地级市,1个地区,6个民族自治州,共52个县级行政单位。全省人口为528.6万人,共有34个民族,以汉族、藏族、回族、土家族、撒拉族和蒙古族为主(青海省国土资源厅,2002)。青海省是黄河、长江和澜沧江的发源地,素有"中华水塔"的美誉,境内的黄河干流是水电资源的"富矿区",也是"西电东送"工程北部通道的重要组成部分。

黄河是我国第二大河,发源于青海省玉树藏族自治州曲麻莱县东北部,巴颜喀拉山脉卡日扎穷(山岭)北麓的约古宗列(盆地)西南隅,源头为卡日曲,分水岭名为玛曲曲果日,海拔4698m。黄河流域青海片包括兴海县唐乃亥以上地区、唐乃亥以下至民河县出省境的干流及其支流。控制流域面积达15.26万 km²,共包括1个地级市,1个地区,5个民族自治州,34个县级行政单位(表5-1)。地理位置示意图见图5-1。

表5-1 黄河流域青海片行政区划及州、地、市、县名称

地区	县级行政单位个数	县级行政单位(地区)名称
黄河流域青海片	33	
西宁市	7	城东区、城中区、城北区、城西区、大通回族土族自治县、湟中县、湟源县
海东地区行政公署	6	平安县、乐都县、互助土族自治县、民和回族土族自治县、化隆回族自治县、循化撒拉族自治县
海北藏族自治州	4	祁连县、刚察县、海晏县、门源回族自治县
海南藏族自治州	5	共和县、贵德县、同德县、贵南县、兴海县
黄南藏族自治州	4	同仁县、尖扎县、泽库县、河南蒙古族自治县
果洛藏族自治州	5	玛沁县、甘德县、久治县、达日县、玛多县
玉树藏族自治州	2	曲麻莱县、称多县

黄河流域青海片源头区为牧业区,源头区以下至出省境的河湟流域区为农耕区,其中河湟谷地是人口最集中、工农业基础较好、发展水平较高的地区。截至

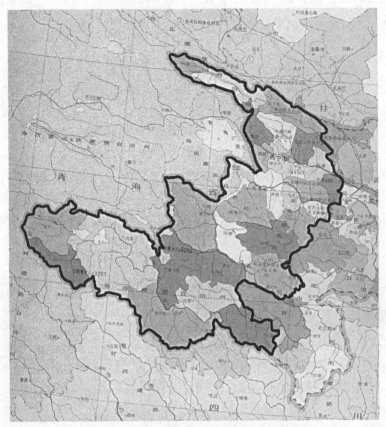

图 5-1　黄河流域青海片地理位置示意图

1998 年年底，青海片人口为 422.66 万，为全省总人口的 89%；国内生产总值（GDP）为 162.26 亿元，占全省 GDP 的 73.7%；粮食产量 108.84 万 t，占全省粮食总产量的 84.9%（青海省统计局，1999）。西宁市、海东的 GDP 占青海省的 54.2%（青海省统计局，1999）。与全国平均水平相比，近年来青海片 GDP 的年均增长率较全国平均水平高 1.1 个百分点，但人均值（4680 元/人）仅为全国平均水平（6534 元/人）的 71.6%，农牧民人均纯收入较低。

5.1.2　黄河流域青海片生态环境概况

1. 地质地貌

黄河流域青海片地貌属青海三大地貌单元中的青南高原区和祁连山区。片内地貌的基本格局受构造控制呈北西西—南东东走向。纬向、经向（近东西西方向）地貌差异和地貌垂直分异均十分明显。地貌类型多样，陆地地貌类型齐全，其中黄河河源至龙羊峡区段属高寒草原地貌，龙羊峡以下区域属山地丘陵地貌。

2. 气候

青海片地处中纬度和青藏高原，远离海洋，属高原大陆性气候，其特征为寒冷、干燥、少雨、多风、缺氧，日温差大，冬长夏短，四季不分明，气候区域分异大，垂直变化明显。黄河河源至龙羊峡区段属高寒草原地貌，海拔一般在3000m以上；气候寒冷，年平均气温-4.2~3.1℃；年降水量300~600mm，由西北向东南递增，6~9月降水量占全年的75%左右；年水面蒸发量700~1000mm；全年日照小时数2600~3000h；河谷地区无霜期6~105天，其余大部分地区无绝对无霜期。龙羊峡以下干流区域和湟水流域气温垂直变化明显，年平均气温0.6~8.7℃；年降水量300~700mm，70%以上的降水集中在6~9月；多年平均水面蒸发量800~1200mm；全年日照时间在2600h左右；无霜期65~208天（青海省国土资源厅，2002）。

3. 水文

黄河从源头至出青海片境全长1983km（扣除流经四川的部分，在青海省境内共有1694km），流经星宿海、扎陵湖、鄂陵湖后，沿阿尼玛卿山的西南山麓，向东南流至四川省若尔盖，又折回向西北，沿阿尼玛卿山的东北麓，到兴海县的唐乃亥，然后折向东北流至龙羊峡，向东经贵德、循化、民和等县，至寺沟峡流入甘肃省境内，大体呈"S"形，形态大致呈"螃蟹状"（图5-2）。片境内干流河道长1694km，总流域面积15.26万km²，约占全省土地总面积的21%，占流域总面积的27%，出境多年平均年总径流量为281.9亿m³，占黄河总流量的49.2%，是黄河流域最大的产水区和水源涵养区（青海省国土资源厅，2002）。

4. 植被

黄河流域青海片涵盖青藏高原、黄土高原和祁连山地三类不同的自然单元，地形复杂，植被类型多样，分布错综复杂，地带性植被以高寒草甸、高寒草原和温性草原为主。森林植被主要分布在东部的祁连山地、黄河谷地和青南高原东南边缘，类型主要是温性常绿针叶林、温性落叶阔叶林和寒温性针叶林；灌丛主要包括温性灌丛（分布于山地森林下线、山麓及河谷滩地）和高寒灌丛（发育于森林线以上）；草原包括温性草原和高寒草原两类；草甸包括高寒草甸、高寒灌丛草甸和高寒沼泽草甸三类。此外，在黄河阶地还分布有沙生植被类型。青海片植被分布具有一定的区域分异及明显的垂直变化特征。

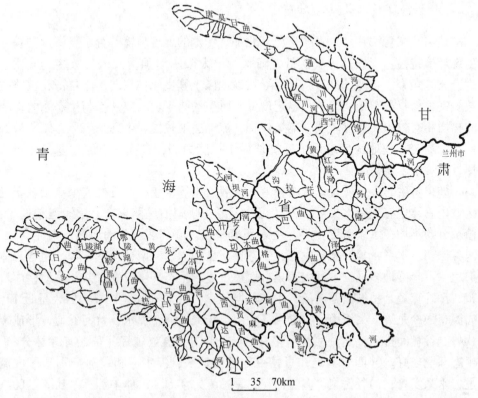

图 5-2 黄河流域青海片水系示意图

5. 野生动植物

青海片野生动植物种类丰富而独特。根据目前掌握的资料，仅黄河源区就约有维管束植物 87 科 471 属 2238 种，其中地区特有种 705 种；野生脊椎动物 370 种以上；受到我国政府和国际贸易公约保护的珍稀濒危植物有 30 余种、野生动物有 69 种。

6. 自然灾害

青海片主要的气候灾害为旱灾、雪灾、洪灾、沙尘暴、雹灾和霜冻，干旱发生率达 20% ~ 50% （《青海自然灾害》编纂委员会，2003）。草地鼠虫害日趋严重，尤以东部河湟谷地局部地区病、虫、鼠害最为严重，给种植业造成较大经济损失。地质灾害中崩塌、滑坡、泥石流等浅表层地质灾害多发生在河湟谷地，同时泥石流等在黄河源头的中高山山区时有发生；共和县、民和县和兴海县是青海片中地震灾害的高发区。

7. 生态环境现状总体评价

黄河流域青海片地处青藏高原东北部。特殊的地理环境孕育了青海片独特的生态环境特性：海拔高、气温低、降水少、太阳辐射强、大风日数多、气候恶劣、灾害频繁、自然条件差，从而导致该地区土壤生化作用弱，土层薄，植物生长缓慢，植物群落结构简单且稳定度低，野生动物生境较差；参与生态系统循环的物质相对较少，强度较弱，能量较小，流动速度较慢，生态系统形态结构较为单一，决定了该地区生态系统抵抗外界干扰能力弱，自我调节能力差，易于破坏，且难于恢复。

如果将生态环境质量划分为较差、一般、中等、较好、良好 5 个等级，研究区域内总体生态环境水平可以概括为：①源头区湖泊星罗棋布，沼泽湿地遍布，植被分布不均，水系密度中等，生态环境一般。②玛多—久治地区，山体高大，沟谷深切，水系密集，植被发育，生态环境良好。③河南、泽库一带，地势总体平坦，沼泽湿地多见，水系较密集，植被茂盛，生态环境较好；共和盆地沙漠广布，沟谷疏短，植被覆盖度低，生态环境较差。④北祁连、拉脊山区，呈近 EW 向展布的冷龙岭、大坂山、拉脊山高大山体与大通河、湟水、黄河谷地，形成带状岭、谷相间排列，支流、冲沟多具 SN 向走向，植被较好，东端有森林分布，生态环境较好。⑤西宁盆地和贵德—化隆两地区，湟水河和黄河分别从区内流过，水系发育，沟谷密集，多短而深，呈 "V" 字形，山体中等，由较疏松的红色碎屑岩组成，山顶有黄土覆盖，故侵蚀强烈，水土流失严重，浅山区植被一般，河川台地区是青海省重要的农作物种植区，生态环境较好。⑥同德—贵德以丘状平原为主，南部边缘为低山山地，植被较发育，有良好的天然草场和耕地，生态环境中等。⑦同仁一带为盆地边缘的中山，隆务河从中部由南而北流入黄河，水系发育，水资源较丰富，河谷两侧冲沟密集，侵蚀作用较强，区内有麦秀等原始森林，生态环境较好。综上所述，黄河流域以牧业为主的西段区域，生态环境尚好；东段以农为主的河谷川台，工业比较发达，水力资源丰富，但水土流失严重，生态环境中等至较好。

5.1.3　黄河流域青海片生态环境主要问题

1. 水资源减少，局部地区水污染严重

恶化的生态环境使该地区水源涵养功能大大下降，造成河道径流逐年减少。据观测，1988～1996 年，在降水波动不大的情况下，黄河源头地区水量比正常年份减少了 23.2%，20 世纪 70 年代至今，鄂陵湖和扎陵湖水位均下降了 2m 以

上，玛多县数以千计的小湖泊干涸消失，水域面积减少；而青海省内黄河出境多年平均径流量占流域总径流量的 49.2%（张海峰，1999），断流情况严重。1996年两湖之间的黄河河段曾发生断流；1997 年 1～3 月黄河在国道 214 线黄河桥河段断流；1998 年 1 月 6 日至 4 月 10 日，鄂陵湖以下至黄河沿 60km 的河段断流98 天；1998 年 10 月 20 日至 1999 年 6 月 3 日黄河两湖之间再次断流，时间长达半年之久（青海省水利厅，2001）。

青海片局部地区水污染严重，青海片水污染较严重的地区，也是经济比较发达的地区，即湟水流域，该流域 1999 年纳污量达 2.97 亿 t，枯水期西宁段污径比高达 0.50，主要污染河段为西宁至民和，全年均超过地面水 Ⅳ 类标准（青海省水利厅，2001）。

2. 土地退化

土地退化包括土壤侵蚀、沙漠化和盐碱化，其中，土壤侵蚀的主要形式表现为冻融侵蚀、风力侵蚀和水力侵蚀。青海片内冻融侵蚀主要分布在曲麻莱县、玛多县、玛沁县、久治县和达日县、甘德县的一部分，侵蚀面积为 127 万 hm^2；风力侵蚀和水力侵蚀主要分布于源头区的曲麻莱县、玛多县及泽库县及湟水流域，水土流失面积不断扩大，侵蚀程度日趋严重。截至 2002 年，青海片水土流失面积已达 7.5 万 km^2，占全省水土流失总面积的 22.5%。

土壤沙化主要分布于源头区的玛多、玛沁、甘德以及共和盆地，共和盆地土地沙漠化发展最快，增加速率为 2.8%；而黄河源区土地荒漠化的年增加速率则由 20 世纪 70～80 年代的 3.9% 剧增至 80～90 年代的 20%，并呈逐年加快趋势。西宁和海东地区存在土壤盐碱化现象。

3. 草场退化

由于气候变化以及人为因素，黄河流域青海片退化草场面积逐年增加，程度日益加重，草畜供需矛盾突出，毒杂草蔓延，草地植被发生逆向演替，生产力下降，鼠害、害虫分布广、密度大。据中国环境科学研究院 1998 年对黄河源头地区 3.8 万 km^2 区域的卫片解译和分析，20 世纪 80～90 年代年均草原退化速率比70～80 年代增加了 3 倍多，局部严重地区已逼近不可逆的临界状态。

4. 生物多样性衰退

由于物种生存条件恶化和生物资源的过度利用，青海片生物多样性受到严重威胁，造成特有珍稀动物藏羚羊、野牦牛、白唇鹿种群数量急剧减少，林麝、雪豹、豹、普氏原羚濒于灭绝。同时，随着社会对汉藏药材需求的增大，对野生植物物种的滥挖、滥采现象近年来也有所加剧，使得许多物种如藏茵陈、雪莲、大黄、甘草、麻黄、秦艽等原本较为广布的植物物种资源量急剧下降，生境明显缩小。青海片内人类活动较为集中的湟水流域，这种现象更为明显，20世纪70年代在海东地区分布广泛且资源储量较大的甘草、秦艽、麻黄、青海大黄等资源到目前已近枯竭。

5. 自然灾害加剧

恶化的生态环境导致自然灾害频繁。近20年内，东部农业区14个县出现春旱的发生频率达55%以上（张海峰，1999）。

5.1.4　黄河流域青海片水电梯级开发概况

黄河干流从源头至出省境全长1983 km（扣除流经四川的部分，在青海省境内共有1694 km），天然落差2915m，可利用落差1878 m，理论蕴藏量1084.9 kW·h，其中，龙羊峡至刘家峡河段长425 km，总落差975 m，是国家水电能源重点开发地段之一（三江源自然保护区生态环境编辑委员会，2002）。青海片内水电站基本情况见表5-2，位置示意图见图5-3。目前已建、在建和规划的梯级水电站共13座，即龙羊峡、拉西瓦、尼那、山坪、李家峡、直岗拉卡、康扬、公伯峡、苏只、黄丰、积石峡、大河家和寺沟峡，总装机容量为11 547 MW，年发电总量为36 910 GW·h。

表5-2　青海省境内黄河干流梯级水电建设情况

水库名称	建设地点	建设情况	控制流域面积/万 km²	正常蓄水位/m	水库面积/km²	总库容/亿 m³	最大坝高/m	有效库容/亿 m³	装机容量/万 kW	年发电量/(亿 kW·h)	淹没耕地/万亩	移民/万人
龙羊峡	共和	已建	13.1	2600.0	383.00	247.00	178.0	193.50	128.0	59.4	8.67	2.87
拉西瓦	贵德	已建	13.2	2452.0	13.00	10.56	250.0	1.50	420.0	102.3	0.02	0.09
尼那	贵德	已建	13.2	2235.5		0.26	45.5	0.09	16.0	7.3	0.08	0.00
山坪	贵德	在建	13.2	2219.5		1.24	45.7		16.0	6.6	0.60	0.01
李家峡	尖扎	已建	13.7	2180.0	31.80	16.50	165.0	0.60	200.0	59.0	0.68	0.40
直岗拉卡	尖扎	在建	13.7	2050.0	1.45	0.15	42.5	0.03	19.2	7.6	0.01	0.03
康扬	尖扎	在建	13.7	2036.0		0.22	39.0	0.05	16.0	6.2	0.05	0.06
公伯峡	循化	在建	13.7	2005.0	22.00	2.90	133.0	2.00	150.0	51.4	0.76	0.53
苏只	循化	规划	14.7	1900.0	6.73	0.46	51.2	0.02	21.0	8.5	0.35	0.07
黄丰	循化	规划	14.7	1882.0		0.70	50.0	0.15	24.8	9.3	0.36	0.11
积石峡	循化	初设	14.7	1850.0	11.80	4.20	88.0	2.20	100.0	34.1	0.26	0.45

续表

水库名称	建设地点	建设情况	控制流域面积/万 km²	正常蓄水位/m	水库面积/km²	总库容/亿 m³	最大坝高/m	有效库容/亿 m³	装机容量/万 kW	年发电量/(亿 kW·h)	淹没耕地/万亩	移民/万人
大河家	循化	规划	14.7	1782.0		0.09	38.0		18.7	7.4	0.04	0.01
寺沟峡	循化	规划	14.7	1760.0		1.00	54.0		25.0	10.0	0.90	0.76
合计			40.0			285.28		200.2	1154.7	369.1	12.78	5.39

注：1 亩≈666.67m²，余同

资料来源：赵纯厚等（2000）；1998 年黄河上游水电开发公司编《黄河上游水电梯级开发规划》；相关水电站环评报告书

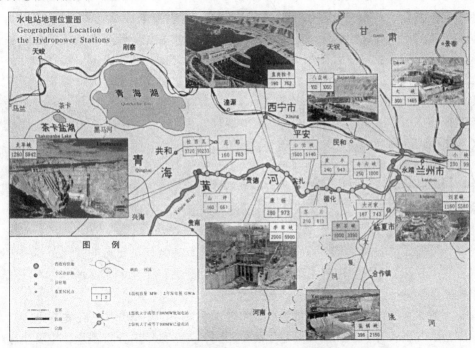

图 5-3　黄河流域青海片水电梯级开发规划电站位置示意图

5.2　梯级水电开发对局地气候的影响

5.2.1　梯级开发已建大型水库对局地气候的影响分析

1. 水电梯级开发区域气象特征分析

根据梯级开发区域已建龙羊峡和李家峡水库库周国家一、二级气象台站

1961～2001年的气象数据，将各项气象数据分别按龙羊峡水库蓄水前（1961～1986年）、龙羊峡水库蓄水后李家峡水库蓄水前（1987～1996年）和李家峡水库蓄水后（1997～2001年）三个时间段进行统计，应用式（3-93）～式（3-97）得到水库蓄水前后区域气候背景特征，见图5-4。由图5-4可见，龙羊峡水库蓄水前（1961～1986年）该区域全年平均气温为1～8℃，年相对湿度48%～59%，空间变化规律均为由西向东随海拔的降低而递增。平均风速为1.8～3.4m/s，且由北向南随纬度的降低而递增。降水较少，年降水量200～300mm，降水地域差异明显，在贵德、同仁和尖扎县交界处形成低值区。

龙羊峡水库蓄水后李家峡水库蓄水前10年间（1987～1996年），该区域全年平均气温升高，并在化隆县形成17℃的高值区，但空间分布规律无明显变化。平均风速的变化明显，贵德以东，由西向东风速减小，龙羊峡以西，由西北向东南风速递增，并在东经101°相交，在贵南县形成3.5m/s的高值区。年降水量分布规律变化较大，低值区由蓄水前位置北移至贵德尖扎两县交界处，以黄河干流为轴线，北部和南部年降水量递增，且区域内整体降水量水平增加，其中龙羊峡库区增加了20～30mm。相对湿度以龙羊峡坝址为中心，整体偏低1%，其他气象要素区域分布规律变化较小（图5-4）。

李家峡水库蓄水后（1997～2001年），该区域全年平均气温上升，但空间分布规律无明显变化。平均风速在黄河干流沿线由龙羊峡向东递减，年降水量在李家峡库周较蓄水前增加近50mm。相对湿度略有增加，其他气象要素区域分布规律变化较小（图5-4）。

为分析龙羊峡和李家峡两座大型水库蓄水前后库区气象要素的变化，本书收集了龙羊峡和李家峡水库气象观测点的气象观测数据，得到水库蓄水前后库区气象要素背景特征，见图5-5和图5-6。

由图5-5可知，龙羊峡水库蓄水后库区月平均气温夏季升高、冬季降低，月平均最高气温和月平均最低气温变化规律相同；降水量年内分布不均，主要集中在5～9月；蓄水后平均风速和蒸发量年内变化趋于平稳，其中蒸发量在5～9月明显高于其他月份。图5-6表明，李家峡水库蓄水后库区全年月平均气温、月平均最高气温和月平均最低气温都高于蓄水前；蓄水前春季的平均风速较大，蓄水后明显下降并趋于平稳；蓄水前后库区蒸发量都集中在5～9月，但蓄水后的蒸发量有所下降。

2. 已建大型水库对局地气候的净影响分析

选取地理位置位于北纬35°～37°、东经98°～102°的8个站点（8个站点是刚察、茶卡、都兰、泽库、门源、民和、河南和玛多，均为国家一、二级气象

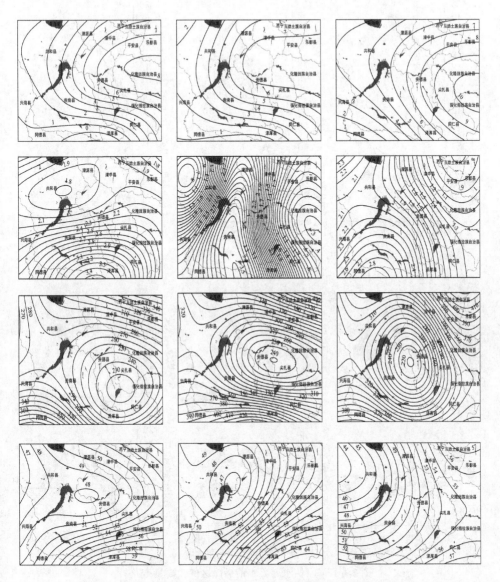

图 5-4　青海省境内黄河干流梯级开发区域多年平均气象要素特征

站）作为对照点，这 8 个点在经、纬度和海拔上几乎是对称的，以便消除不同经、纬度和高程对气象要素的影响，8 个对照点的气象要素平均值为区域内对照点 B 的气象要素背景值，研究点 A 即为龙羊峡和李家峡水库气象站，气象数据资料来自库区气象站。采用式（3-6）～式（3-10）计算龙羊峡水库蓄水 15 年（1987～2001 年）对局地气候的净影响，结果见表 5-3。

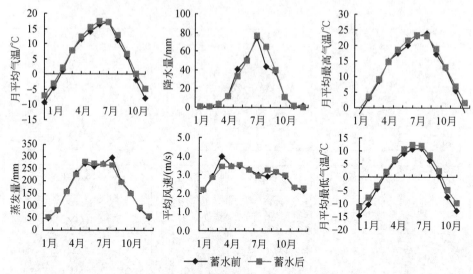

图 5-5 龙羊峡水库蓄水前后库区气象要素变化

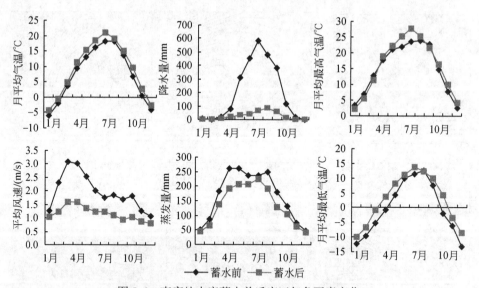

图 5-6 李家峡水库蓄水前后库区气象要素变化

表 5-3 龙羊峡蓄水后对局地气候的净影响

时间	气压 /hPa	平均 气温/℃	月平均 最高气 温/℃	月平均 最低气 温/℃	0cm 地 温/℃	相对 湿度/%	总云量 /成	低云量 /成	风速 /(m/s)	降水量 /mm	日照 时数/h
1 月	+1.0	+1.4	+0.6	+2.3	+1.7	+0.7	-1.0	0.0	-0.1	+0.5	-7.4
2 月	+0.3	+1.2	+1.1	+1.8	+1.1	-3.1	-1.1	-0.3	+0.1	-1.5	+3.2

续表

时间	气压/hPa	平均气温/℃	月平均最高气温/℃	月平均最低气温/℃	0cm地温/℃	相对湿度/%	总云量/成	低云量/成	风速/(m/s)	降水量/mm	日照时数/h
3 月	-0.4	+1.1	+1.5	+1.1	+1.0	-3.7	-0.6	-0.4	0.0	-4.2	-1.2
4 月	-0.7	+1.0	+1.5	+0.7	+0.8	-1.2	-0.2	-0.2	0.0	-3.0	-1.1
5 月	-0.6	+0.5	+0.6	+0.6	+0.7	-1.8	-0.1	0.0	+0.1	-3.1	+4.3
6 月	-1.1	0.0	0.0	+0.5	+0.1	-3.2	-0.3	+0.2	+0.1	-8.4	+0.5
7 月	-1.4	-0.1	-0.4	+0.3	-0.6	-2.0	-0.6	+0.1	+0.2	+9.0	+3.6
8 月	-0.9	+0.2	-0.3	+0.8	-0.5	-2.1	-0.9	-0.1	+0.6	+6.7	+15.0
9 月	0.0	+0.3	0.0	+0.4	-0.2	+0.1	-0.6	-0.2	+0.6	+2.8	+10.2
10 月	+0.9	+0.7	+0.5	+0.6	+0.3	-0.7	-0.8	-0.2	+0.5	-4.4	-0.8
11 月	+1.5	+1.1	+0.3	+1.3	+0.7	+1.4	-1.2	-0.2	-0.2	+1.2	-1.7
12 月	+1.7	+1.3	-0.1	+2.2	+1.4	+3.8	-1.1	+0.2	-0.2	+0.7	-9.6
春	-0.6	+0.9	+1.2	+0.8	+0.9	-2.2	-0.3	-0.2	0.0	-10.3	+2.1
夏	-1.1	0.0	+0.6	-0.3	-0.5	-2.5	-0.6	+0.1	+0.3	+7.3	+19.1
秋	+0.8	+0.7	+0.2	+0.8	+0.2	+0.2	-0.9	-0.1	+0.3	-0.4	+7.7
冬	+1.0	+1.3	+0.5	+2.1	+1.4	+0.5	-1.0	0.0	-0.1	-0.4	-13.8
全年	0.0	+0.7	+0.4	+1.1	+0.5	-1.0	-0.7	-0.1	+0.1	-3.8	+15.1

注：1hPa=0.1kPa，下同

由表 5-3 可知，龙羊峡水库蓄水 15 年后，库周春、夏两季气压降低，秋、冬两季气压升高。其中，7 月气压降低 1.4hPa，为气压降低的高峰月，12 月气压升高 1.7hPa，为升高的高值月。由于水库的热源作用，蓄水后库周年均气温升高 0.7℃，除夏季外，其余季节气温均升高，其中，冬季升高最为明显，7 月气温略有降低；同时，全年月平均最高气温和月平均最低气温均有所升高。其中，月平均最高气温只有夏季降低 0.2℃，其余季节均为升高，冬季月平均最低气温升高 2.1℃，高于其他季节。此结果与数值模拟计算结果（雷孝恩，1987；王浩和傅抱璞，1991）和同类水库的分析结果（傅抱璞等，1994；傅抱璞，1997；长江水利委员会，1997）一致。水库蓄水对 0cm 地温的影响规律与平均气温相同，二者之间具有很好的相关性。水库蓄水使库区总云量全年呈下降趋势，低云量呈波动性变化，春、秋两季减少，夏季增加，年均总云量和低云量分别减少 0.7 成和 0.1 成。其原因在于水库蓄水后，水域面积扩大，大气层结稳定性增强，使近库区的大气对流活动减弱（尚可政等，1997）。

龙羊峡水库蓄水后夏秋季节有增大风速的效应，但对春季风速的影响很小，并明显减小冬季的风速，这与水库影响风速的一般规律差异较大（方子云，1987；傅抱璞等，1994；傅抱璞，1997；陆鸿宾和魏桂玲，1989；尚可政等，1997；孙广友等，2001）。水库蓄水使库区 7～9 月和 11 月～次年 1 月降水量增加。其中，7 月增加 9mm，为增加的最大月，3～6 月降水量减少，春季为降水量减少最多的季节。除 7 月、8 月外，相对湿度净变化值的年变化规律基本与降水量相同，全年相对湿度减小 1.0%，其中，春、夏两季分别减小 2.2% 和 2.5%，秋、冬两季略有增大。相对湿度和降水量变化的原因较为复杂，可能与库区地处干旱地区，气候干燥、海拔较高和复杂的局地风场有关。水库蓄水后对日照时数的净影响除冬季减少外，其余季节均为增加，以 8 月和 9 月增加幅度最大，年均日照时数增加 15.1h。日照时数增加的主要原因可能是建库后水域面积扩大，下垫面热容量增加，有利于大气层结稳定所致。

为研究水库气候效应随时间的变化规律，应用式（3-51）～式（3-54）分别计算了龙羊峡蓄水后 5 年（1987～1991 年）、10 年（1987～1996 年）和 15 年的气候净影响，结果见图 5-7（为绘图方便，降水量乘以 0.1，日照时数乘以 0.01）。

由图 5-7 可知，随蓄水时间的增加，水库蓄水使春季气压、相对湿度和降水量减少，其余指标均为增加；蓄水后冬季总云量和日照时数减少，其余指标增加；随水库蓄水时间的增加，两季各种气温指标和 0cm 地温呈增加趋势，相对湿度、总云量、低云量、降水呈减少趋势，日照时数随蓄水时间在春、冬两季呈相反趋势。

夏季水库蓄水使气压、平均气温、月最高气温、0cm 地温、相对湿度和总云量减少，其余指标增加；秋季水库蓄水使月平均最高气温、总云量和低云量减少，其余指标增加；随蓄水时间的增加，两季的气压、月平均最高气温、相对湿度、低云量、降水量和日照时数呈减少趋势；其余指标随时间呈增加趋势。

水库蓄水使全年平均气压、各种气温指标和 0cm 地温增加，年相对湿度、总云量、低云量和降水量下降，且随蓄水时间的增加，对这些气象要素的净影响呈增加趋势，其中降水量净影响由蓄水 5 年的正值转为在蓄水 10 年和 15 年后的负值，即对降水量的影响随水库蓄水时间的增加而减小；蓄水后库区风速增加，但无明显的规律性变化。

3. 已建大型水库对局地气候净影响的对比分析

为比较已建两座大型水库气候效应的差别，采用式（3-51）～式（3-54）分别计算了龙羊峡和李家峡水库蓄水 5 年对局地气候的净影响，结果见表 5-4 和表 5-5。

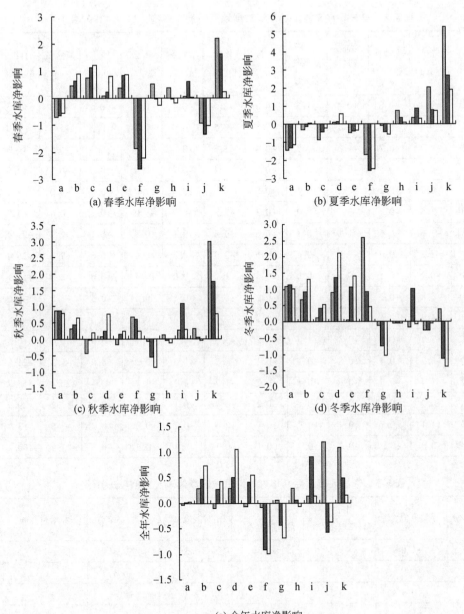

(a) 春季水库净影响
(b) 夏季水库净影响
(c) 秋季水库净影响
(d) 冬季水库净影响
(e) 全年水库净影响

■ 蓄水5年　■ 蓄水10年　□ 蓄水15年

图 5-7　龙羊峡水库气候效应随时间变化

a 为平均气压，hPa；b 为平均气温，℃；c 为月平均最高气温，℃；d 为月平均最低气温，℃；
e 为 0cm 地温，℃；f 为相对湿度，%；g 为总云量，成；h 为低云量，成；
i 为平均风速，m/s；j 为降水量，mm；k 为日照时数，h

表 5-4　龙羊峡水库蓄水后 5 年对局地气候的净影响（1987～1991 年）

月份	气压/hPa	平均气温/℃	月平均最高气温/℃	月平均最低气温/℃	0cm地温/℃	相对湿度/%	总云量/成	低云量/成	风速/(m/s)	降水量/mm	日照时数/h
1	+1.3	+0.8	+0.4	+1.3	+0.3	+2.5	-0.1	0.0	-0.3	-0.3	-3.5
2	+0.2	+0.4	+0.3	+0.4	-0.3	-0.5	0.0	-0.3	+0.2	-2.4	+7.0
3	-0.7	+0.7	+1.3	+0.3	+0.4	-3.3	+0.4	-0.3	+0.2	-5.5	+6.3
4	-0.8	+0.5	+0.8	0.0	+0.2	-1.4	+0.7	+0.4	0.0	+0.3	+7.0
5	-0.7	+0.2	+0.2	-0.1	+0.5	-0.9	+0.4	+1.0	0.0	-4.0	+8.5
6	-1.5	-0.3	-0.7	0.0	-0.3	-2.3	+0.2	+1.0	+0.3	0.0	+5.9
7	-1.6	-0.6	-1.1	-0.1	-0.6	-0.8	-0.1	+0.8	+0.1	+12.7	+21.4
8	-1.2	0.0	-0.9	+0.4	-0.6	-2.0	-0.3	+0.4	+0.6	+7.6	+26.4
9	-0.1	+0.1	-0.6	0.0	-0.4	-1.2	0.0	+0.4	+0.6	+6.8	+24.1
10	+0.8	+0.3	-0.4	0.0	-0.2	+0.5	+0.1	0.0	+0.5	-3.8	-1.0
11	+1.9	+0.6	-0.4	+0.2	0.0	+2.7	-0.4	0.0	-0.3	+0.3	+6.8
12	+1.7	+0.8	-0.3	+1.0	+0.2	+5.7	-0.2	+0.1	-0.4	+0.2	+0.3
春	-0.7	+0.4	+0.8	+0.1	+0.4	-1.9	+0.5	+0.3	0.0	-9.3	+21.4
夏	-1.4	-0.3	-0.9	+0.1	-0.5	-1.7	-0.1	+0.7	+0.4	+20.4	+53.7
秋	+0.9	+0.3	-0.4	+0.1	-0.2	+0.7	-0.1	+0.1	+0.3	+3.2	+29.9
冬	+1.1	+0.7	+0.1	+0.9	+0.1	+2.6	-0.1	0.0	-0.2	-2.5	+3.9
全年	0.0	+0.3	-0.1	+0.3	-0.1	-0.1	+0.1	+0.3	+0.1	+11.9	+109.4

表 5-5　李家峡蓄水后 5 年对局地气候的净影响（1987～2001 年）

月份	平均气温/℃	月平均最高气温/℃	月平均最低气温/℃	相对湿度/%	风速/(m/s)	降水量/mm
1	+1.0	-1.7	+1.3	+8.3	-0.3	-0.2
2	+1.0	-1.7	+1.1	+9.7	-0.3	-1.1
3	+0.9	-0.5	+1.3	+7.7	-0.3	-3.3
4	+1.0	+0.6	0.0	+7.1	-0.4	+5.0
5	+0.3	+0.1	-0.6	+5.6	-0.7	-2.0
6	-0.4	+0.2	-1.6	+4.7	-0.5	-18.8
7	-0.3	0.0	-1.3	+7.3	-0.4	-3.4
8	-0.6	-1.0	-1.4	+4.6	-0.3	+20.5
9	-0.5	-1.2	-0.4	+6.7	-0.4	+10.2

续表

月份	平均气温/℃	月平均 最高气温/℃	月平均 最低气温/℃	相对湿度/%	风速/(m/s)	降水量/mm
10	+0.4	−0.4	+0.2	+8.4	−0.4	−1.8
11	+0.9	−0.9	+0.3	+9.5	−0.6	+1.0
12	+1.5	−1.2	+1.3	+4.8	−0.6	−0.3
春	+0.7	+0.1	+0.2	+6.8	−0.5	−0.3
夏	−0.5	−0.3	−1.4	+5.5	−0.4	−1.7
秋	+0.3	−0.8	0.0	+8.2	−0.5	+9.4
冬	+1.2	−1.5	+1.2	+7.6	−0.4	−1.6
全年	+0.4	−0.6	0.0	+7.0	−0.4	+5.8

表5-4表明，龙羊峡水库蓄水后5年对年均气压无影响，但使春、夏两季平均气压降低，秋、冬两季升高，其中7月为降低的高峰月，11月为升高的高值月；使年均气温升高0.3℃，除夏季外，春、秋和冬季气温均升高；蓄水后月平均最高气温略有降低，月平均最低气温有所升高，其中，月平均最高气温在夏、秋季降低，春、冬季升高，月平均最低气温四季均升高，冬季升高0.9℃，为升高的高值季节；水库蓄水使全年总云量和低云量都有所增加，年内变化规律为总云量在春季增加，其他季节减少，低云量除冬季外都有所增加；蓄水后2~10月的月平均风速增大，其余月份降低，其中以8~10月风速的增大最为显著，平均达到0.6m/s，11月~次年1月月均风速减小0.3m/s，年平均风速增加0.1 m/s；库周全年降水量增加11.9mm，这部分降水都集中在夏、秋两季，其中夏季的降水量增加了20.4mm，秋季降水量增加了3.2mm；对0cm地温影响的变化规律与月平均气温相同，即夏、秋季降低，春、冬季升高；全年相对湿度降低0.1%，其中，春、夏两季分别降低1.9%和1.7%，秋、冬两季则分别增加0.7%和2.6%；对日照时数的净影响除1月和10月外，均为增加，以7月、8月和9月增加幅度最大。

表5-5表明，李家峡水库蓄水5年使年均气温升高0.4℃，冬季增温最为明显为1.2℃，夏季降低0.5℃，6~9月为降温月份；库区全年平均相对湿度均增加，其中，夏季相对湿度增加幅度较小，秋季增加幅度最大；除4~6月外，蓄水后库区全年月平均最高气温均有所下降，全年月平均最高气温降低0.6℃，而月平均最低气温与其年内变化规律基本相反，4~9月为月平均最低气温降低的月份，其余月份升高，但全年月平均最低气温无变化，其中冬季为月平均最高气温降低、月平均最低气温升高幅度最大的季节；水库蓄水使全年平均风速下降

0.4 m/s，四季下降幅度基本一致；蓄水后年降水量增加5.8mm，其中以8月和9月降水量增加最为显著，四季中秋季增加9.4mm，为增加幅度最大的季节。

　　比较龙羊峡和李家峡两座水库蓄水5年对局地气象特征的净影响（表5-4和表5-5）不难发现，两座水库对月平均气温的影响规律基本相同，程度上李家峡水库强于龙羊峡水库。夏季李家峡水库对月平均最低气温的净负影响与龙羊峡水库的净正影响差异显著，而冬季两座水库对月平均最高气温的净影响差异也非常明显。与春、夏两季龙羊峡水库蓄水对相对湿度的负影响相反，李家峡对相对湿度全年均为正影响；李家峡水库对风速的净影响全年均使其减小，而龙羊峡除冬季外其他季节均使平均风速增大。两座水库对降水的净影响基本规律相同，程度上龙羊峡水库强于李家峡水库。

　　两座水库对气象要素净影响的差异与水库所处海拔和工程特征的差异（表5-6）密切相关。龙羊峡水库正常蓄水位为2600m，比李家峡水库的2180m高420m，水域面积为李家峡水库的12倍，水库长度为李家峡水库的2.5倍，而以上这些特征对于决定水库气候效应程度起关键作用（傅抱璞等，1994；傅抱璞，1997；雷孝恩等，1987）。同时，龙羊峡水库所在区域属于干旱季风气候区，而李家峡水库区域属于半干旱季风气候区，二者的气候背景差异也是造成两库气候效应差异的重要原因。

表5-6　龙羊峡与李家峡水库工程特征对照

水库名称	正常蓄水位/m	最大坝高/m	坝顶高程/m	水域面积/km²	回水长度/m
龙羊峡	2600	178	2610	383.0	107.8
李家峡	2180	155	2185	31.8	41.5

　　为分析已建大型水库对气温的影响范围，应用式（3-49）和式（3-50）计算水库对气温的垂直和水平影响范围。根据文献，西宁地区一、四季气温垂直递减率较小，平均为0.35~0.54℃，二、三季度最大，平均为0.61~0.69℃，中高山地区为0.54℃（李春花，2000）。因此，研究中气温垂直递减率在一、四季取0.4℃，二、三季取0.65℃。计算结果表明，两库冬季水域对温度的垂直影响范围在400m内，且冬季大于夏季（表5-7），最大的水平影响范围均不超过1.5km。

表5-7　龙羊峡和李家峡水库对气温影响的垂直范围　　　（单位：m）

时间 水库名称	1月	2月	3月	4月	5月	6月	7月	8月	9月	10月	11月	12月
龙羊峡	353.1	304.2	172.2	159.2	79.4	4.3	17.7	34.6	50.1	164.7	272.9	330.8
李家峡	257.8	255.6	140.3	152.1	48.8	68.8	50.4	99.0	137.0	106.8	225.3	364.9

5.2.2 未建梯级水库对局地气候的影响预测

由于龙羊峡水库气象台在蓄水前监测时间较短（只有3年），为更好地得到水库气温与表层水温的关系，对 T_w 和 T_b 计算多年平均值，拟合回归方程，见表5-8。

表5-8 龙羊峡水库水气温差的回归方程与相关系数

时间	回归方程式	相关系数 r
1月	$T_w - T_a = 2.8929 (T_w - T_b) - 28.943$	0.93
4月	$T_w - T_a = 0.7261 (T_w - T_b) + 0.1359$	0.69
7月	$T_w - T_a = 0.8436 (T_w - T_b) - 0.959$	0.99
10月	$T_w - T_a = 1.0097 (T_w - T_b) - 0.5771$	0.96
年均	$T_w - T_a = 0.9218 (T_w - T_b) - 0.6864$	0.97

表5-8表明，4月的相关系数不能通过相关系数建议，因此本书采用龙羊峡和李家峡水库整年数据拟合回归方程。两座水库月平均气温和表层水温以及月平均气温、月极端最高（最低）气温、月平均最高（最低）气温和表层水温差的回归方程见表5-9。

表5-9 龙羊峡水库和李家峡水库水气相关方程

项目	龙羊峡水库	李家峡水库
表层水温与平均气温	$T_w = 0.4964 T_b + 7.3152$	$T_w = 0.7212 T_b + 4.1978$
相关系数 r	0.8	0.97
水温与平均气温差	$T_w - T_a = 0.873 (T_w - T_b) - 0.4586$	$T_w - T_a = 0.8663 (T_w - T_b) - 1.1244$
相关系数 r	0.99	0.99
水温与月平均最高气温差	$T_w - T_a = 0.883 (T_w - T_b) - 1.2167$	$T_w - T_a = 0.9302 (T_w - T_b) - 0.8024$
相关系数 r	0.99	0.85
水温与月平均最低气温差	$T_w - T_a = 0.8689 (T_w - T_b) - 0.1122$	$T_w - T_a = 0.6882 (T_w - T_b) + 1.6652$
相关系数 r	0.99	0.97

采用水域面积相近的李家峡水库（31.8 km²）的回归方程对未建水库中水域面积大于10km² 的3座水库对气温的影响进行预测，预测结果见表5-10。计算过程中，拉西瓦水库蓄水前气温资料采用水库附近贵德气象站的相关数据，公伯峡水电站水库蓄水前气温资料采用水库附近尖扎气象站的相关数据，积石峡采用循化气象站的相关数据，数据来源于《青海省地面气候资料三十年整编（1971~2000）》。

表 5-10　梯级开发未建水库蓄水后对气温的净影响预测结果　（单位：℃）

项目	时间 水库	1月	2月	3月	4月	5月	6月	7月	8月	9月	10月	11月	12月	春	夏	秋	冬	全年
平均气温	拉西瓦	+0.9	+0.8	+0.5	+0.3	+0.2	+0.1	0.0	0.0	+0.2	+0.4	+0.6	+0.9	+0.4	0.0	+0.4	+0.8	+0.4
	公伯峡	+0.9	+0.8	+0.5	+0.3	+0.1	0.0	0.0	0.0	+0.2	+0.4	+0.6	+0.8	+0.3	0.0	+0.4	+0.8	+0.4
	积石峡	+0.9	+0.7	+0.5	+0.3	+0.1	0.0	0.0	0.0	+0.2	+0.4	+0.6	+0.8	+0.3	0.0	+0.4	+0.8	+0.4
月平均最高气温	拉西瓦	+0.6	+0.5	+0.4	+0.3	+0.3	+0.4	+0.4	+0.4	+0.4	+0.4	+0.7	+0.7	+0.3	+0.4	+0.4	+0.6	+0.4
	公伯峡	+0.6	+0.6	+0.4	+0.3	+0.3	+0.3	+0.3	+0.3	+0.4	+0.4	+0.7	+0.7	+0.3	+0.3	+0.4	+0.6	+0.4
	积石峡	+0.7	+0.6	+0.6	+0.4	+0.4	0.0	+0.3	+0.3	+0.4	+0.5	+0.5	+0.6	+0.4	+1.3	+0.5	+0.5	+0.4
月平均最低气温	拉西瓦	+2.1	+2.2	+2.1	+2.1	+1.3	+0.3	−0.2	−0.2	+0.3	+1.9	+2.2	+2.7	+1.8	+0.1	+1.5	+2.3	+1.4
	公伯峡	+2.0	+1.6	+0.9	+0.7	+0.3	+0.3	−0.2	−0.2	+0.4	+1.3	+1.8	+1.8	+0.7	−0.2	+0.5	+1.8	+0.7
	积石峡	+2.4	+2.1	+1.3	+0.9	+0.5	+0.3	0.0	−0.1	+0.1	−0.1	+1.6	+2.2	+0.9	+0.1	+0.5	+2.2	+0.9

从表 5-10 中可见，3 座水库全部具有增温效应，全年平均气温均升高
0.4℃，且冬季增温幅度最大，均为 0.8℃，夏季几乎没有增温效应；3 座水库蓄
水同样使全年月平均最高气温和月平均最低气温升高，其中，月平均最低气温的
升高幅度更大，但 8 月，3 座水库均出现月平均最低气温降低的现象。

应用式（3-49）和式（3-50）对未建水库影响气温的范围进行预测。如表
5-11 所示，拉西瓦水库、公伯峡水库和积石峡水库对气温影响的垂直范围分别在
600m、600m 和 500m 范围内，水平影响范围最大可分别波及 1.3km、1.4km
和 2.2km。

表 5-11　梯级开发未建水库对气温影响的垂直范围　（单位：m）

时间 水库	1月	2月	3月	4月	5月	6月	7月	8月	9月	10月	11月	12月
拉西瓦	514	429	222	148	93	74	37	37	143	257	343	486
公伯峡	514	429	204	130	93	56	37	37	143	257	371	486
积石峡	486	429	204	130	93	56	19	19	114	229	343	457

根据龙羊峡和李家峡水库的数据资料，应用式（3-55）建立库区与对照点间
相对湿度的相关关系回归方程，见表 5-12。

表 5-12　龙羊峡水库和李家峡水电站水库相对湿度回归方程

项目	龙羊峡水库	李家峡水库
相关方程	$100-f=0.6083$（$100-f_1$）$+20.3$	$100-f=0.8993$（$100-f_1$）$+2.2699$
相关系数	0.89	0.94

根据表 5-12 中的李家峡水库回归方程预测未建水库对库周相对湿度的影响,结果见表 5-13。表 5-13 的结果表明,3 座水库蓄水均使库周全年相对湿度增加,其中春季和冬季为增加较为显著的季节,这与干旱地区各种水域全年都有增湿效应的一般规律完全相符(傅抱璞等,1994;傅抱璞,1997)。

表 5-13 梯级开发水库蓄水对相对湿度影响预测(李家峡回归方程)

(单位:%)

项目	1 月	2 月	3 月	4 月	5 月	6 月	7 月	8 月	9 月	10 月	11 月	12 月	春	夏	秋	冬	全年
拉西瓦	+5.6	+6.0	+5.7	+5.3	+3.9	+3.0	+2.3	+2.8	+2.7	+3.2	+4.3	+4.7	+5.0	+2.7	+3.4	+5.4	+4.1
公伯峡	+5.8	+6.0	+5.3	+5.2	+4.3	+3.2	+2.7	+2.4	+2.4	+4.7	+5.2	+4.9	+2.9	+3.4	+5.7	+4.2
积石峡	+5.0	+5.3	+5.2	+5.0	+3.7	+2.6	+2.2	+2.4	+2.4	+3.0	+4.3	+4.7	+2.4	+3.2	+4.9	+3.8

5.2.3 小结

在总结前人研究成果的基础上,本书提出了基于气象数据的水库气候效应分析模型,应用该模型的研究结果表明,青海省境内黄河干流梯级水电工程对局地气候有明显影响,主要规律如下:①由于水库的热源作用,水库蓄水使库区气温上升,夏、秋季水库处于增温过程,相对为冷源;秋、冬季水库处于降温过程,相对为热源。短期内梯级水电工程夏季使库周气温下降,其他季节气温升高。其中,冬季增温幅度最大,年均增温在 0.5℃ 以内,各水库对气温的垂直影响范围在 600m 内,水平影响范围在 2.5km 以内。② 蓄水后水库在春、夏季具有增湿作用,秋、冬季具有减湿作用,除夏季外,全年降水量呈减少趋势,这与水库地处高原干旱地区等复杂因素有关。③ 蓄水后水域面积激增,下垫面热容量增加,全年日照时数和降水量均呈增加趋势。④ 水库对库周各种气温指标、0cm 地温、相对湿度、总云量的全年净影响随蓄水时间的增加而加强;对降水量、低云量和日照时数的全年净影响随蓄水时间的增加而减弱;受库区当地地形条件的影响,水库蓄水对风速影响随时间规律性较差。⑤ 由于地形、海拔、局地气象条件和工程特征的不同,龙羊峡和李家峡两座已建大型水库的气候效应也存在差异。⑥ 对未建水库气候效应的预测结果表明,拉西瓦、公伯峡和积石峡 3 座未建水库蓄水后,除夏季外全年具有增温、增湿效应。

5.3　梯级水电开发对黄河干流水文特征的影响

5.3.1　已建大型水库蓄水量的变化

　　青海省境内黄河干流梯级开发已建大型水电工程—龙羊峡水库和李家峡水库对河川径流量的调节作用十分明显。两座水库的年末累积蓄水量变化及蓄水变化见图 5-8。

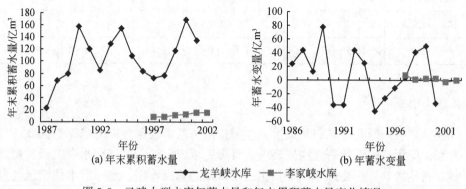

(a) 年末累积蓄水量　　　　　(b) 年蓄水变量

◆ 龙羊峡水库　■ 李家峡水库

图 5-8　已建大型水库年蓄水量和年末累积蓄水量变化情况

　　图 5-8 中，蓄水变量为正值时水库处于蓄水状态，负值为泄水状态。由图 5-8可知，龙羊峡水库作为多年调节水库，自 1986 年蓄水发电以来，出现了几次较大的蓄水峰值（1987 年、1989 年、1992 年和 1999 年）和泄水峰值（1990 ~ 1991 年、1994 年和 2000 年），年末累积蓄水量呈波动上升趋势，2001 年年底，累积蓄水量为 134 亿 m³。李家峡水库为日、周调节水库，1997 年蓄水发电以来，蓄水和泄水变化较小，年末累积蓄水量呈持续上升趋势，2002 年年底，累积蓄水量为 16.2 亿 m³。

　　水库对径流的年内调节体现在每月的蓄水和泄水的变化。图 5-9 为龙羊峡和李家峡水库蓄水以来逐月平均蓄水量变化情况。由图 5-9 可知，龙羊峡水库从5 月开始蓄水，11 月至次年 5 月泄水，即"汛蓄枯泄"的模式。李家峡水库除1 月略有蓄水外，其他月份蓄水量几乎无变化。由此可见，对于黄河干流，对径流调节起决定作用的为龙羊峡水库，李家峡水库由于使用功能为日、周调节型，对径流量的调节作用非常小。

　　鉴于青海省境内其他已建、在建和规划水库均为日调节水库，可以认为，这些水库对径流量的调节作用也非常小。

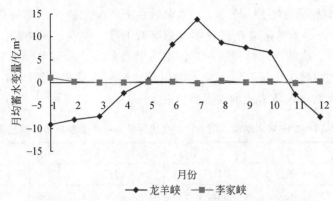

图 5-9　已建大型水库多年平均蓄水量年内变化情况

5.3.2　水库调节对黄河干流实测径流量的影响

1. 青海省黄河干流实测径流量年际变化

选取唐乃亥与贵德水文站、贵德与循化水文站分别作为龙羊峡水库和李家峡水库上下游控制站点，收集了 3 个水文站 1952 ~ 1999 年实测径流量和流量资料，研究水库调节对黄河干流实测径流的影响。

唐乃亥、贵德和循化 3 个水文站实测径流量变化见图 5-10。由图 5-10 可知，这 3 个水文站的实测径流量在 1986 年龙羊峡水库蓄水前的变化趋势基本一致，1986 年后唐乃亥站开始出现分离，但 1986 ~ 1996 年贵德和循化站实测径流量变化趋势基本一致，1997 年李家峡水库蓄水后，这两个站才出现分离现象。

图 5-10　唐乃亥、贵德和循化实测径流量变化图

2. 青海省黄河干流实测径流量变化特征

根据式（3-56）~ 式（3-61）计算所得龙羊峡上下游代表站变差系数、偏差系数见表 5-14。由表 5-14 可知，龙羊峡水库蓄水前，唐乃亥、贵德和循化站年

际变化 C_v 基本相同（0.22～0.24），蓄水后在上游来水变化加剧的情况下（C_v = 0.30），下游贵德和循化站 C_v 仍比蓄水前有所下降，说明水库调节使下游径流量年际变化减弱。C_s 的计算结果表明，蓄水后唐乃亥站 C_s 较蓄水前明显增大，而贵德、循化站大幅减少，说明蓄水后上游唐乃亥站来水量偏多的年份大幅度增加，而水库下游径流量则转为偏少的年份为主。

表 5-14　龙羊峡水库蓄水前后实测径流量多年平均变差系数和偏差系数

时间	C_{vy}			C_{sy}			C_v			C_s		
	唐乃亥	贵德	循化	唐乃亥	贵德	循化	唐乃亥	贵德	循化	唐乃亥	贵德	循化
1952～1986 年	0.67	0.66	0.64	0.36	0.34	0.36	0.24	0.23	0.22	0.63	0.52	0.52
1987～1996 年	0.62	0.17	0.20	0.21	0.72	0.65	0.30	0.18	0.20	1.80	0.26	0.22

　　唐乃亥、贵德和循化站的径流量年内分配变化情况表明，水库蓄水前 3 个水文站的 C_{vy} 和 C_s 基本相同，水库蓄水后贵德和循化站 C_{vy} 值明显减小，而 C_{sy} 值明显增大，说明在龙羊峡水库的调节下，下游实测径流的年内变化明显减弱，趋于均匀，同时径流量转为偏多的年份为主。

　　李家峡水库蓄水前后上下游代表站贵德和循化站年内实测径流量变化见图 5-11。由图 5-11 可知，水库蓄水前后，上下游站的差异是由来水量不同造成的，两站实测径流量的变化趋势基本相同，这表明李家峡水库作为日、周调节水库对下游径流的影响非常小。

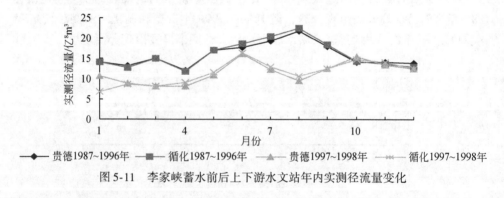

图 5-11　李家峡蓄水前后上下游水文站年内实测径流量变化

5.3.3　水库调节对黄河干流输沙量的影响

1. 青海省黄河干流输沙量年际变化

为分析已建水库对黄河干流泥沙的拦蓄作用，本书采用唐乃亥、贵德和循化水文站 1952～1999 年输沙量和含沙量资料，研究水库调节对黄河干流沙量的影响。唐乃亥、贵德和循化水文站输沙量和含沙量的年际变化见图 5-12 和图 5-13。

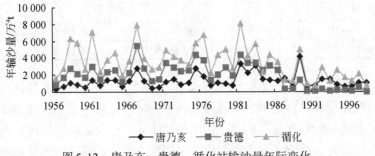

图 5-12　唐乃亥、贵德、循化站输沙量年际变化

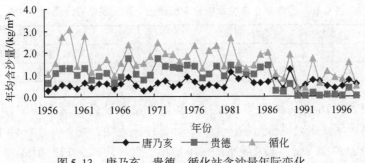

图 5-13　唐乃亥、贵德、循化站含沙量年际变化

由图 5-12 和图 5-13 可知，贵德、唐乃亥和循化水文站的输沙量与含沙量变化趋势基本一致，同时，这 3 个水文站的输沙量和含沙量变化规律与实测径流量基本相同，即 1986 年前，3 个水文站的变化趋势基本一致，且唐乃亥<贵德<循化，1986 年后贵德<唐乃亥<循化，且输沙量和含沙量呈下降的趋势，说明经龙羊峡水库调节后，下游输沙和含沙量都明显下降。

表 5-15 为龙羊峡和李家峡水库蓄水前后青海省黄河干流输沙量和含沙量多年特征值的变化情况。由表 5-15 可知，龙羊峡水库蓄水前（1952～1986年），唐乃亥、贵德和循化水文站的输沙量和含沙量沿程呈增加趋势，唐～循（唐乃亥～循化，下同）河段共增加输沙量 2835 万 t/a，其中，贵～循（贵德～循化，下同）河段的增加值略高于唐～贵（唐乃亥～贵德，下同）河段，含沙量规律与之基本相同。

表 5-15 已建水库蓄水前后青海省黄河干流输沙量和含沙量多年特征值的变化

时间	输沙量/万 t						含沙量/(kg/m³)					
	唐乃亥	贵德	循化	唐~循河段	唐~贵河段	贵~循河段	唐乃亥	贵德	循化	唐~循河段	唐~贵河段	贵~循河段
1952~1986 年	1302	2544	4137	+2835	+1242	+1593	0.57	1.13	1.78	+1.21	+0.56	+0.65
1987~1996 年	1286	318	1909	+623	-968	+1591	0.63	0.16	0.98	+0.35	-0.47	+0.82
1997~1998 年	1055	305	1396	+341	-750	+1091	0.67	0.22	1.02	+0.35	-0.45	+0.80

龙羊峡水库蓄水后李家峡水库蓄水前（1987~1996 年），水库的拦蓄作用使下游河段输沙量和含沙量都明显减少，其中，输沙量唐~贵河段减少 968 万 t/a，唐~循河段增加的输沙量仅相当于蓄水前的 1/4。含沙量的变化规律与输沙量基本相同。经计算，两座水库蓄水前唐~贵河段、贵~循河段的输沙量具有很好的相关关系，见表 5-16，表中 y 为下游代表站。

表 5-16 龙羊峡水库蓄水前水库断面上下游代表站输沙量相关关系

项目	唐~贵河段	贵~循河段
相关方程	$y=1.1537x+1074$	$y=1.2397x+1137.2$
相关系数（r）	0.7577	0.7511

应用表 5-16 中的相关关系方程可扣除上游来沙差异对下游输沙量的影响，从而得到水库蓄水对输沙量的净影响。计算结果表明，龙羊峡水库使下游输沙量年均减少 2197 万 t/a，李家峡水库使下游输沙量年均减少 119 万 t/a。

李家峡水库蓄水后（1997~1998 年），在两座水库的联合调控下，贵德站的输沙量仍保持在较低水平，循化站的输沙量也有所下降，致使唐~循河段 1997~1998 年时段输沙量的增量降为 1987~1996 年时段的 1/2，仅为 1952~1986 年时段的 1/8。两座水库联合调控对含沙量影响不明显，含沙量增量稳定在龙羊峡水库蓄水后李家峡水库蓄水前的水平，不足龙羊峡蓄水前的 1/3。以上分析表明，龙羊峡水库汛期蓄水削峰对下游调沙作用明显，李家峡水库也能起到一定的调沙作用，在两座水库的联合作用下，下游输沙量和含沙量明显减少。

2. 青海省黄河干流输沙量的变化特征

为分析水库调节对输沙量和含沙量的年际和年内变化的影响，应用式(3-56)~式 (3-61) 计算相应的变差系数和偏差系数，计算结果见表 5-17 和表 5-18。由表 5-17 可知，龙羊峡水库蓄水前，唐乃亥站输沙量的年际变化幅度大于贵德和循化站，水库蓄水后，贵德、唐乃亥和循化水文站的年际变化幅度均有所增加，其中以贵德站增加最为明显。偏差系数的年际变化也有相同的规律。龙羊峡水库蓄水前

3 个水文站输沙量的年内变差和偏差系数基本相同，蓄水后 3 站均有所上升，其中以贵德站增加幅度最大。以上分析表明，水库调节使下游输沙量年际和年内变化增强；龙羊峡水库蓄水后上游唐乃亥站来沙量偏多的年份有所增加，下游来沙量偏多的年份增加更为显著。由表 5-18 可知，唐乃亥、贵德和循化水文站的含沙量的年内和年际变化规律与输沙量基本相同。

表 5-17　龙羊峡水库蓄水前后干流输沙量多年平均变差系数和偏差系数

时间	C_{vy}			C_{sy}			C_v			C_s		
	唐乃亥	贵德	循化	唐乃亥	贵德	循化	唐乃亥	贵德	循化	唐乃亥	贵德	循化
1952～1986 年	1.18	1.03	1.17	1.04	0.85	1.02	0.59	0.40	0.40	1.21	0.79	0.83
1987～1996 年	1.31	1.73	1.38	1.64	4.03	1.31	0.83	1.28	0.67	1.92	2.18	1.45

表 5-18　龙羊峡水库蓄水前后干流含沙量多年平均变差系数和偏差系数对照

时间	C_{vy}			C_{sy}			C_v			C_s		
	唐乃亥	贵德	循化	唐乃亥	贵德	循化	唐乃亥	贵德	循化	唐乃亥	贵德	循化
1952～1986 年	0.91	0.72	0.95	0.69	0.71	0.91	0.35	0.25	0.3	0.77	0.15	0.64
1987～1996 年	1.04	1.57	1.23	0.9	1.63	1.11	0.45	1.01	0.52	0.99	1.54	0.67

李家峡蓄水前后上下游代表站年内输沙量和含沙量的变化见图 5-14 和图 5-15。各月输沙量（含沙量）占全年的比例见表 5-19。由图 5-14、图 5-15 和表 5-19 可知，各时段循化站的输沙量和含沙量都高于贵德站，说明循化站沙量不仅包括李家峡水库下泄来沙量，还包括支流来沙及李～循（李家峡～循化，下同）区间来沙等其他来源。李家峡水库蓄水前，汛期 6～9 月为主要排沙时段，期间循化站的输沙量占全年输沙总量的 77.7%。李家峡水库蓄水后，经龙羊峡和李家峡两座水库的联合调控，循化站输沙和含沙的高峰值出现时间较贵德站滞后了 1 个月，8 月的输沙量占全年的 60.1%，且输沙与含沙量更为集中，6～8 月属于输沙集中时段。

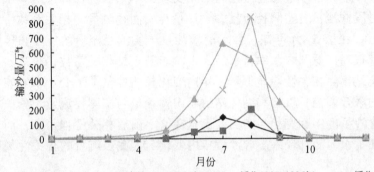

图 5-14　李家峡蓄水前后上下游水文站年内输沙量变化

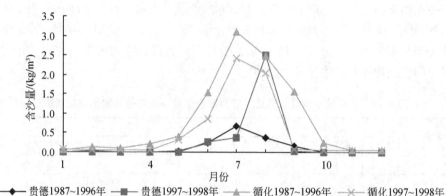

图 5-15　李家峡蓄水前后上下游水文站年内含沙量变化

表 5-19　李家峡蓄水前后循化站月均输沙量占全年总输沙量比例

（单位：%）

项目	时间	1 月	2 月	3 月	4 月	5 月	6 月	7 月	8 月	9 月	10 月	11 月	12 月	全年
输沙量	1987 ~ 1996 年	0.46	0.78	0.80	1.33	3.27	14.37	34.61	28.71	13.20	1.53	0.48	0.47	100.00
	1997 ~ 1998 年	0.34	0.32	0.39	0.40	2.80	9.73	23.95	60.10	0.68	0.44	0.46	0.38	100.00
含沙量	1987 ~ 1996 年	0.59	1.44	1.00	2.08	4.10	15.48	31.00	24.91	15.75	2.33	0.68	0.67	100.00
	1997 ~ 1998 年	1.46	0.84	1.09	1.02	5.36	14.02	39.51	33.33	1.28	0.68	0.74	0.71	100.00

为分析输沙量、含沙量与径流之间的相关性，本书分别计算了两座水库蓄水前后 3 个时段输沙量与实测径流量、含沙量与实测径流量的相关系数，计算结果见表 5-20。由表 5-20 可知，蓄水前输沙量与实测径流量的年际和年内变化相关系数都很高，龙羊峡水库蓄水后，上游唐乃亥站相关系数仍很高，但下游贵德和循化站年际相关性明显下降，年内变化相关性基本不变；李家峡蓄水后，经两库的联合调控，贵德和循化站的年内输沙量与实测径流量不相关。上游唐乃亥站含沙量的年际变化与实测径流量在蓄水前后相关性均很高，而下游两站相关性在蓄水前后都较差。含沙量年内变化与实测径流量的相关性规律与输沙量一致。

表 5-20　输沙量、含沙量与实测径流量的相关关系

时间	输沙量/万 t						含沙量/(kg/m³)					
	年际变化			年内变化			年际变化			年内变化		
	唐乃亥	贵德	循化	唐乃亥	贵德	循化	唐乃亥	贵德	循化	唐乃亥	贵德	循化
1952～1986 年	0.94	0.81	0.68	0.92	0.93	0.88	0.88	0.37	0.14	0.87	0.87	0.82
1987～1996 年	0.96	0.47	0.54	0.85	0.80	0.90	0.85	0.26	0.18	0.86	0.79	0.91
1997～1998 年				0.81	0.08	0.06				0.81	0.17	0.20

注：无数据处表示两年数据无法进行回归

5.3.4　水库调节对黄河干流水质的影响

龙羊峡水库地处黄河上游，控制流域范围内人烟稀少，坝址上游没有工业污染源，水质洁净。水库蓄水导致河流水文条件的改变，在一定程度上可能影响到河流水质，同时，水库蓄水运行后由于输沙量减少，将对坝下一定区间内，河水的吸附自净能力带来影响。为分析水库调节对黄河干流水质的影响，本书选取黄河流域特征污染项目分析龙羊峡和李家峡水库下游循化站 1985 年、1992～1999 年以来的水质状况（图 5-16）。图 5-16 表明，各时段循化站水质都较好，除1992 年高锰酸盐指数为《地表水水质标准》（GB3838—2002）Ⅲ类外，其余均符合Ⅱ类水体标准的要求，其中溶解氧全部符合Ⅰ类水体标准。因此，水库蓄水对河流水质的影响经一段距离的稀释自净后，对河道水质的影响很小。

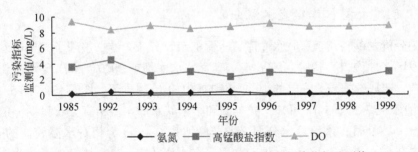

图 5-16　循化站 1985 年和 1992～1999 年特征污染指标监测值

5.3.5　水库调节对黄河干流水温的影响

1. 梯级水库水温类型判别

本书采用蔡为武（2001）的水库水温判别方法对水电梯级开发主要水库的水温类型进行了判断，结果见表 5-21。由表 5-21 可知，龙羊峡水库为典型的峡谷

型水库，具有多年调节功能，水库水温结构类型属于稳定分层型，具有明显的表温层、温跃层和滞温层。李家峡水库为日、周调节水库，最大坝高155m，正常蓄水位2180m，电站进水口高程2145m，据坝顶40m，泄水口高程2100m，按标准判定，为过渡型水库。拉西瓦水库、公伯峡水库、积石峡水库和其他水库为日调节水库，经判别属于充分混合型，此类型水库水流速度快，水体更换频繁，水库水温不会出现明显的分层现象，水库水温的变化与建库前一样随气温变化。已有研究表明，混合型水库对下游河道水温无影响（蔡为武，2001），因此，本书只分析龙羊峡和李家峡两座大型水库蓄水后对黄河干流河道水温的影响。

表 5-21 梯级开发主要水库特征判别 （单位：m）

项目	龙羊峡	拉西瓦	李家峡	直岗拉卡	公伯峡	苏只
正常蓄水位	2600	2452	2180	2050	2005	1900
最大坝高	178	250	155	42.5	139	51.2/22.5
坝顶高程	2610	2460	2185	2050	2010	1902
电站进水口		2340～2380	2145		1993.5～1995	
泄水建筑物高程	表、中、深、底四层设计	表孔、深孔和临时底孔设计	2100	2020	1950	1897.5
调节性能	多年	日	日、周	日	日	日

注：资料来自各水库/水电站环评报告，其中，李家峡水电站资料由李家峡水电站水工部提供

2. 已建大型水库铅直水温分布

为分析龙羊峡和李家峡水库库区水温的铅直分布，本书整理了龙羊峡水库坝前和库区（曲沟口）1989～1996年、李家峡水库坝前2000～2001年水温铅直分布数据，选取数据较为完善的1992年和2001年绘制成图（图5-17和图5-18）。

由图5-17和图5-18可知，龙羊峡和李家峡水库水温铅直分布呈明显的季节性变化，4～9月，水温稳定分层。龙羊峡水库0～5m为相对水温较高的表层，水温递减率8月为0.2℃/m；坝前和库区在水深为5～30m都出现了较为明显的温跃层，水温梯度达到最大，其中8月的水温梯度［0.13℃/m（坝前）和0.32℃/m（库区）］为各月的峰值；30m以下水温随水深变化很小，为滞温层；7～9月水温至水面下5m随着深度增加持续下降，至库底稳定在7.9℃。李家峡水库0～2m为表层，温跃层出现在水深2～10m，10m以下为滞温层。两座水库4～9月水温呈明显分层结构的主要原因是：①水库表层水温较高，密度较小，浮在上层，质量较重的冷水沉于下层，水体吸收到的太阳辐射由上往下迅速减小，水温的铅直分布也呈现由上往下的递减趋势；②水库水体较深，在风浪扰动

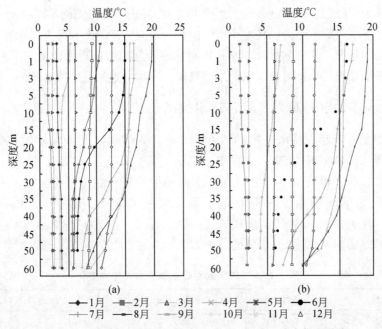

图 5-17　龙羊峡水库坝前（a）和曲沟口（b）铅直水温分布

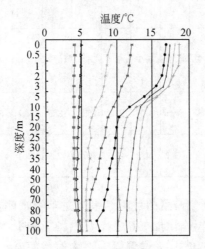

图 5-18　李家峡水库垂线水温分布

下，表层水充分搅和，形成等温状态；而较深的下层，很少受辐射的影响，又不受上面风浪的干扰，其水温变化相对缓慢；③在表层水与深层水之间，太阳辐射和风浪扰动都迅速向下减弱，温度向下递减最快，形成铅直梯度较大的跃变层。

10 月～次年 3 月，两座水库水温垂直分布近似等温状态，这是由于该时段内，水库水体处于降温，表层变冷的水因密度增大，和下层密度较小的暖水产生对流运动，冷水下沉，暖水上升，使整个水体搅和，表面冷却的影响可直达水底，水温趋于上下均匀状态。李家峡水库属于过渡型水库，坝前水体夏季也出现了温度分层，这是由于坝前表层水体可能会临时形成热楔，产生一定的温度梯度。

3. 水库蓄水对库区所在河道水温的影响

基于龙羊峡断面蓄水前的 1959～1961 年、1967 年，以及蓄水后 1990～1996 年的表层水温资料和 1959～2000 年的气温资料，分析了龙羊峡水库对库区表层水温的净影响，得到蓄水前后气温与水温的多年特征值。根据式（3-66）～式（3-68），龙羊峡断面蓄水前表层水温与气温的相关关系中 $a=0.6284$，$b=4.7781$，相关系数 $r=0.97$。应用式（3-69）和式（3-70）计算龙羊峡水库对库区水温的净影响（ΔT_w），结果见表 5-22。

表 5-22　龙羊峡断面蓄水前后水温年内变化　　　　　　（单位：℃）

项目	1月	2月	3月	4月	5月	6月	7月	8月	9月	10月	11月	12月	年均
1959～1961 年及 1967 年龙羊峡实际水温	0.2	0.2	2.4	7.2	11.1	13.7	16.5	16.0	12.4	7.8	2.0	0.2	7.5
1959～1961 年及 1967 年龙羊峡计算水温	0.2	2.7	6.1	9.5	12.4	14.5	15.7	15.6	12.9	8.7	4.7	1.4	8.7
龙羊峡 1990～1996 年实际水温	4.3	2.8	2.9	4.7	9.2	15.1	18.5	18.7	16.8	14.0	9.7	6.5	10.3
蓄水后—蓄水前计算水温	+4.1	+0.1	−3.2	−4.8	−3.1	+0.6	+2.9	+3.1	+3.9	+5.3	+5.0	+5.1	+1.6

由表 5-22 可知，新建模型的计算结果为龙羊峡水库蓄水后，坝前表层水温比天然河道多年平均水温净增加 1.6℃，其中，3～5 月为减温期，平均值减幅为 3.1～4.8℃；6 月～次年 2 月为增温期，平均值增幅 0.1～5.3℃，尤以 10～12 月水温增加最为显著，3 个月平均增温 5.2℃。传统差值法与新建模型所得结果的基本规律相同，但传统方法计算的年均水温增温幅度为新建模型结果的 1.75 倍。事实上，近 50 年来中国西北地区气候变暖 0.88℃（赵宗慈等，2003），而传统方法计算的影响数值显然包括了由全球气候变暖引发的自然增温部分，其计算结果偏大也就不言而喻了。

为分析龙羊峡水库蓄水后尾水水温的变化情况，本书收集了 1990～1996 年水库坝前和尾水表层水温的年内数据，多年特征值见表 5-23。表 5-23 表明，水库蓄水后，4～10 月为降温时段，7 月水温下降 7.0℃，为降温的峰值；11 月～次年 3 月为增温时段，平均增温 0.58℃；总体来看，水库出水比坝前水温年均下降 1.5℃。同时，建库后坝下水温趋于均匀，水温变幅由坝前的 15.9℃降至建库后的 9.7℃。

表 5-23　龙羊峡水库坝前和尾水 1990～1996 年多年平均表层水温年内变化

（单位：℃）

项目	1 月	2 月	3 月	4 月	5 月	6 月	7 月	8 月	9 月	10 月	11 月	12 月	年均
坝前	4.3	2.8	2.9	4.7	9.2	15.1	18.5	18.7	16.8	14.0	9.7	6.5	10.0
尾水	4.9	3.8	3.4	4.4	7.2	10.2	11.6	13.0	13.5	12.6	10.1	7.0	8.5
变化值	+0.5	+1.0	+0.5	-0.4	-2.0	-4.9	-7.0	-5.7	-3.3	-1.4	+0.4	+0.5	-1.5

4. 水库蓄水对下游河道水温的影响

1）水库蓄水前后实测水温沿程变化

分析了 1985 年龙羊峡断面和下游贵德站的实测水温资料，见图 5-19。由图 5-19 可知，水库蓄水前 4～10 月贵德站水温高于龙羊峡断面，其他月份相反。经计算，两序列实测水温数据的相关系数 r 为 0.98，即蓄水前龙羊峡断面与下游贵德站水温具有良好的相关性。

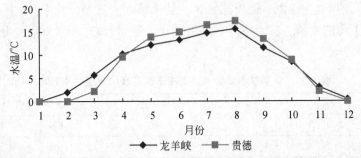

图 5-19　水库蓄水前 1985 年龙羊峡断面与贵德站表层实测水温年内变化

水库蓄水后，龙羊峡水库坝前、尾水、下游贵德站和循化站 1995 年的实测水温变化见图 5-20。由图 5-20 可知，水库尾水与下游代表站水温在春、夏季均低于库区水温，表明水库蓄水使下游河道春、夏季水温下降，而且，下泄的低温水经一段距离恢复后，在循化站水温有所上升，但仍未恢复到原有水平。

2）水库蓄水对下游临近河道水温的净影响分析

为扣除不同地区和不同时间气温对表层水温的影响，分析龙羊峡水库蓄水对

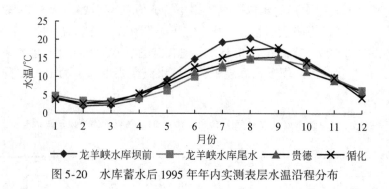

图 5-20　水库蓄水后 1995 年年内实测表层水温沿程分布

下游临近河道水温的净影响，根据贵德水文站 1985 年气温和水温的资料，计算得到龙羊峡水库蓄水前下游贵德断面水气相关关系为

$$T_{w0}(i) = 0.8032T_b(i) + 2.6171, \quad r = 0.98 \qquad (5-1)$$

根据 1995 年贵德气象站月平均气温资料，计算得到 1995 年贵德断面如无水库蓄水情况下的水温值 T_w* 和相应的 ΔT_w 值，结果见表 5-24。如前所述，龙羊峡水库蓄水前该断面水温与贵德站实测水温数据的相关系数为 0.98，可以认为，ΔT_w 即为龙羊峡水库蓄水所引起的下游贵德站水温的变化值。由表 5-24 可知，传统方法与本书构建模型的计算结果规律基本相同，年均水温的增温幅度后者仅为前者的 1/4。由于水库的储热作用，龙羊峡水库蓄水后使下游贵德站的年平均水温升高 0.1℃，同时由于水库在春、夏季为增温过程，相对为冷源，秋、冬季为降温过程，相对为热源，使贵德站春、夏两季水温下降，其中，5 月水温下降6.9℃，为下降的峰值；秋、冬两季水温上升，冬季平均上升 5.6℃，为上升幅度最大的季节。

表 5-24　龙羊峡水库蓄水对下游贵德站表层水温的净影响　（单位：℃）

项目	1月	2月	3月	4月	5月	6月	7月	8月	9月	10月	11月	12月	年均
蓄水前实测水温	0.0	0.0	2.2	9.5	14.0	14.9	16.6	17.5	13.5	8.9	2.2	0.0	8.3
蓄水后实测水温	4.2	2.7	3.4	5.1	7.9	11.2	13.2	15.0	15.3	11.4	8.9	6.1	8.7
蓄水后计算水温	0.0	0.1	4.8	9.1	14.8	15.9	16.9	16.5	14.1	8.1	2.4	0.0	8.6
净影响（新建模型）	+4.2	+2.6	-1.4	-4.0	-6.9	-4.7	-3.7	-1.5	+1.2	+3.3	+6.5	+6.1	+0.1
净影响（传统差值法）	+4.1	+2.7	+1.2	-4.4	-6.1	-3.7	-3.4	-2.5	+1.8	+2.5	+6.7	+6.1	+0.4

由图 5-21 可知，1999 年龙羊峡坝前、尾水和贵德站水温变化规律与 1995 年基本相同，李家峡水库蓄水后该断面使春、夏两季河道表层水温略有上升，下游

循化站水温与李家峡库区相比存在滞后期。

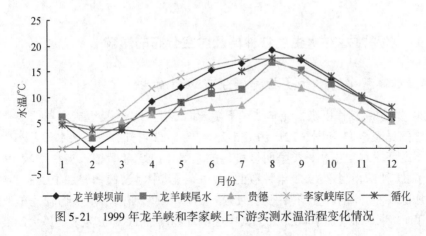

图 5-21　1999 年龙羊峡和李家峡上下游实测水温沿程变化情况

5.3.6　小结

　　根据以上分析，得出如下结论：①龙羊峡水库属于多年调节型巨型水库，通过它的调节作用，下游河道实测径流量年际和年内变化趋于平稳；②龙羊峡、李家峡两库的联合调控使唐～循河段输沙量和含沙量明显降低，相关分析表明输沙量和含沙量在蓄水前与径流密切相关，蓄水后相关性下降或不相关；输沙量和含沙量具有明显季节性变化特点，6～8 月为集中输沙时段；③从水温类型来看，龙羊峡水库属于稳定分层型水库，李家峡水库属于过渡型水库，梯级开发其他水库属于混合型水库；④龙羊峡和李家峡两座已建大型水库在春、夏两季水温稳定分层，秋、冬两季趋于等温分布；⑤提出的计算稳定分层型水库对河道水温净影响的方法考虑了大气候背景变化引发的水温变化，计算结果准确性高，能够很好地反映水库蓄水影响河道水温的实际情况；应用该模型计算表明，龙羊峡水库蓄水使坝前河道断面水温明显上升（春季除外），下游临近河道春、夏两季水温下降，秋、冬两季水温上升，年均水温变化较小，年内水温净变化趋于均匀。

5.4　梯级水电开发对黄河干流水生生物的影响

　　为评价龙羊峡和李家峡两座已建大型水库蓄水对黄河干流水生生物的影响，对青海省水产研究所（1988）1982 年、1988 年和青海省农产科技推广站 1995 年的 3 次水生生物调查资料进行了深入分析。其中，1982 年设有龙羊峡和贵德两个断面，1988 年设有贵德 1 个断面，1995 年设有龙羊峡库区和坝前两个断面和李家峡 7 个断面。鉴于 1995 年李家峡水库未蓄水，且断面所在河段距离贵德较近，本书将其与 1982 年和 1988 年贵德断面的数据一并作为龙羊峡下游的对照断面进行分析。

5.4.1 水库蓄水对水生生物种群及时空分布的影响

1. 水库蓄水对水生生物种群分布的影响

20 世纪 80 年代以来，龙羊峡和下游断面水生生物种类组成和各门种类占总种数比例见表 5-25 和图 5-22。由表 5-25 和图 5-22 可知，龙羊峡水库蓄水后，库区和下游河段水生生物种类呈明显增加的趋势，1995 年贵德采集种数较 1982 年增加了 31 种，相当于 1982 年种数的 96.9%，其中浮游植物增加 19 种，浮游动物增加 12 种。同期调查结果表明，1995 年李家峡断面的水生生物较龙羊峡断面增加了 17 种，即增加了 40.0%，其中底栖动物增加 11 种，为增幅最大的类群。

表 5-25　龙羊峡、李家峡水库断面 1982 年与 1995 年水生生物种类变化

（单位：种）

项目	浮游植物							浮游动物					底栖动物	总计
	绿藻	硅藻	蓝藻	甲藻	隐藻	金藻	合计	原生动物	轮虫	枝角类	桡足类	合计		
贵德 1981~1982 年	4	12	2				18	2	0	1	3	11	32
贵德 1988 年	8	14	3				25	0		1	3	9	37
龙羊峡 1995 年	9	10	8	2	2	1	32	2	7	3	2	14	46
李家峡 1995~1996 年	18	11	3	2	2	1	37	4	3	4	4	15	11	63
李家峡 1995~1996 年–1982 年	+14	−1	+1	+2	+2	+1	+19	+4	+1	+4	+3	+12	0	+31
1995~1996 年李家峡与龙羊峡之差	+9	+1	−5	0	0	0	+5	+2	−4	+1	+2	+1	+11	+17

在所有时间和断面上，浮游植物种数始终占据优势地位，占水生生物总种数比例都在 56.3%（贵德 1982 年）以上，但浮游动物种类稀少。龙羊峡水库蓄水前浮游植物中各断面都以硅藻为最优势类群，其中，下游贵德断面共采集到硅藻

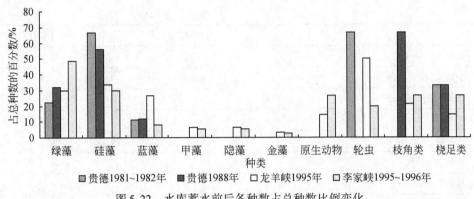

图 5-22　水库蓄水前后各种数占总种数比例变化

门 12 属（种），占浮游植物种数 18 种的 66.7%；蓄水后近期（1988 年）下游断面除硅藻仍为最优势类群外，绿藻和蓝藻种数也大量增加，蓄水后远期（1995～1996 年）浮游植物种类丰富，硅藻比例由蓄水前（1982 年）的 66.7% 下降为 29.7%，绿藻由蓄水前的 22.2% 上升为蓄水后的 48.6%，成为最优势类群。龙羊峡水库蓄水后群落种类也很丰富，绿藻、硅藻、蓝藻占总种数比例相近。经计算，下游贵德河段硅藻与蓝、绿藻比例由蓄水前的 1∶0.5 降为 1988 年的 1∶0.8 和 1995 年的 1∶2；1995 年龙羊峡水库硅藻与蓝、绿藻之比为 1∶1.7。由此可见，水库蓄水后由于水流变缓营养物质堆积，水体具有从贫营养型向富营养型转化的趋势。

龙羊峡水库蓄水后近期浮游动物种类变化不明显（图 5-22 和表 5-25），但远期水库和下游河段浮游动物种类趋于丰富，除轮虫外，龙羊峡水库下游断面浮游动物各门均有所增加，其中以原生动物、枝角类和桡足类增加最为显著。与上游水库相比，下游断面的轮虫明显下降。

对水库蓄水前后鱼类种群的调查表明，1982 年龙羊峡水库蓄水前下游贵德断面有 5 种鱼类，1988 年增加至 9 种。龙羊峡水库蓄水后的 1995 年，库区鱼类组成简单，主要以裂腹鱼亚科和条鳅属为主，而李家峡水库河段有 13 种鱼类，隶属 3 科（鲤科、鳅科和鲑科），7 个亚科（鲤亚科、雅罗鱼亚科、鮈亚科、裂腹鱼亚科、条鳅亚科、花鳅亚科和鲑亚科），表明，水库蓄水对下游河段鱼类种群无不良影响。龙羊峡水库蓄水前后下游贵德断面水生生物种类对比见表 5-26。

表 5-26　龙羊峡水库蓄水前后贵德段水生生物种类对比

种类	1982 年 6 月	1988 年 8～10 月
浮游植物：		
束丝藻　*Apenizomenon*		+

续表

种类	1982 年 6 月	1988 年 8～10 月
胶球藻　Gloeocapsa		+
平裂藻　Merismopedia	+	+
颤藻　Oscillatoria	+	
鼓藻　Cosmarium	+	+
转板藻　Mougeotia	+	+
水绵　Spirogyra	+	+
双星藻　Zygnema		+
纤维藻　Ankistrodesmus		+
实球藻　Pandorina		+
裂线藻　Schizomeris		+
缘球藻　Chlorococcum	+	+
桥弯硅藻　Cymbella	+	+
脆杆硅藻　Fragilaria	+	+
菱形藻　Nitzchia	+	+
针杆硅藻　Synedra	+	+
异极硅藻　Gomphonema	+	+
卵形藻　Cocconeis	+	
舟形藻　Navicula		+
圆盘硅藻　Cyclotella stelligera	+	+
布纹硅藻　Gyrosigma	+	+
羽纹硅藻　Pinnularia		+
等片硅藻　Diatoma vulgare		+
双眉硅藻　Amphora ovalis	+	+
皱纹硅藻　Cymatopleura	+	+
曲壳硅藻　Achnanthes	+	+
根管藻　Rhizosolenia	+	
合计	18	25
浮游动物:		
月形腔轮虫　Lecane lune	+	
台氏合甲轮虫　Diplois daviesiae	+	
长刺蚤　Daphnia longispina		+

种类	1982 年 6 月	1988 年 8～10 月
圆形盘肠蚤　*Chydorus sphaericus*		+
英勇剑水蚤　*Cyclops strennus*	+	+
合计	3	3
底栖动物:		
介形动物　*Ostracode*		+
蠓科幼虫　*Ceratopogonidae*		+
蜉蝣目幼虫　*Ephemeroptera*		+
短角多足摇蚊　*Polypedilum breriantenratum*		+
水丝蚓　*Limnodrilus sp.*	+	+
异腹腮摇蚊　*Enfelilia insolita*	+	+
细长摇蚊　*Chironomus attenuatus*	+	
克拉伯水丝蚓　*Limnodrilus claparedianus*	+	
狭萝卜螺　*Radix lagotis*	+	
花纹前突摇蚊　*Procladius choreus*	+	
指突隐摇蚊　*Cryptochironomus digitatus*	+	
旋螺　*Gyraulus*	+	
合计	8	6
鱼类:		
花斑裸鲤　*Gymnocypris eckloni*	+	+
黄河裸裂尻鱼　*Schizopygopsis pylzovi*		+
大刺鲃　*Acanthogobio guentheri*	+	+
黄河鮈　*Gobio huanghensis*	+	+
瓦氏雅罗鱼　*Leuciscus waleckii*	+	+
拟鲶高原鳅　*Triplophysa siluroides*		+
硬刺条鳅　*Triplophysa scleroptera*		+
黄河高原鳅　*Triplophysa pappenneimi*		+
拟硬刺高原鳅　*Triplophysa pseudoscleroptera*	+	+
合计	5	9

注：“+”表示调查中发现存在该种类

2. 水库蓄水对优势种和水体营养水平的影响

调查表明，1982 年龙羊峡断面浮游植物的优势种主要为硅藻门的舟形藻、菱形藻、等片藻和桥藻；浮游动物的主要种类为腔轮虫、剑水蚤、裸腹水蚤；底栖动物的优势种为摇蚊幼虫。1995 年该断面浮游植物优势种除原有种外增加了颗粒直链藻，底栖动物优势种仍为摇蚊幼虫，浮游动物优势种转为以喇叭虫、角突壶状壁尾轮虫、方形尖蚤和剑水蚤为主。1995 年下游李家峡断面浮游植物优势种为丝藻、丹形藻、等片藻、颤藻和飞燕角甲藻，浮游动物和底栖动物都很稀少。

5.4.2　水库蓄水对水生生物量时空分布的影响

1. 水库蓄水对水生生物量分布的影响

龙羊峡水库和下游贵德断面水生生物量变化见表 5-27 和表 5-28。表 5-27 表明，水库蓄水明显减少了库区底栖动物和浮游植物的生物量，其中，底栖动物生物量仅为蓄水前的 6.7%，但对浮游动物生物量无明显影响。水库蓄水后下游河段浮游植物生物量明显减少，浮游动物生物量略有增加，底栖动物略有减少。

表 5-27　龙羊峡断面和下游贵德断面蓄水前后水生生物量变化

项目	龙羊峡			贵德			下游断面—上游断面		
	浮游植物	浮游动物	底栖动物	浮游植物	浮游动物	底栖动物	浮游植物	浮游动物	底栖动物
1981~1982 年	0.88	0.053	37.200	0.630	0.000	4.200	-0.251	-0.004	-33.000
1995~1996 年	0.424	0.003	2.510	0.276	0.012	3.500	-0.148	+0.010	+0.990
差值	-0.456	-0.050	-34.690	-0.354	+0.012	-0.700	+0.103	+0.014	+33.990

注：底栖动物生物量的单位为 g/m^2，浮游动物和浮游植物生物量的单位为 mg/L；1995 年贵德断面底栖动物采用 1988 年监测结果

表 5-28　1981~1982 年水生生物量沿程变化

项目	龙羊峡库区	贵德	尖扎	循化	化隆	刘家峡库区
浮游植物生物量变化/（mg/L）	0.88	0.63	0.55	0.23	0.59	0.65
浮游动物生物量变化/（mg/L）	0.05	0	0	0	0	1.10
底栖动物/（g/m²）	37.2	4.20	0	0	0	0.41
浮游生物合计	0.93	0.63	0.55	0.23	0.59	1.75

对水生生物量沿程分布规律的分析结果表明，同一时段内黄河干流由上游向下游先下降后增加的趋势十分明显（表 5-27 和表 5-28），其中下游贵德断面浮游植物生物量比上游断面减少 0.251 mg/L；浮游动物生物量略有下降；底栖动物大

幅度减少。水库蓄水后浮游植物的生物量下游比上游减少了0.148 mg/L，明显低于蓄水前两断面生物量之差（0.251 mg/L），但浮游动物和底栖动物的生物量下游断面均有所上升。为了解水库蓄水对上下游水生生物量变化的净影响，本书分析了蓄水前后上下游断面生物量之差的变化情况。结果表明，水库蓄水使下游与上游水生生物量之差呈逐渐减小的趋势，即蓄水后上下游水生生物量较蓄水前更为接近，其中浮游植物上下游差值减少0.103 mg/L，浮游动物减少0.014 mg/L，底栖动物减少33.99 g/m²。出现这种现象，可能是水库蓄水前后的调节作用使河道内流速变缓，水温升高造成的。

从已建大型水库龙羊峡和李家峡蓄水前后不同种类生物量变化来看（表5-29），龙羊峡水库蓄水后由于库区内营养物质增加，水温比较稳定并有所升高（年均水温由1985年的8.1℃增至1995年的10.3℃），更有利于浮游植物的生长发育，生物量和数量明显增加。其中，以硅藻的生物量增加最为显著，比蓄水前同一断面增加了0.207 mg/L，生物量比例由蓄水前的82.7%增至蓄水后的92.7%；蓝藻为喜温型浮游植物，蓄水后生物量增加量虽不是同类中的最高值，但增加幅度可达蓄水前的12倍；裸藻在1995年并未检测到，这可能与水库的库龄较短有关；相反，甲藻生物量减少为蓄水前的1/6，生物量比例也由蓄水前的15.1%下降为1.4%。以上分析表明，龙羊峡水库蓄水利于库区断面硅藻、蓝藻的生长，但对绿藻、甲藻、裸藻和各门浮游植物的生长有抑制作用，对浮游动物和底栖动物也具有明显的抑制作用。

表5-29　龙羊峡、李家峡水库蓄水前后水生生物种类生物量变化

断面	项目	浮游植物								浮游动物					底栖动物
		总量	硅藻	蓝藻	隐藻	绿藻	甲藻	裸藻	金藻和黄藻	总量	原生动物	轮虫	枝角类	桡足类	
龙羊峡	1981~1982年	0.225	0.186	0.001		0.012	0.034	0.009	0.001	0.053	0.001	0.041	0.005	0.006	37.200
	比例/%	100	82.7	0.4		5.3	15.1	4.0	0.4	100	1.9	77.4	9.4	2.7	
	1995~1996年	0.424	0.393	0.013	0.004	0.007	0.006		0.000	0.003	0.000	0.000	0.001	0.002	2.510
	比例/%	100	92.7	3.1	0.9	1.7	1.4		0.0	100	0.0	0.0	33.3	66.7	
	差值	+0.199	+0.207	+0.012	+0.004	-0.005	-0.028	-0.009	-0.001	-0.050	-0.001	-0.041	-0.004	-0.004	-33.550
李家峡	1995~1996年	0.276	0.146	0.017	0.052	0.023	0.038	0.000	0.000	0.012	0.000	0.000	0.005	0.007	

断面	项目	浮游植物								浮游动物					底栖动物
		总量	硅藻	蓝藻	隐藻	绿藻	甲藻	裸藻	金藻和黄藻	总量	原生动物	轮虫	枝角类	桡足类	
李家峡	比例/%	100	52.9	6.2	18.8	8.3	13.8	0.0	0.0	100	0.0	0.0	41.7	58.3	
	李家峡-龙羊峡差值	-0.148	-0.247	+0.004	+0.048	+0.016	+0.032	0.000	0.000	+0.009	0.000	0.000	+0.004	+0.006	

注：底栖动物生物量的单位为 g/m²；浮游动物和浮游植物生物量的单位为 mg/L

表5-29表明，已建大型水库蓄水后相同时段下游河段与上游水库的浮游植物生物量相比差异显著。水库蓄水后硅藻门生物量下降明显，硅藻生物量百分率由库区的92.7%下降为下游断面的52.9%；蓝藻和绿藻门生物量有所增加，生物量百分率由库区的0.4%、5.3%增为6.2%、8.3%；裸藻和甲藻门生物量数值虽无明显变化。就浮游动物而言，下游河段与上游水库相比，原生动物和轮虫的生物量无变化，枝角类和桡足类略有增加。表5-29表明，水库蓄水一段时间后，浮游植物群落生物量开始变化，硅藻门生物量开始下降，其他浮游植物生物量开始增加；水库蓄水有利于枝角类和桡足类浮游动物的生长，对原生动物和轮虫的生长无影响。

2. 水库蓄水对水生生物数量分布的影响

李家峡水库蓄水前黄河干流浮游植物数量分布见表5-30。

表5-30 1995～1996年水生生物数量沿程变化 （单位：万个/L）

断面	位置/时间	浮游植物							浮游动物				底栖动物
		硅藻	蓝藻	隐藻	绿藻	甲藻	金藻	合计	原生动物	轮虫	枝角类	桡足类	
龙羊峡	坝前	11.447	5.167	17.596	9.621	1.588	1.914	47.332	18.500	12.500	0.200	0.333	31.533
	库区	7.357	7.296	2.964	3.252	2.355	0.000	23.222	12.000	14.000	0.275	0.267	26.542
李家峡	平均	5.350	1.620	1.760	2.510	0.222	0.000	11.462	0.138×10^{-4}	0.01×10^{-4}	0.039×10^{-4}	0.118×10^{-4}	0.000

由表5-30可知，黄河干流浮游植物数量由上游向下游减少的趋势十分明显。龙羊峡库区水生生物数量低于坝前，这是由于坝前有大量生活污水排入，这些污

水中所含有的大量营养物质促进了浮游生物的生长。水库蓄水后，与库区相比下游河段浮游植物数量差异较大，下游贵德断面浮游植物生物量仅为库区浮游植物的 49%、坝前的 24%，且各类生物的数量均低于上游龙羊峡水库断面；就浮游动物而言，李家峡河段为 0.305×10^{-4} 万个/L，与龙羊峡断面的 0.333 万个/L 相比可以忽略不计；除个别站位发现少量钩虾外，1995 年李家峡河段未采集到底栖动物。

3. 水库蓄水对水生生物季节性变化的影响

图 5-23 和图 5-24 给出了龙羊峡和李家峡水库蓄水前河道内浮游生物量的季节性变化趋势。由图 5-23 和图 5-24 可知，浮游生物的生物量变化规律均为春季生物量较高，夏季达到峰值，秋季下降明显，其中浮游植物从春季、夏季到秋季生物量依次下降；浮游动物在夏季数量和生物量出现峰值，滞后于浮游植物。

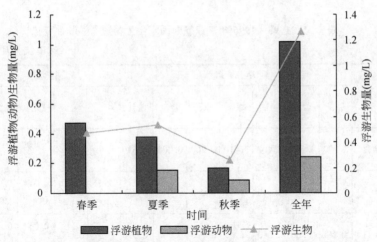

图 5-23　龙羊峡断面 1981～1982 年浮游生物量季节性变化

以李家峡水库水生生物数量变化分析水库蓄水前和上游水库蓄水后下游河段水生生物数量的季节性变化规律（表 5-31），结果表明李家峡河段内浮游植物中硅藻在春季达到峰值，而蓝藻、隐藻和绿藻在夏季最为丰富、生物数量最高，但 3 个季节中均以硅藻占绝对优势。蓝藻喜高温，适宜生长水温为 30～35℃，贵德河段 7 月、10 月、4 月、8 月平均水温分别为 13.2℃、11.4℃、4.1℃、17.8℃，因此，蓝藻在夏季有所发展，春、秋季数量较低。浮游动物中，枝角类春季达到峰值，夏、秋季依次降低，桡足类在夏季达到峰值。需要指出的是，由于缺少蓄水后库区水生生物数量的季节性变化数据，无法进行水库蓄水前后水生生物量的对比分析。

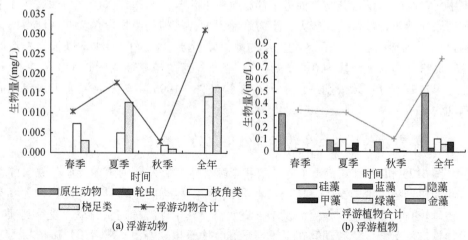

图 5-24　1995～1996 年李家峡断面浮游动物和浮游植物生物量的季节变化

表 5-31　1995～1996 年李家峡断面水生生物数量季节性变化

（单位：万个/L）

项目	浮游植物							浮游动物				底栖动物
	硅藻	蓝藻	隐藻	绿藻	甲藻	金藻	合计	原生动物	轮虫	枝角类	桡足类	
1995 年 7 月	3.900	4.600	4.400	3.410	0.200	0.000	16.510	0.44 ×10⁻⁴	0.04 ×10⁻⁴	0.085 ×10⁻⁴	0.34 ×10⁻⁴	0.000
1995 年 10 月	3.310	0.000	0.640	3.860	0.050	0.000	7.860	0.02 ×10⁻⁴	0.000	0.014 ×10⁻⁴	0.014 ×10⁻⁴	0.000
1996 年 4 月	10.690	0.000	0.540	1.240	0.120	0.000	12.590	0.042 ×10⁻⁴	0.000	0.057 ×10⁻⁴	0.071 ×10⁻⁴	0.000
1996 年 8 月	3.520	1.870	1.440	1.520	0.520	0.000	8.870	0.05 ×10⁻⁴	0.000	0.000	0.05 ×10⁻⁴	0.000

5.4.3　水库蓄水对水生生物群落多样性的影响

应用式（3-71）～式（3-76）计算龙羊峡和李家峡水库不同时间段生物多样性指数，结果见表 5-32。表 5-32 表明，龙羊峡水库蓄水后库区的多样性指数（H）减少了 49.2%，均匀度（J）比蓄水前减少了 14.7%，丰富度（D_1）减少了 67%，只有优势度（D_2）高于蓄水前。1995 年下游河道各类指数与上游蓄水水库相比都有所增加，其中多样性指数增加了 0.71，相当于龙羊峡水库多样性指数增加了 71%；均匀度指数由龙羊峡水库的 0.37 增加为 0.64；丰富度指数增加了 72.9%，优势度则低于上游水库。季节性变化规律为夏季多样性指数、均匀度和丰富度指数均达到峰值，秋季到次年春季这些指标依次下降。由以上分析可知，水库蓄水后库区水生生物的多样性、均匀度和丰富度均有大幅度下降，种间分布不均匀，物种更为单一化，群落结构较蓄水前更不稳定；蓄水后下游河段经一定距离的恢复，加之海拔下降、水温上升，下游河段水生生物多样性、均匀度和丰富度都能够基本恢复到水库蓄水前水平，群落结构趋于稳定；季节性变化趋势为夏季的水生生物最为丰富、多样，群落结构最为稳定。

表 5-32　龙羊峡及李家峡水库水生生物多样性指数对照

项目	H	H_{max}	J	D_1	D_2
龙羊峡 1981~1982 年	1.97	3.00	0.66	0.67	0.79
龙羊峡 1995~1996 年坝前	0.51	2.32	0.22	0.15	0.95
龙羊峡 1995~1996 年库区	1.48	2.81	0.53	0.45	0.80
龙羊峡 1995~1996 年平均	1.00	2.56	0.37	0.30	0.88
李家峡 1995 年 7 月	2.40	2.81	0.85	0.87	0.56
李家峡 1995 年 10 月	1.29	2.58	0.50	0.41	0.93
李家峡 1996 年 4 月	0.90	2.58	0.35	0.24	0.90
李家峡 1996 年 8 月	2.22	2.58	0.86	0.75	0.61
李家峡 1995~1996 年平均	1.70	2.64	0.64	0.57	0.75
龙羊峡 1995 年与 1982 年之差	-0.97	-0.44	-0.29	-0.37	+0.09
1995 年李家峡与龙羊峡之差	+0.71	+0.07	+0.27	+0.27	-0.13

5.4.4　环境因子与水生生物的相关分析

龙羊峡和李家峡河段 1981~1982 年和 1995~1996 年水化学指标和水库蓄水前后当地水温的变化情况见表 5-33 和表 5-34。

表 5-33　龙羊峡和李家峡河段水化学指标

断面	取样时间	水温	透明度	pH	溶解氧	主要离子						
						HCO_3^-	CO_3^{2-}	SO_4^{2-}	Cl^-	Ca^{2+}	Mg^{2+}	$K^+ + Na^+$
龙羊峡	1981 年 4~6 月	23.50	14.00	8.50	5.76	165.00	14.70	8.70	16.60	43.90	11.80	17.00
龙羊峡	1981 年 9~10 月	7.50	1.00	8.00	8.64	197.00	未检出	16.20	20.40	48.50	12.50	17.50

续表

断面	取样时间	水温	透明度	pH	溶解氧	主要离子						
						HCO_3^-	CO_3^{2-}	SO_4^{2-}	Cl^-	Ca^{2+}	Mg^{2+}	K^++Na^+
龙羊峡	1982年4~6月	8.90	8.90	8.90	7.66	174.00	45.90	19.80	19.50	46.50	15.00	19.80
龙羊峡	1982年9~10月	12.00	8.00	8.00	7.27	162.00	未检出	12.50	12.10	43.30	9.48	7.30
龙羊峡	1981~1982年平均	12.98	7.98	8.35	7.33	174.50	30.30	14.30	17.15	45.55	12.20	15.40
龙羊峡	1995~1996年坝前	18~7	2.70	8.70	8.94	1.76	0.42	0.38	2.47	3.78	0.74	
龙羊峡	1995~1996年库区	8.40	3.10	8.40	7.80	0.70	0.30	0.40	1.10	3.20		
龙羊峡	1995~1996年平均	18.2~7.1	2.90	8.50	8.05	0.96	0.32	0.37	1.49	3.31	1.02	
李家峡	1995年7月	16.5~19.5	5~10			142.20	0.30	15.28	16.37	41.61	10.72	7.75
李家峡	1995年10月	13~16	22~30	7.80	7.13	未检出	0.50	20.14	10.82	46.44	11.81	18.06
李家峡	1996年4月	11.00	30~60	7.80	10.63	233.88	未检出	20.62	17.74	45.16	17.19	27.25
李家峡	1996年6月	16.5~19.0	10~20	7.30	8.77	未检出	未检出	18.41	11.30	41.00	13.00	22.25
李家峡	1995~1996年平均			7.60	8.84	191.52		18.61	14.03	43.77	13.31	10.06

表 5-34 龙羊峡和李家峡河段水化学分析

断面	取样时间	营养元素								耗氧量	总碱度	总硬度	离子总量	备注
		氨氮	硝酸氮	亚硝酸氮	活性磷	活性硅	总磷	总氮	总铁					
龙羊峡	1981年4~6月	0.552	0.461	0.010		7.57	0.04	1.37	0.120	11.70	6.20	6.07	185.00	C_{ca}^{II}
龙羊峡	1981年9~10月	0.130	0.260	0.001	0.002	8.50	0.04	0.94	0.046	5.60	9.06	9.67	312.00	C_{ca}^{II}

续表

断面	取样时间	营养元素								耗氧量	总碱度	总硬度	离子总量	备注
		氨氮	硝酸氮	亚硝酸氮	活性磷	活性硅	总磷	总氮	总铁					
龙羊峡	1982 年 4 ~6 月	0.076	0.035	0.003	0.010	9.00	0.36	1.38	0.071	9.00	9.48	0.95	311.00	$C_{\mathrm{ca}}^{\mathrm{II}}$
龙羊峡	1982 年 9 ~10 月	0.125	0.026	0.002	0.002	2.10	0.53	0.92	0.075	2.75	7.46	8.24	247.00	$C_{\mathrm{ca}}^{\mathrm{II}}$
龙羊峡	1981 ~1982 年平均	0.220	0.200	0.000	0.000	6.79	0.24	1.15	0.080	7.26	8.05	6.23	263.75	$C_{\mathrm{ca}}^{\mathrm{II}}$
龙羊峡	1995 ~1996 年坝前	0.790	0.006	0.003	0.028			0.80		7.30				$C_{\mathrm{ca}}^{\mathrm{II}}$
龙羊峡	1995 ~1996 年库区	0.200	0.000	0.000	0.00			0.20		4.10				
龙羊峡	1995 ~1996 年平均	0.320	0.003	0.002	0.025			0.50		4.89				$C_{\mathrm{ca}}^{\mathrm{II}}$
李家峡	1995 年 7 月	0.040	0.620	0.001	0.04	6.00	0.05	2.30	<0.010	5.20	2.85	147.67	239.21	$C_{\mathrm{ca}}^{\mathrm{I}}$
李家峡	1995 年 10 月	0.240	0.540	<0.001	0.22	5.02	0.22	2.22	0.100	3.50	3.17	164.42	298.28	$C_{\mathrm{ca}}^{\mathrm{I}}$
李家峡	1996 年 4 月	0.060	0.560	0.002	0.10	6.42	0.10	0.98	0.070	3.86	3.82	185.48	361.84	$C_{\mathrm{ca}}^{\mathrm{I}}$
李家峡	1996 年 6 月	<0.02	0.600	0.001	0.022	5.66	0.022	0.78	<0.05	1.70	3.39	159.34	314.84	$C_{\mathrm{ca}}^{\mathrm{I}}$
李家峡	1995 ~1996 年平均	0.001	0.580	0.001	0.099	5.97	0.099	1.57	<0.08	3.45	3.30	164.22	302.04	$C_{\mathrm{ca}}^{\mathrm{I}}$

　　由表 5-34 和表 5-35 可知，龙羊峡水库河段蓄水前后 pH 为 8.0 ~8.9，呈偏碱性，而李家峡河段 pH 为 7.3 ~7.8，属微碱性水体；两河段透明度季节性变化均为夏季较低，春、秋两季较高；水温均呈季节性变化趋势；溶解氧在龙羊峡断面蓄水后明显高于蓄水前，李家峡断面溶解氧呈季节性变化趋势；龙羊峡水库蓄水后库区离子总量明显降低，同时下游河段离子总量也高于上游水库；水库蓄水后坝前氨氮含量明显高于其他时段和其他河段，三氮呈明显季节性变化。

表 5-35　水库蓄水前后龙羊峡水库及下游河段水温　　　（单位：℃）

断面	年份	1 月	2 月	3 月	4 月	5 月	6 月	7 月	8 月	9 月	10 月	11 月	12 月	年均
龙羊峡	1985	0.0	6.0	7.6	9.4	10.4	11.5	11.9	15.3	14.3	12.6	10.8	8.8	9.9
贵德	1985	0.0	2.2	2.2	9.5	14.0	14.9	16.6	17.5	13.5	8.9	2.2	0.0	8.3
龙羊峡	1995	4.1	1.9	2.2	3.8	9.2	14.8	19.3	20.5	17.3	14.3	9.9	5.2	10.2
贵德	1995	4.2	2.7	3.4	5.1	7.9	11.2	15.0	15.0	15.3	11.4	8.9	6.1	8.7
循化	1995	3.8	2.6	2.8	5.4	8.4	12.6	15.1	17.2	17.8	13.8	9.7	4.2	9.5

为系统分析影响水生生物群落变化的原因，本书计算了溶解氧、三氮和水温与水生生物数量和生物量的相关关系。结果表明，1995 年李家峡河段蓄水前水体溶解氧含量与各季节浮游植物的数量成正比，相关系数为 1.0；该河段浮游植物、浮游动物中只有硅藻的数量和生物量与水温的相关系数通过相关系数检验，分别为 -0.87 和 -0.90，即随着水温上升硅藻数量显著减少，其余相关分析系数均通不过相关系数临界值检验。由此可见，溶解氧含量和水温是影响浮游植物和硅藻生物量与数量变化的关键因素。

根据已有研究（日本生态学会环境问题专门委员会，1987；饶钦止和章宗涉，1980；颜京松，1981；青海省生物研究所生态研究室水生生物研究组，1978）和本书的分析，龙羊峡水库蓄水前浮游生物优势种多为广适性种类，少数为贫营养水域的指示物种，底栖动物优势种为肉食性、植食性和杂食性共存；水库蓄水后坝前和下游河段浮游生物优势种中出现了比较耐污的种类，同时，底栖动物优势种仍为肉食性、植食性和杂食性共存，且浮游动物种类及数量都很少，说明龙羊峡库区坝前断面蓄水后有机物可能较多，水体向中营养型过渡。本书对营养型单因子指标的评价结果（表 5-36）表明，龙羊峡和李家峡河段为贫营养型水体。

表 5-36　营养型的单项指标评价

评价参数	贫	中	高	极富	龙羊峡蓄水前	龙羊峡蓄水后	李家峡河段
TN 浓度/(mg/L)	0.02 ~ 0.2	0.01 ~ 0.7	0.5 ~ 1.3	>1.3	1.15	0.50	1.57
TP 浓度/(mg/L)	0.002 ~ 0.02	0.01 ~ 0.03	0.01 ~ 0.09		0.24	0.025	0.099
水色	蓝绿色	绿色	黄绿色			绿色	蓝绿色
通明度/m	>5	1 ~ 5	<1.5		8.00	2.9	20 ~ 30
pH	6 ~ 8	7 ~ 8	7 ~ 9		8.35	8.5	7.6
COD 浓度/(mg/L)	<30	30 ~ 100	100 ~ 1000	>1000	7.26	7.89	3.45

续表

评价参数	贫	中	高	极富	龙羊峡蓄水前	龙羊峡蓄水后	李家峡河段
浮游藻类/(万个/L)	<30	30 ~ 100	>100			35.277	10.83
浮游动物数量/(个/L)	<100	1000 ~ 2000	>3000			290 350	0.305
底栖动物数量/(个/m²)	300 ~ 1000	1000 ~ 2000	2000 ~ 10 000		37.2	29.04	0
总评					贫营养型	贫营养型	贫营养型

注：评价标准来自文献（金相灿，1995）

5.4.5 小结

分析表明，青海省境内黄河干流梯级开发已建水库对水生生物的影响具有以下规律：①水库蓄水后库区和下游河段水生生物种类明显增加、生物量和数量下降，且下游河段的水生生物种类、生物量和数量明显高于上游水库河段；②水库蓄水前后从上游到下游水生生物量和数量均呈下降趋势，经水库调节，这种下降趋势减缓，经一段距离的恢复可接近蓄水前水平；③蓄水前水库河段浮游植物生物量以硅藻为最优势类群，蓄水后经一段时间，绿藻和蓝藻数量和比例明显增加，浮游动物各门和底栖动物生物量大幅度下降；种类特性分析和单因子分析表明蓄水前后所有河段都属于贫营养型，但库区蓄水后有向中营养水体过渡的趋势；④蓄水前水库河段浮游植物的数量和生物量在春季达到峰值，浮游动物的数量和生物量在夏季达到峰值，浮游植物中硅藻的数量和生物量与水温显著相关；⑤水库蓄水使库区水生生物多样性、均匀度和丰富度均大幅度下降；经过一段距离的恢复后，下游河段基本可恢复到水库蓄水前的水平，种群结构趋于稳定；⑥蓄水前研究区域地处高寒地带，水温较低，河底比较大，水流湍急；蓄水后水库的调节作用使库区流速变缓，库区水温升高，下游水温下降，这些因素带来了生物量的前后差异。

5.5 梯级水库诱发地震分析

5.5.1 梯级开发区域的工程地质条件分析

水工建筑物抗震规范中规定：坝高大于 100m，库容大于 5 亿 m³ 的水库，应对其诱发地震的可能性、可能的发震地段和最高震级进行预测（杨清源等，1997）。根据青海省境内黄河干流梯级开发的实际情况，确定需要研究和预测水库地震的水库（水电站）包括：龙羊峡水库、拉西瓦水电站、李家峡水电站和公伯峡水电站。各水库（水电站）的工程地质条件如下（王健等，1998；王新玲，2001）。

  龙羊峡、拉西瓦位于共和与贵德两断陷盆地隆起带上，峡谷边坡坡度 55° ~ 75°，相对高差 600 ~ 800m。该地区属于东昆仑构造带东端，以 NW 和 NNW 向断裂为主。北侧为拉脊山—日月山 NW 向断裂，南部为共和—贵南新生代盆地，其中的瓦里贡山活动断裂带是龙羊峡坝区附近的一组重要的断裂构造，该断裂带总体呈 NNW 向延伸，大都具有右旋走滑性质，倾角较陡，呈直线展布。日月山—拉脊山断裂带在地貌上展现为向西南凸出的弧形断裂带，新生代以来活动增强，历史至今沿断裂带曾发生数次 5 级左右的地震。外动力地质现象主要在中上段，以滑坡和危岩体为主，仅龙羊峡库区右岸近坝 14km 段就有中 ~ 巨型滑坡十余处，对水库运行有潜在威胁；中下段仅有少数滑坡、危岩体，山体变形破坏较弱，稳定性较好，龙羊峡大坝和拉西瓦规划坝址就在此段。拉西瓦电站建在石门段，石门坝址位于瓦里关山强烈隆起的黄河峡谷中，峡谷呈"V"形，水面宽 45 ~ 55m，两岸地形对称，相对高差 600 ~ 800m，海拔 2400m 以下谷坡平均坡度 60° ~ 65°，海拔 2400m 以上 40° ~ 45°，坝址区出露印支期花岗岩，岩体致密坚硬，是较理想的坝址。

  李家峡水库位于贵德与尖扎两断陷盆地之间的松坝隆起带东段，活断层分布见图 5-25（赵珠，1999）。

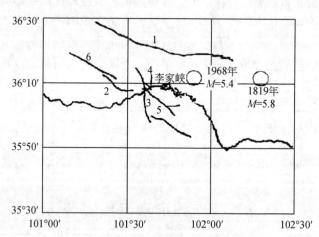

图 5-25 李家峡水库区域活断层分布图

1-拉脊山南缘断裂；2-德贝寺—阿什贡断裂；3-岗察寺断裂；

4-松巴断裂；5-扎马山断裂；6-野牛山断裂

  公伯峡段地处尖扎与循化两个断陷盆地之间隆起带上，峡谷呈"V"形，斜坡高差 800 ~ 900m，坡度中上部 40° ~ 50°，中下部 60° ~ 70°，河面处形成直立陡壁。除下口分布有印支期花岗岩外，其余均由下元古界片岩、片麻岩构成，岩体完整性好，质地坚硬。受河西系构造体系影响，断裂较发育，有 3 次小于 4 级地震记载，属地震烈度Ⅵ度区，区域稳定性划分属稳定区。该段斜坡变形破坏主要为危岩体、坍塌和少量滑坡，斜坡稳定性总体较好。

5.5.2　梯级开发区域地震活动特征分析

1. 龙羊峡库区的地震活动

根据龙羊峡水库蓄水前后龙羊峡库区（北纬 35°30′～36°30′，东经 100°00′～101°30′）的地震资料，分析水库蓄水前后地震活动情况，详见表 5-37。表 5-37 数据显示，龙羊峡水库蓄水后的地震活动水平和活动特征都与蓄水前具有明显的差异：蓄水前每年发生 1.4 次小地震，库区总体的地震活动水平不高；1981 年 1 月 1 日至 1986 年 10 月 15 日，水库为了防洪需要，暂时拦洪 10 亿 m^3，随水库水位的升高，库区地震活动明显增加，年发生地震增至 13 次，但震级明显以 1.9 级以下为主（张敏和张启胜，2000）。蓄水后的地震活动呈现新的特征：①地震强度小、频次明显增大，地震发生频次增至 29 次/a。②库区的地震活动与库水位变化有明显的对应关系，蓄水初期，每一次水位迅速升高后 3～6 个月库区小震活动均明显增多。③地震主要集中在距库岸 20km 范围内，蓄水前地震基本分布于大坝以东，尤其以大坝附近的瓦里贡山—查纳一带最为密集，蓄水后地震活动明显向整个库区扩展（张敏和张启胜，2000）。④1989 年 4 月到 1990 年 4 月共和县发生 7.0 级地震，该年内库区小震活动性出现了明显的平静，该次强震的震中距库区 45km，研究表明，它与水库蓄水无关（常宝琦和沈立英，1997）。⑤ 1996 年 12 月 14 日，在龙羊峡库区北东距大坝 20km 左右，发生了一起震群活动，历时 3 个月。整个序列共发生 $M_L \geq 0.5$ 地震 371 次，最大地震为 1996 年 12 月 19 日 M_L4.9 地震，震中距大坝 20km。整个序列地震活动频次波动衰减，地震活动成丛性较好，有明显的密集—平静—密集的特点。从湟源地震台资料看，该震群地震活动频次在 1996 年 12 月 15 日 1：00～2：00 时达到高值（10 次/h），此后快速削减，在 19 日又开始增强，并发生了 4.9 级地震。虽然该震群地震级小，但震源很浅，地震造成四度区（倒淌河—拉脊山一带）内产生大量的地表裂缝，裂缝最长几十米，最宽 4～5cm（陈玉华等，1997）。

表 5-37　龙羊峡水库 1959～1993 年地震及 1996 年 12 月至 2003 年 6 月群震统计

时间	频次/次					最大震级/级	合计/次	年均/次
	0～0.9 级	1～1.9 级	2～2.9 级	3～3.9 级	>4 级			
1959 年 1 月至 1980 年 12 月	0	15	11	4	1	4.8	31	1.4

续表

时间	频次/次					最大震级/级	合计/次	年均/次
	0~0.9级	1~1.9级	2~2.9级	3~3.9级	>4级			
1981年1月1日至1986年10月15日	43	26	7	0	0	2.7	76	13
1986年10月15日至1993年6月30日	78	123	73	5	0	3.2	279	29
1996年12月14日至1997年3月13日	93	231	43	3	1	4.9	278	
2000年5月30日至2003年6月30日				3		3.3		

注：1996年12月14日至1997年3月13日震群只统计 $M_L \geqslant 0.5$ 地震，2000年5月30日至2003年6月30日地震数据来自国家数字地震台网中心 http://www.ccdsn.seis.ac.cn/home/index.html，且只统计 $M_L \geqslant 3.0$ 地震

2. 李家峡库区及周围地区地震活动规律

李家峡水库大坝位于北纬36°06′、东经101°50′，电站地震遥测台网自1998年5月开始监测，台网跨度为24km×41km，监控范围为北纬35°30′~36°30′，东经101°00′~102°30′，定位精度为0类和1类，定位精度最大残差不超过0.28s（赵珠，1999）。

水库地震的研究范围选取多大适宜，目前尚无统一标准，一般参照天然地震活动与诱发地震的空间分布特征来考虑。一些研究者以库轴为中心25 km作为诱震的范围（高士钧等，2001）；也有学者将在水域线外20km范围内引起的异常地震定义为水库诱发地震活动（李家荣，1997）。考虑到李家峡水库为黄河干流近东西向展布的高山狭谷型水库，本书以李家峡水电站遥测地震台网的地震目录为依据，选目时段为1998年5月至2002年12月，库坝区选目范围定为：北纬35.92°~36.35°、东经101.46°~102.07°。研究区选目范围即为台网监控范围，以便更好地反映区域地震活动特征。

1）地震震中分布情况

图5-26描绘了李家峡水库蓄水后1998年5月至2002年12月发生在库坝区和研究区经地震遥测台网定位的地震震中的分布情况。

由图5-26可知，大坝附近尤其是大坝以北拉脊山南缘断裂一带震中有较为密集的分布。据地震史料［顾功叙，1983；中国地震年鉴（1949~2001）］，公元前1831年至今，该断层附近仅在1819年和1968年发生过两次破坏性地震，震级分别

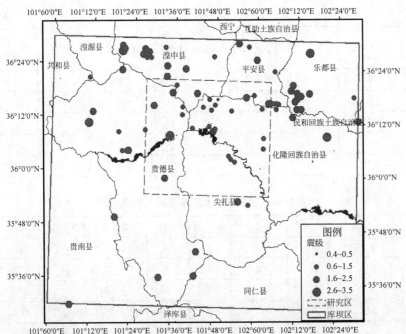

图 5-26　研究区（虚线）和库坝区（实线）地震震中位置分布

为 5.8 级和 5.4 级，其中，1819 年地震烈度达Ⅶ度，两次地震的震中位置如图 5-26
所示，可见该断裂是库坝区内具有孕震能力的活动断裂。库尾部的德贝寺—阿什贡断
裂和松巴断裂附近有少量地震出现，而横切库尾的扎马山断裂和岗察寺断裂附近，没
有检测到特别显著的地震活动，历史上这些断裂带上也没有发生过特大地震。

2）地震频次分析

根据李家峡电站地震遥测台网 1998 年 5 月至 2002 年 12 月的地震目录，本
书分析了库坝区和研究区的历年地震频次，见表 5-38 和表 5-39。由表 5-38 可
知，研究区内的地震活动除一次最大震级为 3.1 级外，其余地震全部为 3 级以
下。其中，0～0.9 级 13 次，占 16%；1.0～1.9 级 51 次，占 63%；2.0～2.9 级
16 次，占 20%。表明水库蓄水后研究区地震活动以弱震呈群的形式出现，活动
水平较低。地震发生频次最高的是 1998 年的 23 次和 2002 年的 21 次，这两年的
最大震级分别为 1.9 级和 3.1 级。

表 5-38　李家峡水库蓄水后研究区历年地震统计

年份	0～0.9 级	1.0～1.9 级	2.0～2.9 级	3.0～3.9 级	>4.0 级	合计	最大地震日期
1998	8	15	0	0	0	23	1998.7.5

续表

年份	0~0.9级	1.0~1.9级	2.0~2.9级	3.0~3.9级	>4.0级	合计	最大地震日期
1999	4	7	2	0	0	13	1999.3.3
2000	1	10	5	1	0	17	2000.1.2
2001	0	6	1	0	0	7	2001.1.12
2002	0	13	8	0	0	21	2002.12.4
合计	13	51	16	1	0	81	2000.1.2

表5-39 李家峡水库库坝区历年地震统计

年份	0~0.9级	1.0~1.9级	2.0~2.9级	>3.0级	合计	当年最大震级	最大地震日期
1998	6	5	0	0	11	1.9	1998.7.5
1999	4	2	0	0	6	1.6	1999.3.3
2000	0	3	0	1	4	3.1	2000.1.2
2001	0	2	0	0	2	1.5	2001.1.12
2002	0	5	0	1	6	2	2002.12.4
合计	10	17	1	1	29	3.1	2000.1.2

表5-39表明，库坝区共发生地震29次，其中0.0~0.9级10次，占34%；1.0~1.9级17次，占59%；2.0~2.9级1次；3.0~3.9级1次。分析结果表明，库坝区地震活动也以弱震活动为主，最大震级为3.1级，发生在2000年1月2日。

图5-27和图5-28是研究区和库坝区1998年5月至2002年12月的经电站台网监测的地震震级随时间的分布图（M-T图）。图5-29是研究区和库坝区地震月频次逐年按月的变化情况和库水位变化情况。

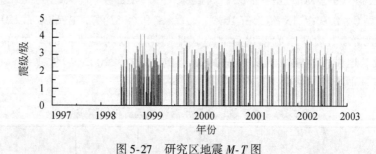

图5-27 研究区地震 M-T 图

由图5-27和图5-29可知，研究区地震活动按时间呈不均匀性分布，活跃期

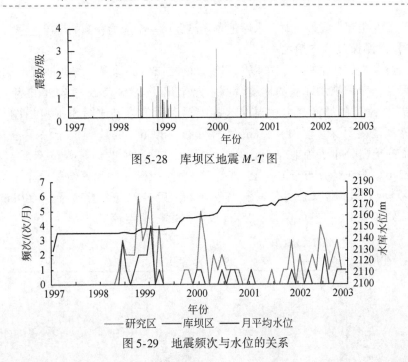

图 5-28　库坝区地震 *M-T* 图

图 5-29　地震频次与水位的关系

和平静期呈明显的周期性变化。1998 年 6 月至 1999 年 3 月是研究区弱震的活跃期。2000 年 1～2 月再次出现弱震的活跃期，最大震级为 3.1 级的地震就发生在该期间，这一时期地震发生的最高月频次为 5 次。2000 年 3 月后该区域地震活动明显减弱，2001 年是最平静的一年，2002 年地震活动再次走强。可见，研究区地震频次呈现波动性，由于监测时段仅为 5 年，波动周期还无法判断。水库蓄水后库坝区的地震均为弱震，M_L 在 0.5～1.9 的占绝对优势（图 5-28 和表 5-39），故库坝区地震的活跃程度更多地取决于地震频次的大小。

　　图 5-29 表明，1998 年 5 月至 2002 年 12 月库坝区地震频次为 0.58 次/月，峰值出现在 1999 年 1 月，频次为 4 次/月；1998 年 6 月至 1999 年 3 月，库区地震的发生率维持在一个相对较高的水平，该时段内，库区地震平均月频次为 1.7 次/月；1999 年 4 月以后，库坝区地震活动趋于平静，月频次在 0～1 次/月交错出现，只在 2002 年 10 月时，频次达到 2 次/月，这与研究区中地震活动再次活跃密切相关。李家峡水库作为日、周调节水库，从 1997 年蓄水发电以来，库水位持续上升。其中，有三次水位上升较为明显的阶段，分别为 1999 年 7～8 月水库水位升高 6.8m，2000 年 4～6 月水库水位升高 7.4m，2001 年 7～12 月水库水位上升 9.5m（图 5-29）。可见，库坝区的地震活动频次与水库水位的变化具有一定的相关性，且地震活动多发生在水位迅速上升之后一段时间的高水位时期，并存在 5～7 个月的滞后期，但地震震级与水库水位变化无相关关系。其主要原因在于，水库地震

并不是发生在蓄水量最大时, 水库地震还需经历一个应力积累的孕震过程。

3) 震源深度分布情况

通过分析震源的深度, 可以了解活动断层破裂的深度, 掌握地震造成的地面破坏程度。李家峡水库遥测地震台网目录给出了 1998 年 5 月至 2002 年 12 月研究区 77 个地震的震源深度, 根据这些震源深度值绘制成图 5-30。由图 5-30 可知, 库坝区震源深度呈 0 ~ 15km 优势分布, 89.6% 的地震位于该层位。其次, 17.2% 的地震分布于距地表 5km 以内的浅层, 44.8% 的地震分布于 5 ~ 10km 深处, 27.6% 的地震分布于 10 ~ 15km 深处, 而在 16km 的深处地震分布较为稀少。研究区 5 ~ 15km 震源深度有一个优势分布, 其中 27.5% 分布于 5 ~ 10km 深处, 23.4% 分布于 10 ~ 15km 深处, 25km 以下深度, 地震较少。

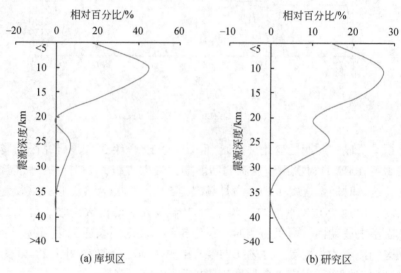

图 5-30 李家峡水库地震区震源深度分布

3. 未建水库地震震级预测

应用式 (3-77) ~ 式 (3-80) 对 4 座水库诱发地震的最大最小震级进行了预测 (表 5-40), 由表 5-40 可知, 计算结果比较接近, 拉西瓦和公伯峡水电站水库诱发地震的最大震级分别在 5.08±0.98、5.51±1.201 和 7.49±0.98、7.85±1.201 级之间。公伯峡结果偏大可能与峡谷水库较大的 E 值有关。

表 5-40 梯级开发水库诱发地震震级预测

水库名称	S/km^2	H/m	$V/\text{亿 m}^3$	E	M_{max}	M_{min}	M_{max}^*	M_{min}^*
龙羊峡	380.00	148.50	247.00	2.28	4.34	2.38	4.79	2.39
拉西瓦	13.12	242.00	10.56	3.01	5.08	3.12	5.51	3.11

续表

水库名称	S/km^2	H/m	$V/\text{亿 m}^3$	E	M_{max}	M_{min}	M_{max}^*	M_{min}^*
李家峡	31.58	160.00	107.50	2.89	4.96	3.00	5.39	2.99
公伯峡	22.00	134.00	5.50	5.36	7.49	5.53	7.85	5.45

* 采用式3-80预测结果

5.5.3　小结

　　分析水库蓄水后库坝区及其周围地区的地震活动特征，对评估该区域的地震危险性，预测可能的诱发地震活动及防震减灾工作均具有重要意义。研究表明：①龙羊峡库区地震为水库诱发地震，李家峡水库也存在诱发地震的可能性。②李家峡水库蓄水后库坝区及周边地区地震活动基本特征为：大坝以北拉脊山南缘断裂一带震中有较为密集的分布，库坝区和周边地区在研究时段内的最大地震为3.1级，库坝区90%的地震为0.0~1.9级的弱小地震，周边地区以1.0~1.9级地震为主；地震震源深度优势分布层位于0~15km。库坝区地震活动与水库水位有关，且地震活动存在5~7个月的滞后期。③未建水库存在诱发5级以上地震的危险性。

5.6　沿黄12县自然灾害活动特征及承灾体脆弱性评价

　　水电工程建设往往是各种自然灾害的诱因（杨丽萍和荣艳，2001；周建波和袁丹红，2001；Ligon et al.，1995），一旦诱发的自然灾害与区域背景灾害叠加超过了区域的承载能力，将造成不可估量的损失。已有灾害研究侧重于灾害活动特征、致灾因子的差异、致灾环境的危险性和灾害等级的划分，往往与承灾体脆弱性量度相分离（冯利华，2000；冯利华等，2002；汤爱平等，1999），而灾害所造成的后果往往由这些因素共同决定。因此，将灾害活动与脆弱性相结合，通过承灾体的脆弱性机制分析与评价，揭示区域未来成灾趋势和承灾能力，对区域减灾和促进水电梯级开发规划的进一步实施有着极为重要的意义。

5.6.1　梯级水电开发区域自然灾害活动特征

　　基于梯级开发区域沿黄12县1949年以来的自然灾害资料（海南藏族自治州地方志编纂委员会，1997；共和县地方志编纂委员会，1991；骆承政和乐嘉祥，1996；范宝俊，1999；青海省贵南县志编纂委员会，1996；中国地震年鉴编辑部，1996~1998，1999~2000，2000~2001；中华人民共和国国家统计局，1996）；青海省国土资源厅，2002；《青海自然灾害》编纂委员会，2003），以1986年和1996年两座水库蓄水发电为时间分割点，将52年的数据分为：龙羊峡水库蓄水前（1949～1986年）、龙羊峡水库蓄水后李家峡水库蓄水前（1987～1996年）、李家峡水库蓄水后（1997～2000年）3个阶段，分别统计期间的洪涝灾害、地质地貌灾害、气象灾害和生物灾害的活动频次和强度等指标，系统分析水库蓄水前后青海省沿黄12县的自然灾害活动特征。

1. 水库蓄水前后区域气象和生物灾害的活动特征

水库蓄水前后区域气象和生物灾害影响面积和成灾面积比例见表5-41和表5-42。由表5-41和表5-42可知，龙羊峡水库蓄水前，民和、循化、贵德、湟源、湟中为洪涝、旱灾和虫灾的主要影响区域，其中，以循化县的水灾最为严重，灾情影响面积比例达19.6%，成灾面积比例达7.1%；贵德县主要受病虫灾害的影响，影响面积比例达34.9%。由于青海省沿黄12县深居内陆、远距海洋，又受地形阻隔，春夏降水量稀少，蒸发快，造成民和、湟源和循化等县旱灾频繁发生，且成灾范围广，维持时间长，危害程度大，旱灾影响的面积达12县农作物总播种面积的19.6%。

表5-41　水库蓄水前后区域气象和生物灾害影响面积比例　（单位:%）

行政辖区	水灾影响面积比例			旱灾影响面积比例			病虫害影响面积比例			影响面积合计比例		
	1949～1986年	1987～1996年	1997～2000年	1949～1986年	1987～1996年	1997～2000年	1949～1986年	1987～1996年	1997～2000年	1949～1986年	1987～1996年	1997～2000年
湟中县	4.3	4.2	1.9	14.6	17.3	14.3	9.9	0.8	0.0	28.8	22.3	16.2
湟源县	7.7	8.0	31.5	25.1	18.6	48.6	0.5	3.8	9.0	33.4	30.5	89.2
民和县	2.8	4.7	0.4	56.1	38.5	45.7	29.6	2.9	0.0	88.5	46.1	46.1
化隆县	0.1	0.9	0.9	20.8	19.4	18.6	0.0	0.0	0.0	20.9	20.4	19.5
循化县	19.6	0.0	3.9	22.5	24.2	20.2	19.3	7.3	0.0	61.4	31.6	24.0
共和县	0.0	1.6	3.0	9.8	10.2	0.0	0.0	0.0	0.0	9.8	11.8	3.0
同德县	1.7	1.8	3.2	0.3	9.1	0.0	0.0	0.0	6.4	2.6	10.9	9.7
贵德县	1.8	0.0	0.0	18.7	59.8	0.0	34.9	0.0	0.0	55.4	59.8	0.0
贵南县	0.8	0.0	8.3	0.0	0.0	4.2	0.0	0.0	0.0	0.8	0.0	12.5
兴海县	0.0	17.8	1.9	0.0	1.9	7.4	0.0	0.0	0.0	0.0	19.7	9.4
同仁县	0.3	0.7	8.8	1.4	0.5	19.2	0.0	0.1	0.0	1.8	1.3	28.0
尖扎县	0.6	3.3	1.0	1.3	0.0	54.1	1.5	0.0	27.7	3.3	3.3	82.8
合计	3.0	3.2	4.6	19.6	19.5	20.8	8.3	1.3	1.6	10.3	8.0	9.0

表5-42　水库蓄水前后区域气象和生物灾害成灾面积比例　（单位：%）

行政辖区	水灾影响面积比例			旱灾影响面积比例			病虫害影响面积比例			影响面积合计比例		
	1949~1986年	1987~1996年	1997~2000年	1949~1986年	1987~1996年	1997~2000年	1949~1986年	1987~1996年	1997~2000年	1949~1986年	1987~1996年	1997~2000年
湟中县	3.0	2.5	1.4	11.0	14.0	9.1	6.8	0.6	0.0	20.8	17.0	10.5
湟源县	4.3	5.2	10.6	15.0	9.8	40.2	0.4	2.2	5.4	19.6	17.2	56.2
民和县	2.7	3.8	0.4	45.5	25.8	30.2	29.6	1.8	0.0	77.8	31.4	30.7
化隆县	0.1	0.9	0.4	19.6	17.2	17.8	0.0	0.0	0.0	19.6	18.1	18.2
循化县	7.1	0.0	2.9	18.2	20.6	15.5	12.1	5.8	0.0	37.4	26.4	18.4
共和县	0.0	1.6	1.5	8.0	8.4	0.0	0.0	0.0	0.0	8.0	9.9	1.5
同德县	0.5	0.5	1.0	0.0	3.0	0.0	0.1	0.0	6.4	0.6	3.5	7.4
贵德县	1.0	0.0	0.0	18.7	44.8	0.0	19.6	0.0	0.0	39.3	44.8	0.0
贵南县	0.8	0.0	8.3	0.0	0.0	3.9	0.0	0.0	0.0	0.0	0.0	12.2
兴海县	0.0	14.3	1.5	0.0	0.0	7.2	0.0	0.0	0.0	0.0	15.0	8.8
同仁县	0.3	0.3	8.8	1.4	0.3	19.1	0.0	0.1	0.0	1.8	0.7	27.9
尖扎县	0.4	2.4	0.8	0.8	0.0	46.5	1.5	0.0	17.3	2.7	2.4	64.6
合计	1.9	2.3	2.6	15.6	14.3	15.7	7.3	0.0	1.1	8.3	5.8	6.5

龙羊峡水库蓄水后至李家峡水库蓄水前的10年间，青海省沿黄12县生物灾害的成灾面积和影响面积均明显减少，旱灾的成灾面积略有减少，水灾的成灾面积增加了0.4%（表5-42）。兴海县为水灾高发区，民和的旱灾灾情有所缓解，而贵德县这一时期的旱灾非常严重，影响面积和成灾面积分别占全县农作物总播种面积的59.8%和44.8%（表5-41，表5-42）。

1997年李家峡水库蓄水后，沿黄12县的虫灾、洪涝和旱灾的影响面积和成灾面积比例较李家峡水库蓄水前10年明显增加，尖扎县的旱灾影响面积和成灾面积分别占全县农作物总播种面积的54.1%和46.5%，为灾情最为严重的县（表5-41，表5-42）。比较而言，湟中、民和、兴海、尖扎的水灾灾情较水库蓄水前减缓，湟源、民和、兴海同仁、尖扎的旱灾灾情较水库蓄水前呈增加趋势，病虫害则主要发生在尖扎、湟源和同德3县（表5-41，表5-42）。

2. 水库蓄水前后地质地貌灾害的活动特征

表5-43的统计结果表明，龙羊峡水库蓄水前后梯级开发区域内除水土流失和沙（石）漠化略有缓解外，其他地质地貌灾害都显著增加。沿黄12县中，湟中、民和、共和的水土流失在水库蓄水后明显减少，循化、同德、贵德、贵南、

兴海、同仁、尖扎7个县水土流失面积有不同程度的增加，其中，尖扎县蓄水后水土流失面积增加为蓄水前的 3.75 倍，为增幅最大的县；沙（石）漠化集中于共和、贵南、同德、尖扎、兴海5县，其中贵南、尖扎、同德为主要沙（石）漠化区域；沿黄12县土地盐渍化总面积在龙羊峡蓄水后增长明显，这些盐渍化土地集中在民和、共和和兴海3县；泥石流和滑坡的年发生次数也增长了6倍，由蓄水前的 2.00 次/a 猛增至蓄水后的 13.90 次/a，其中，共和、贵德、贵南、兴海、同仁是灾害最为发育的区域，灾情增加显著；龙羊峡水库蓄水后民和、共和、兴海3县地震灾害有所增加，但其他县至今未有地震灾害发生。

表 5-43　1949 年以来青海省沿黄 12 县县域地质地貌灾害

行政辖区	水土流失面积占土地面积比例/%		沙（石）漠化面积占土地面积比例/%		盐渍化土地占总土地面积比例/%		泥石流和滑坡/(次/a)		地震灾害/(次/a)	
	1949 ~ 1986 年	1949 ~ 1999 年	1949 ~ 1986 年	1949 ~ 1999 年	1949 ~ 1986 年	1949 ~ 1999 年	1949 ~ 1986 年	1949 ~ 1999 年	1949 ~ 1986 年	1949 ~ 1999 年
湟中县	68.89	39.35	0.00	0.00	0.00	0.00	0.00	0.40	0.00	0.00
湟源县	66.85	53.70	0.00	0.00	0.00	0.00	0.00	0.40	0.00	0.00
民和县	93.10	88.32	0.00	0.00	0.01	0.01	0.00	0.00	0.00	0.07
化隆县	82.14	82.14	0.00	0.00	0.17	0.00	0.00	0.00	0.00	0.00
循化县	69.00	74.10	0.00	0.00	0.003	0.00	0.00	0.00	0.00	0.00
共和县	9.50	0.00	6.49	7.82	0.00	3.31	1.00	5.00	0.00	0.47
同德县	2.98	17.00	6.87	0.00	0.00	0.00	0.00	0.00	0.00	0.00
贵德县	45.80	65.30	0.00	0.013	0.0003	0.00	0.00	2.00	0.00	0.00
贵南县	0.086	0.21	11.42	9.49	0.034	0.00	0.00	1.00	0.00	0.00
兴海县	4.50	6.57	0.028	0.41	0.016	0.29	1.00	2.00	0.00	0.13
同仁县	35.30	61.10	0.00	0.00	0.00	0.00	0.00	2.00	0.00	0.00
尖扎县	14.20	53.35	0.00	5.34	0.00	0.00	0.00	0.00	0.00	0.00
合计	23.66	23.06	4.26	3.50	0.01	0.98	2.00	13.90	0.00	0.67

5.6.2　沿黄 12 县承灾体脆弱性评价

对青海省黄河干流沿黄 12 县在龙羊峡和李家峡水库蓄水前后自然灾害活动特征的分析结果表明，沿黄 12 县是洪涝、旱灾、生物灾害和地质地貌灾害的多发区。由于 12 县的人口情况、经济支撑能力、区域发展规模、交通通信网络和赔付支持能力等不同，这 12 个县对自然灾害的承受能力和发生损毁的难易程度，即能够应对及抗御自然灾害并能从灾害中恢复的能力也存在较大差异，这种差异的大小可以通过计算承灾体脆弱性指数进行量化评估。

县域承灾体脆弱性评价指标体系和权重见图 3-3 和表 3-23。青海省沿黄 12 县特殊的地理位置和社会经济发展水平，决定了其评价标准的特殊性。当我们采用樊运晓等（2000）建立的区域承灾体脆弱性评价标准进行模糊评价时，12 县的评价结果几乎在一个等级上，难以区分各县之间脆弱性的差异。为此，笔者根据 12 县评价指标的具体数值（青海省统计局，2001），采用等距法计算了全距、分组数、组距等参数，制定了适于研究区域的县域承灾体脆弱性的评价标准（表 5-44）。为充分考虑主要指标的作用，将承灾体脆弱性标准作为评价标准，设定凡符合一级标准均可得 6 分；符合二级标准的指标均可得 5 分，以此类推，即可得到各县评价指标的评分值 a_k，采用式（3-81）计算 12 县的最终分值（M）。对 M 值划分 5 个等级，随 M 值的降低脆弱等级也降低，当分值为"5 分"时脆弱程度最强烈，为特重度脆弱，分值为"1 分"时表示脆弱程度最微弱，为轻度脆弱，各县承灾体脆弱性评价分级结果见图 5-31。

表 5-44　青海省沿黄 12 县县域承灾体脆弱性分级标准

标准	人口密度/(人/km²)	年末总户数/万户	经济密度/(万元/km²)	第三产业增加值所占比例/%	城镇面积占土地面积比例/%	年末实有耕地面积/hm²	金融机构存款余额/万元	保险机构承保额/万元	境内公路里程/km	境内铁路里程/km	邮政业务总量/万元
一级	217	12	53	36.87	0.21	75	56 062	58 456	1 692	66	1 572
二级	178	10	44	32.15	0.17	63	46 290	48 239	1 428	54	1 318
三级	140	8	34	27.44	0.14	50	36 518	38 021	1 165	42	1 063
四级	101	6	25	22.73	0.10	38	26 746	27 804	901	30	808
五级	63	4	16	18.02	0.06	26	16 974	17 586	637	18	553
六级	<24	<2	<6	<13.30	<0.03	<13	<7 202	<7 369	<374	<6	<298

由图 5-31 可知，沿黄 12 县中，对于洪涝灾害，湟中和民和为特重度脆弱性地区，湟源和化隆为重度脆弱性地区，尖扎、循化、共和、贵德和同仁为中度脆弱性地区，兴海、贵南和同德的抗水灾能力较强。对于地震和干旱灾害，湟中和民和为特重度脆弱性地区，湟源为重度脆弱性地区。对于病虫害，湟中和民和为特重度脆弱性地区，湟源、化隆和共和为中度脆弱性地区。对于外生地质灾害，湟中和民和脆弱性最强烈，而兴海、同德和循化的承灾体脆弱程度相对微弱。上述结果表明，青海省黄河干流沿黄 12 县地域广阔、交通运输能力相对较低，经济活动对自然环境和资源的依赖性强，整体对环境灾害的承受能力弱、调整能力差、易损性强。

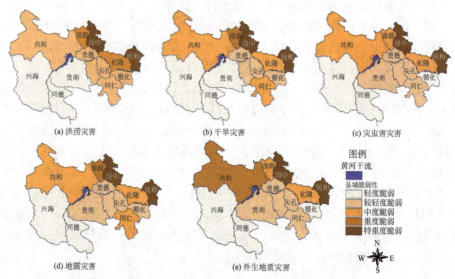

图 5-31　青海省沿黄 12 县县域承灾体脆弱性评价结果

5.6.3　小结

　　承灾体脆弱性评价的结果表明，龙羊峡和李家峡两座梯级水库的修建在提高人类调控水资源能力的同时，也改变了沿黄 12 县的气象灾害灾种，明显加剧了区域地质地貌和地震灾害。12 县中，湟中、湟源、民和、化隆、循化、共和、尖扎是各种自然灾害的高发区，而这些县的承灾体也非常脆弱，这更加重了梯级开发诱发自然灾害的破坏性。

5.7　梯级水电开发对黄河流域青海片 NDVI 的影响

5.7.1　黄河流域青海片 NDVI 时空变化分析

　　1. 黄河流域青海片 NDVI 的年际变化

　　应用式（3-82）～式（3-85）分析龙羊峡和李家峡两座水库建设前（1986 年）和两座水库建成后（1999 年）黄河流域青海片 NDVI 的空间分布，结果见图 5-32。图 5-32 表明，经多年植被保护建设，20 世纪 90 年代末研究区域整体植被覆盖程度较 20 世纪 80 年代明显改善，尤以湟水流域和黄河干流区域改善最为显著。在空间分布上，NDVI 的规律为黄河干流区域>湟水>大通河流域>黄河源头区域。

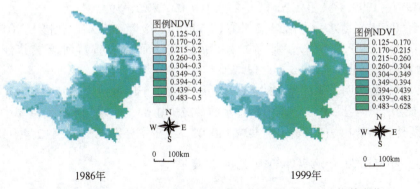

1986年　　　　　　　　　　　　　　1999年

图 5-32　已建大型水库蓄水前后黄河流域青海片年均 NDVI 指数变化

为研究梯级水库建设对库周及流域 NDVI 的影响，本书将研究区域内各县 NDVI 数据按照 1982～1986 年、1987～1996 年、1997～1999 年三个时段进行统计，将各时段的多年平均值作为各县的特征值，结果见表 5-45 和表 5-46。

表 5-45　研究区域多年平均 NDVI 特征值变化

时间	西宁	大通	泽库	河南	平安	互助	乐都	玛沁	班玛	甘德	门源	海晏	祁连	刚察	达日	久治	玛多
1982～1986 年	0.72	0.35	0.44	0.42	0.34	0.31	0.31	0.34	0.38	0.39	0.38	0.38	0.35	0.33	0.31	0.39	0.27
1987～1996 年	0.77	0.38	0.45	0.45	0.38	0.34	0.34	0.35	0.38	0.40	0.40	0.40	0.36	0.34	0.32	0.40	0.27
1997～1999 年	0.79	0.39	0.45	0.46	0.38	0.36	0.35	0.36	0.39	0.41	0.41	0.41	0.38	0.36	0.33	0.41	0.26

表 5-46　黄河流域干流 12 县多年平均 NDVI 特征值变化

时间	同德	贵德	贵南	兴海	同仁	尖扎	湟中	湟源	民和	化隆	循化	共和	干流	流域
1982～1986 年	0.41	0.34	0.37	0.31	0.43	0.40	0.35	0.35	0.36	0.38	0.42	0.22	0.36	0.37
1987～1996 年	0.42	0.35	0.36	0.31	0.45	0.42	0.38	0.36	0.38	0.40	0.45	0.21	0.37	0.39
1997～1999 年	0.43	0.34	0.37	0.33	0.45	0.41	0.39	0.38	0.39	0.39	0.45	0.20	0.38	0.39

由表 5-45 和表 5-46 可知，除已建龙羊峡和李家峡水库沿岸县外，青海省黄河流域其他各县 NDVI 年均值随时间均呈增加趋势，表明研究区域内植被覆盖情况自 20 世纪 80 年代以来呈明显改善趋势。龙羊峡水库蓄水后，沿岸的共和县 NDVI 由 0.22 降至 0.21，贵南县 NDVI 由 0.37 降至 0.36，减少率分别为 4.5% 和 2.7%，共和县在 1997～1999 年 NDVI 数值进一步由 0.21 降至 0.20，经计算，蓄

水后 1987～1999 年共和县 NDVI 年均减少 0.02，减少率为 9.1%。

李家峡水库蓄水后，沿岸尖扎县 NDVI 由 0.42 降至 0.41，化隆县 NDVI 由 0.40 降至 0.39，减少率分别为 2.4% 和 2.5%，而青海省黄河流域其他各县 NDVI 数值均比 1987～1996 年时段增加。

以上分析表明，水库蓄水对 NDVI 的影响仅限于库区沿岸，其中，龙羊峡水库蓄水后沿岸两县 NDVI 年均值较蓄水前共减少 0.03，李家峡水库使沿岸尖扎和化隆两县 NDVI 年均值较蓄水前共减少 0.02，减少率分别为 5.1% 和 2.4%。

2. 黄河流域青海片 NDVI 的年内变化

1982～1999 年黄河流域青海片 NDVI 指数变化情况见表 5-47。由表 5-47 可知，除已建龙羊峡和李家峡水库沿岸县外，黄河流域青海片其他各县 NDVI 月均值从每年的 3 月开始逐步上升，在 8 月达到峰值，从 9 月开始下降。从空间分布上看，干流区域内以共和和兴海的数值最低，黄河流域青海片以西宁、同仁、泽库、河南区域为高值区，共和和源头区域为低值区。

从三个时间段青海片各县 NDVI 月均值来看，除已建龙羊峡和李家峡水库沿岸各县外，其他各县 NDVI 月均值均呈增加或保持不变的趋势。龙羊峡水库蓄水后共和县 3～5 月 NDVI 月均值高于蓄水前，其他月份蓄水后低于蓄水前；贵南县 5～6 月 NDVI 月均值高于蓄水前，其他月份蓄水后低于蓄水前。李家峡水库蓄水后，沿岸尖扎和化隆两县在 3～5 月 NDVI 月均值高于蓄水前，其他月份蓄水后低于蓄水前。总体而言，水库蓄水使库周沿县 5 月之前 NDVI 月均值较蓄水前增强，5 月后使 NDVI 月均值较蓄水前减弱。

5.7.2 梯级水电建设对库区沿岸 NDVI 净影响分析

通过 Arcview 方法得到水库蓄水后水域面积扩大带来的 $NDVI_w$ 的数值，龙羊峡水库的结果见表 5-48，由于李家峡水域面积仅为 38.16km²，而 NDVI 数据分辨率为 8km×8km，无法统计李家峡的 $NDVI_w$ 值。从表 5-48 可知，水库建成后，水域面积扩大使每年 5～7 月和 10 月 NDVI 减少明显，其中 5 月减少 0.03，减少率 23.1%，为降低的峰值，NDVI 年均减少 0.01。采用水库沿岸共和、贵南、尖扎和化隆代表站的降水和气温数据与相应各县进行回归分析，相关系数无法通过显著性检验，这表明，用代表站反映区域气象条件的方法不适用于 NDVI，因此，无法计算式（3-47）中的 $NDVI_a$ 和 $NDVI_b$ 的量值。鉴于研究区域内除沿岸各县外 NDVI 均随时间增加，而景观空间分析显示，沿岸各县人为活动主要集中于库区淹没土地后开垦的新的耕地，因此，本书以沿岸各县在水库蓄水前后 NDVI 的差值表征水库对这些区域的影响，结果见表 5-49。

表 5-47　黄河流域青海片 NDVI 指数 1982～1999 年变化情况

县域	3月 1982～1986年	3月 1986～1997年	3月 1997～1999年	4月 1982～1986年	4月 1986～1997年	4月 1997～1999年	5月 1982～1986年	5月 1986～1997年	5月 1997～1999年	6月 1982～1986年	6月 1986～1997年	6月 1997～1999年	7月 1982～1986年	7月 1986～1997年	7月 1997～1999年	8月 1982～1986年	8月 1986～1997年	8月 1997～1999年	9月 1982～1986年	9月 1986～1997年	9月 1997～1999年	10月 1982～1986年	10月 1986～1997年	10月 1997～1999年
天峻县	0.13	0.13	0.15	0.15	0.14	0.17	0.15	0.19	0.20	0.32	0.36	0.41	0.48	0.49	0.53	0.50	0.52	0.51	0.41	0.40	0.43	0.23	0.24	0.26
祁连县	0.14	0.16	0.16	0.14	0.13	0.17	0.18	0.24	0.24	0.40	0.44	0.46	0.56	0.55	0.58	0.56	0.58	0.56	0.48	0.48	0.51	0.30	0.30	0.32
刚察县	0.16	0.16	0.17	0.14	0.11	0.16	0.17	0.22	0.23	0.37	0.42	0.45	0.52	0.51	0.53	0.51	0.55	0.53	0.49	0.47	0.51	0.26	0.25	0.29
门源县	0.15	0.16	0.16	0.18	0.17	0.20	0.22	0.28	0.29	0.46	0.52	0.51	0.61	0.62	0.62	0.61	0.63	0.60	0.50	0.51	0.52	0.33	0.35	0.34
海晏县	0.15	0.15	0.16	0.16	0.16	0.18	0.23	0.29	0.31	0.48	0.52	0.52	0.61	0.59	0.63	0.60	0.60	0.59	0.50	0.51	0.52	0.34	0.35	0.36
大通县	0.14	0.14	0.15	0.16	0.16	0.17	0.23	0.30	0.33	0.53	0.53	0.54	0.60	0.61	0.63	0.55	0.58	0.56	0.42	0.45	0.44	0.27	0.30	0.30
互助县	0.13	0.13	0.13	0.14	0.14	0.17	0.24	0.30	0.34	0.47	0.47	0.49	0.49	0.52	0.53	0.44	0.50	0.48	0.35	0.39	0.41	0.26	0.28	0.30
曲麻莱县	0.09	0.11	0.12	0.11	0.10	0.12	0.13	0.13	0.13	0.21	0.22	0.22	0.39	0.38	0.38	0.42	0.43	0.41	0.37	0.37	0.34	0.16	0.17	0.16
乐都县	0.14	0.15	0.15	0.15	0.14	0.18	0.24	0.29	0.33	0.40	0.46	0.45	0.48	0.51	0.50	0.45	0.49	0.46	0.38	0.41	0.43	0.26	0.28	0.27
西宁	0.16	0.16	0.18	0.16	0.16	0.19	0.25	0.33	0.38	0.44	0.49	0.50	0.60	0.62	0.62	0.60	0.60	0.59	0.47	0.49	0.51	0.25	0.28	0.26
平安县	0.17	0.18	0.17	0.16	0.18	0.21	0.22	0.29	0.32	0.43	0.51	0.51	0.54	0.55	0.55	0.50	0.54	0.48	0.42	0.44	0.44	0.30	0.32	0.31
泽库县	0.18	0.18	0.18	0.20	0.19	0.21	0.25	0.33	0.31	0.51	0.56	0.57	0.69	0.67	0.69	0.67	0.68	0.68	0.60	0.60	0.63	0.39	0.38	0.34
玛沁县	0.11	0.11	0.11	0.13	0.12	0.15	0.15	0.22	0.22	0.35	0.40	0.43	0.57	0.57	0.59	0.59	0.59	0.59	0.47	0.48	0.51	0.30	0.27	0.23
称多县	0.12	0.11	0.11	0.13	0.14	0.14	0.14	0.17	0.16	0.29	0.29	0.28	0.49	0.48	0.48	0.53	0.51	0.50	0.44	0.44	0.42	0.22	0.23	0.19
河南县	0.16	0.16	0.16	0.17	0.18	0.20	0.19	0.36	0.38	0.46	0.55	0.59	0.67	0.68	0.69	0.68	0.69	0.69	0.58	0.59	0.62	0.39	0.39	0.37
甘德县	0.15	0.15	0.15	0.16	0.17	0.19	0.19	0.27	0.27	0.43	0.48	0.49	0.65	0.64	0.65	0.64	0.64	0.55	0.53	0.53	0.55	0.36	0.35	0.32
达日县	0.10	0.10	0.12	0.11	0.12	0.15	0.16	0.21	0.23	0.34	0.37	0.38	0.53	0.51	0.54	0.55	0.53	0.54	0.45	0.44	0.46	0.28	0.28	0.22

续表

县域	3月 1982~1986年	3月 1986~1997年	3月 1997~1999年	4月 1982~1986年	4月 1986~1997年	4月 1997~1999年	5月 1982~1986年	5月 1986~1997年	5月 1997~1999年	6月 1982~1986年	6月 1986~1997年	6月 1997~1999年	7月 1982~1986年	7月 1986~1997年	7月 1997~1999年	8月 1982~1986年	8月 1986~1997年	8月 1997~1999年	9月 1982~1986年	9月 1986~1997年	9月 1997~1999年	10月 1982~1986年	10月 1986~1997年	10月 1997~1999年
久治县	0.14	0.15	0.13	0.15	0.15	0.19	0.20	0.30	0.30	0.46	0.48	0.49	0.63	0.62	0.64	0.63	0.63	0.62	0.53	0.53	0.56	0.35	0.35	0.34
班玛县	0.14	0.14	0.15	0.17	0.17	0.18	0.16	0.22	0.23	0.37	0.39	0.37	0.65	0.63	0.61	0.65	0.63	0.65	0.57	0.56	0.59	0.33	0.33	0.31
玛多县	0.11	0.11	0.10	0.12	0.12	0.13	0.12	0.15	0.15	0.26	0.26	0.27	0.45	0.42	0.44	0.48	0.47	0.45	0.39	0.39	0.40	0.22	0.21	0.17
贵德县	0.16	0.16	0.16	0.14	0.15	0.17	0.19	0.26	0.27	0.38	0.40	0.38	0.55	0.51	0.50	0.53	0.54	0.51	0.47	0.48	0.49	0.29	0.29	0.27
民和县	0.15	0.16	0.17	0.16	0.13	0.22	0.29	0.32	0.33	0.48	0.52	0.52	0.55	0.56	0.55	0.51	0.53	0.52	0.44	0.47	0.50	0.29	0.32	0.28
兴海县	0.11	0.12	0.12	0.13	0.13	0.15	0.16	0.20	0.19	0.31	0.36	0.36	0.52	0.48	0.52	0.53	0.53	0.54	0.43	0.42	0.48	0.25	0.23	0.25
共和县	0.12	0.13	0.12	0.09	0.10	0.09	0.13	0.15	0.15	0.24	0.22	0.20	0.35	0.29	0.28	0.35	0.34	0.31	0.32	0.31	0.31	0.18	0.17	0.17
湟中县	0.15	0.15	0.16	0.15	0.16	0.18	0.25	0.32	0.36	0.48	0.53	0.54	0.55	0.55	0.58	0.53	0.54	0.52	0.44	0.45	0.46	0.28	0.30	0.30
湟源县	0.14	0.14	0.14	0.15	0.17	0.18	0.22	0.28	0.31	0.46	0.51	0.52	0.55	0.53	0.58	0.51	0.53	0.53	0.43	0.45	0.46	0.31	0.31	0.33
化隆县	0.18	0.19	0.19	0.18	0.19	0.22	0.24	0.24	0.31	0.45	0.49	0.46	0.58	0.58	0.56	0.59	0.59	0.56	0.51	0.52	0.54	0.31	0.33	0.31
贵南县	0.17	0.16	0.16	0.16	0.16	0.16	0.19	0.24	0.22	0.41	0.42	0.42	0.60	0.55	0.57	0.60	0.59	0.58	0.53	0.51	0.53	0.31	0.29	0.29
尖扎县	0.18	0.18	0.19	0.18	0.19	0.21	0.25	0.32	0.33	0.47	0.52	0.47	0.62	0.60	0.59	0.62	0.62	0.59	0.53	0.54	0.55	0.35	0.36	0.34
循化县	0.18	0.18	0.18	0.18	0.20	0.22	0.26	0.33	0.36	0.48	0.54	0.52	0.65	0.64	0.65	0.65	0.66	0.65	0.57	0.60	0.62	0.39	0.41	0.37
同德县	0.18	0.18	0.18	0.18	0.19	0.19	0.22	0.30	0.28	0.44	0.51	0.53	0.66	0.65	0.67	0.67	0.67	0.67	0.57	0.56	0.60	0.37	0.35	0.33
同仁县	0.18	0.19	0.19	0.19	0.21	0.24	0.25	0.34	0.34	0.49	0.57	0.55	0.66	0.66	0.65	0.65	0.67	0.66	0.57	0.58	0.60	0.41	0.42	0.37
黄河流域青海片	0.15	0.15	0.15	0.15	0.16	0.18	0.20	0.26	0.27	0.40	0.44	0.44	0.56	0.55	0.56	0.55	0.56	0.55	0.47	0.48	0.49	0.29	0.30	0.28

表 5-48　龙羊峡库区蓄水前后时段 NDVI 变化

项目	3 月	4 月	5 月	6 月	7 月	8 月	9 月	10 月	年均
1982~1986 年	0.12	0.11	0.13	0.27	0.44	0.42	0.35	0.22	0.26
1987~1999 年	0.13	0.12	0.10	0.23	0.42	0.44	0.34	0.20	0.25
蓄水前后变化	0.01	0.01	-0.03	-0.04	-0.01	0.02	0.00	-0.02	-0.01
变化率/%	8.30	9.10	-23.10	-14.80	-2.30	4.80	0.00	-9.10	-3.80

表 5-49　水库对沿岸各县 NDVI 的影响

区域	3 月	4 月	5 月	6 月	7 月	8 月	9 月	10 月	年均
共和	0.00	0.01	0.02	-0.03	-0.06	-0.02	-0.01	-0.01	-0.02
贵南	0.00	0.00	0.04	0.01	-0.05	-0.02	-0.01	-0.01	-0.01
尖扎	0.01	0.02	0.01	-0.05	-0.02	-0.03	0.02	-0.02	-0.01
化隆	0.00	0.03	0.02	-0.01	-0.01	-0.03	0.00	-0.02	-0.01

5.7.3　小结

通过上述分析，得出如下结论：①水库建设只影响库区沿岸各县的 NDVI；②水库对 NDVI 的影响具有季节性变化趋势，6~10 月沿岸各县月均 NDVI 下降，3~5 月月均 NDVI 上升，水库蓄水后年均 NDVI 较蓄水前呈下降趋势，年均减少0.01~0.02。

5.8　梯级水电开发对黄河流域青海片景观的影响

5.8.1　黄河流域青海片土地利用变化

为分析黄河流域青海片景观空间格局分布和水库蓄水对区域景观空间格局的影响，本书选取水库蓄水前共和和贵南两县 1986 年 7 月的 Landsat-5 TM 影像，轨道号 133/35，和水库蓄水后 2001 年 7~9 月黄河流域青海片的 Landsat-5 TM 影像，轨道号 132/35。参考研究区土地利用特征以及 Landsat-5 TM 影像数据（空间分辨率 25m×25m），确定区分 8 种土地利用和地表覆盖景观类型：沙地、林地、旱地、灌木疏林、高中覆盖度草地、低覆盖度草地、水域和裸土裸岩。采用野外调查与室内解译相结合的方法，首先通过野外实地考察，运用 GPS 定位技术，对土地利用现状和各种土地利用类型进行采点记录，然后在室内应用 ERDAS 图像处理软件对上述两期 Landsat-5 TM 影像数据进行监督分类，得到 2001 年流域土地利用类型图和龙羊峡水库蓄水前共和、贵南两县土地利用类型图，见图 5-33 和图 5-34。

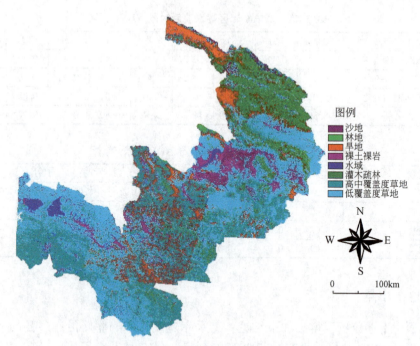

图 5-33　2001 年黄河流域青海片土地利用图

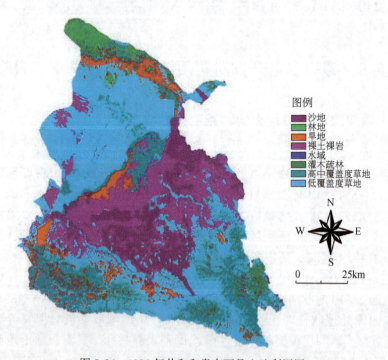

图 5-34　1986 年共和和贵南两县土地利用图

解译的具体步骤为：①R4G3B5 假彩色合成；②利用研究区 1：10 万地形图进行几何精度校正；③参考野外考察、GPS 数据以及相关资料，选取训练区；④以最大似然法进行监督分类；⑤分类后处理，根据野外考察、GPS 数据以及相关资料，修改混分和错分类结果；⑥精度检验，参考有关辅助图件，借助专家目试判读对分类图进行精度检验；⑦成图与景观类型面积统计。

5.8.2　黄河流域青海片景观空间格局分布

1. 黄河流域青海片景观空间格局分布

利用 Arc Info∕Arc View 地理信息系统软件以及 Fragstats 模块，依据式 (3-86)～式 (3-92) 分析计算水库蓄水前后区域景观单元特征指数及景观多样性指标，如图 5-35 所示。兴海和黄河源头区域景观斑块密度高于其他区域；黄河干流区域景观多样性和均匀度均高于其他区域，源头区域的多样性和均匀度明显低于黄河流域青海片内其他区域，其中，玛多、玛沁两县的多样性指数为青海片内最低值，Shannon 多样性指数只有 0.483 和 0.482。

2. 水库蓄水对景观空间格局的影响

龙羊峡水库蓄水前后，沿岸共和、贵南两县的景观空间格局变化情况见表 5-50。表 5-50 表明，龙羊峡水库蓄水对各类景观指标都有明显影响，蓄水后斑块面积显著增加，共和一侧沙化现象明显，而贵南一侧植被覆盖较蓄水前有所改善。建库蓄水后，共和县景观类型及斑块数增多，景观多样性指数增加明显，其中，Shannon 多样性指数由建库前的 1.221 增至建库后的 1.543；景观均匀度也有所增加；贵南县斑块数、Shannon 多样性指数和 Shannon 均匀度略有增加。

表 5-50　龙羊峡水库蓄水前后沿岸共和和贵南两县景观格局变化

区域	时间	斑块密度 /（个/hm²）	Shannon 多样性指数	Simpson 多样性指数	修正 Simpson 多样性指数	Shannon 均匀度	Simpson 均匀度	修正 Simpson 均匀度	植被弹性指数
共和	1986 年	0.597	1.221	0.559	0.819	0.587	0.639	0.394	13.91
	2001 年	0.618	1.543	0.705	1.221	0.742	0.806	0.587	19.53
	变化	+0.021	+0.322	+0.146	+0.402	+0.155	+0.167	+0.193	+5.62
贵南	1986 年	0.843	1.688	0.796	1.591	0.768	0.896	0.724	10.56
	2001 年	0.854	1.705	0.793	1.576	0.776	0.892	0.717	11.60
	变化	+0.011	+0.017	-0.003	-0.015	+0.008	-0.004	-0.007	+1.04

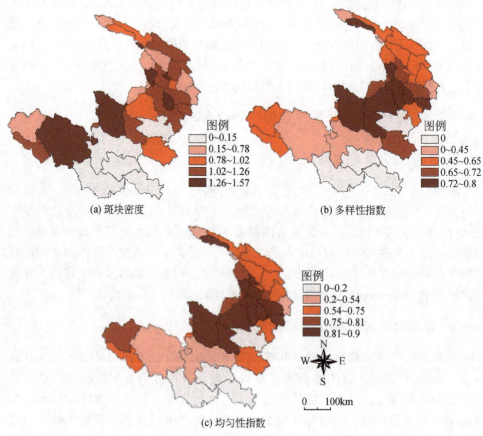

(a) 斑块密度

(b) 多样性指数

(c) 均匀性指数

图 5-35　研究区景观格局分布图

5.8.3　小结

通过上述分析，得出如下结论：①黄河源头和兴海以下干流区域斑块密度高于其他区域；②黄河干流区域景观多样性和均匀度均高于其他区域，源头区域的多样性和均匀度明显低于黄河流域青海片内其他区域；③水库蓄水是区域景观格局变化的主要原因，工程建设、水库移民也使得区域未淹没区受到的人为干扰加强，耕地、沙化面积明显增加；④共和和贵南两县景观格局变化幅度不同的主要原因在于龙羊峡水库大部分水域处于共和境内。

第 6 章

梯级水电开发对区域
生态承载力影响评价

6.1 黄河流域青海片生态承载力评价

6.1.1 黄河流域青海片生态承载力现状评价

根据本书建立的基于生态系统健康的生态承载力评价理论、模型及方法，应用式(3-2)~式（3-6）对已建龙羊峡水库蓄水前（1985 年）和李家峡水库蓄水后（1999 年）黄河流域青海片及各地区、市和县生态承载力水平进行评价，并分析对应的生态系统健康等级，评价结果见表 6-1 和表 6-2。

表 6-1 黄河流域青海片生态承载力指数对照

区域	1985 年				1999 年			
	资源环境承载力	生态弹性力	人类潜力	生态承载力	资源环境承载力	生态弹性力	人类潜力	生态承载力
黄河流域青海片	0.284 2	0.351 0	0.236 2	0.509 6	0.271 2	0.292 3	0.248 8	0.470 0
西宁市	0.207 6	0.363 1	0.246 5	0.485 5	0.120 6	0.392 4	0.261 1	0.486 5
西宁市区	0.205 4	0.328 2	0.258 0	0.465 2	0.119 1	0.359 6	0.287 3	0.475 5
大通县	0.260 0	0.368 7	0.194 7	0.491 4	0.122 7	0.381 6	0.256 0	0.475 6
湟中县	0.260 2	0.365 9	0.240 2	0.509 1	0.160 1	0.375 1	0.237 7	0.472 1
湟源县	0.260 4	0.344 3	0.227 8	0.488 1	0.161 1	0.346 4	0.257 1	0.460 5
海东地区	0.275 9	0.378 6	0.250 4	0.531 2	0.161 0	0.358 5	0.257 4	0.469 8
平安县	0.275 4	0.371 4	0.252 1	0.526 6	0.159 3	0.338 1	0.262 6	0.456 7
互助县	0.277 2	0.385 7	0.226 5	0.526 2	0.127 1	0.365 0	0.263 9	0.468 0
乐都县	0.275 7	0.385 9	0.242 8	0.532 8	0.124 0	0.352 8	0.254 0	0.452 1
民和县	0.275 3	0.389 9	0.195 8	0.515 9	0.123 1	0.367 1	0.261 8	0.467 4
化隆县	0.276 4	0.394 5	0.194 2	0.519 4	0.209 3	0.317 4	0.244 2	0.452 1
循化县	0.275 0	0.389 2	0.199 7	0.516 8	0.206 7	0.319 3	0.249 7	0.455 0
海北州	0.285 5	0.360 7	0.228 9	0.513 8	0.239 9	0.361 2	0.250 0	0.500 5
门源县	0.282 4	0.389 1	0.251 6	0.542 6	0.236 6	0.393 3	0.256 0	0.525 5
海晏县	0.294 1	0.391 2	0.174 4	0.519 6	0.253 3	0.385 2	0.270 0	0.534 4
祁连县	0.311 4	0.349 9	0.204 6	0.511 1	0.258 4	0.341 8	0.229 5	0.486 1
刚察县	0.287 2	0.342 6	0.228 2	0.501 9	0.263 6	0.341 1	0.247 2	0.497 2
海南州	0.278 7	0.344 3	0.163 5	0.472 2	0.231 7	0.392 8	0.242 4	0.516 5

续表

区域	1985 年				1999 年			
	资源环境承载力	生态弹性力	人类潜力	生态承载力	资源环境承载力	生态弹性力	人类潜力	生态承载力
共和县	0.276 9	0.324 3	0.193 7	0.468 4	0.229 1	0.371 1	0.223 6	0.490 1
同德县	0.286 5	0.331 3	0.154 1	0.464 3	0.234 4	0.322 7	0.248 9	0.470 1
贵德县	0.275 0	0.337 0	0.152 5	0.460 9	0.227 4	0.272 7	0.206 3	0.410 7
贵南县	0.291 3	0.357 7	0.224 5	0.513 1	0.241 8	0.321 9	0.233 4	0.465 4
兴海县	0.289 8	0.358 2	0.244 9	0.521 7	0.241 3	0.321 4	0.259 3	0.478 3
黄南州	0.281 6	0.385 5	0.230 9	0.530 3	0.278 4	0.296 4	0.255 9	0.480 5
同仁县	0.282 2	0.378 5	0.239 2	0.529 2	0.276 3	0.347 9	0.258 8	0.514 1
尖扎县	0.279 1	0.384 2	0.221 7	0.524 1	0.277 3	0.318 9	0.256 4	0.494 3
泽库县	0.281 9	0.373 5	0.239 2	0.525 5	0.283 3	0.344 3	0.251 6	0.512 0
河南县	0.312 5	0.336 4	0.175 8	0.491 6	0.300 2	0.356 4	0.257 0	0.532 1
果洛州	0.419 7	0.332 0	0.200 9	0.571 6	0.363 5	0.331 0	0.230 6	0.543 1
玛沁县	0.342 4	0.323 9	0.216 2	0.518 6	0.316 0	0.326 9	0.252 5	0.520 0
班玛县	0.558 6	0.391 1	0.229 6	0.719 5	0.386 8	0.357 9	0.249 1	0.583 0
甘德县	0.322 4	0.332 4	0.179 1	0.496 5	0.305 3	0.334 4	0.257 9	0.521 1
达日县	0.514 2	0.336 8	0.150 8	0.632 9	0.478 6	0.338 5	0.220 7	0.626 3
久治县	0.490 6	0.356 5	0.100 0	0.614 6	0.404 9	0.346 6	0.229 5	0.580 3
玛多县	0.514 3	0.313 6	0.035 7	0.603 4	0.472 4	0.314 5	0.175 5	0.594 0

表 6-2 黄河流域青海片生态承载力对应的生态系统健康等级

区域	1985 年				1999 年			
	资源环境承载力	生态弹性力	人类潜力	生态承载力	资源环境承载力	生态弹性力	人类潜力	生态承载力
黄河流域青海片	1	4	4	4	1	4	4	4

注："5"为病态；"4"为不健康；"3"为亚健康；"2"为健康；"1"为非常健康

表6-1 和表6-2 表明，龙羊峡水库蓄水前（1985 年）黄河流域青海片资源环境承载力指数对应的生态系统健康状态均为非常健康，生态弹性力指数和人类潜力指数对应的生态系统的健康状态均为不健康。综合来看，黄河流域青海片生态承载力指数对应的生态系统健康等级为不健康状态。1999 年，黄河流域青海片各指数对应的生态系统健康状态等级未发生变化，但资源环境承载力指数、生态

弹性力指数和生态承载力指数的量值低于 1985 年水平，而人类潜力指数的量值高于 1985 年水平，表明经过 10 余年社会经济的发展，人类的社会经济活动更有利于环境质量的提高和生态系统的稳定，人类调控生态承载力的能力也随之提高，但生态系统整体恶化的趋势仍然没有得到控制。1985 年和 1999 年的结果表明，已建大型水库蓄水前后研究区域内生态承载力对应的生态系统健康等级的高低，主要由生态弹性力指数表征的生态系统整体水平决定，即生态弹性力是制约生态承载力的瓶颈因素，同时，教育和技术水平相对落后也是影响当地生态系统健康等级的重要因素。

　　1985 年和 1999 年各县生态承载力指数和相应的生态系统健康等级空间分布见图 6-1 和图 6-2。

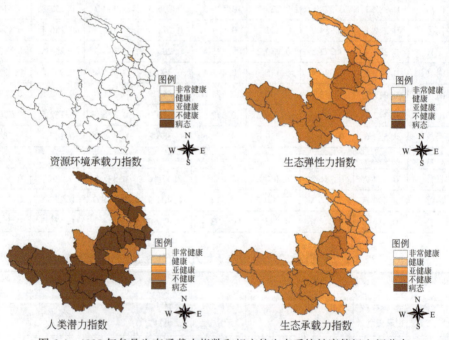

图 6-1　1985 年各县生态承载力指数和相应的生态系统健康等级空间分布

　　图 6-1 和图 6-2 表明，资源环境承载力指数相应的资源环境子系统健康等级以源头、大通河流域较高，除湟水流域的部分地区外，其余区域生态系统均处于健康等级之上；人类潜力指数相应的生态系统健康等级除西宁地区、湟水流域部分地区、黄河干流的循化、尖扎、化隆外，其余区域健康等级均处于不健康和病态；生态弹性力指数相应的生态系统健康等级青海片内较为均衡，为不健康状态，1999 年湟水流域的部分地区生态弹性力指数相应的生态系统健康等级较1985 年有所提高；综合考虑各分指数的等级判别标准，黄河流域青海片源头和

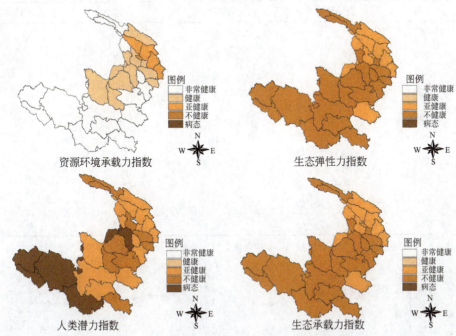

图 6-2　1999 年各县生态承载力指数和相应的生态系统健康等级空间分布

干流大部分区域生态系统处于不健康状态，其余区域的生态系统处于亚健康状态。

6.1.2　黄河流域青海片生态承载力动态趋势分析

采用黄河流域青海片 1985 年和 1993～2002 年的数据，对 1985 年以来研究区域的生态承载力指数、各项分指数和相应的生态系统健康等级进行了动态趋势分析，结果见表 6-3 和图 6-3。图 6-3 表明，20 世纪 90 年代以来，黄河流域青海片的人类潜力指数呈波动上升趋势，生态弹性力处于波动下降趋势，但近 3 年较为平稳，资源环境承载力指数和生态承载力指数也呈缓慢下降趋势。生态系统健康等级分析结果表明（表 6-3），资源环境承载力指数相应的资源环境子系统健康等级随着时间的推移而下降，人类潜力指数、生态弹性力指数和生态承载力指数相应的生态系统健康等级无变化。上述分析表明，随着时间的推移，区域社会经济系统对资源的利用呈逐渐增加的趋势。与此同时，社会经济的发展有利于生态系统健康状态的改善，人类社会经济活动的双重性，使生态系统健康状态未发生变化。

表 6-3　黄河流域青海片生态承载力相应的生态系统健康等级变化趋势

年份	资源环境承载力	生态弹性力	人类潜力	生态承载力
1985	1	4	4	4
1993	1	4	4	4
1995	1	4	4	4
1996	1	4	4	4
1997	1	4	4	4
1998	1	4	4	4
1999	1	4	4	4
2000	2	4	4	4
2001	2	4	4	4
2002	2	4	4	4

注："5"为病态；"4"为不健康；"3"为亚健康；"2"为健康；"1"为非常健康

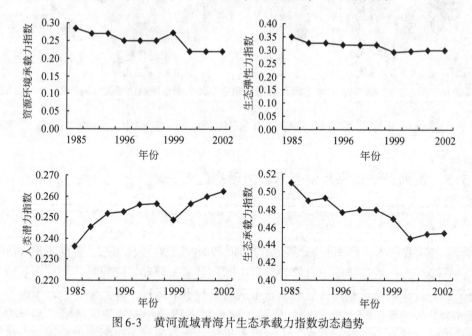

图 6-3　黄河流域青海片生态承载力指数动态趋势

6.1.3　黄河流域青海片生态承载力发展趋势预测

　　梯级开发对生态环境的影响随规划实施时间的不同而不同，为计算方便，设在建、规划和初设水库记为 2015 年全部建成。应用式（3-7）～式（3-11）对生态承载力各要素进行预测，并根据式（3-2）～式（3-6）计算得到 2015 年生态承载力指数和各项分指数的发展趋势，结果见表6-4，相应的生态系统健康等级见图6-4。

表6-4 黄河流域青海片生态承载力指数预测结果

区域	资源环境承载力	生态弹性力	人类潜力	生态承载力	区域	资源环境承载力	生态弹性力	人类潜力	生态承载力
黄河流域青海片	0.156 5	0.270 5	0.289 9	0.426 3	**海南州**	0.151 8	0.509 7	0.279 6	0.555 7
西宁市	0.037	0.390 4	0.282 5	0.444 8	共和县	0.148 2	0.420 3	0.301 1	0.537 9
西宁市区	0.036 2	0.347 2	0.330 6	0.438 2	同德县	0.157 4	0.315 5	0.279 1	0.428 1
大通县	0.020 4	0.376 7	0.303 3	0.404	贵德县	0.144 1	0.258 5	0.344 7	0.454 3
湟中县	0.055 9	0.362 9	0.308	0.415 8	贵南县	0.153 8	0.302 8	0.292 2	0.448
湟源县	0.056 3	0.336	0.270 2	0.383 4	兴海县	0.161 1	0.263 9	0.269 3	0.395 5
海东地区	0.050 2	0.307 5	0.294 5	0.369 1	**黄南州**	0.277 9	0.151 3	0.280 1	0.372 6
平安县	0.083 2	0.279 2	0.277 9	0.375 3	同仁县	0.277 1	0.294 7	0.281 1	0.486 2
互助县	0.019 7	0.309 4	0.286 8	0.346 6	尖扎县	0.277 9	0.288	0.278	0.487
乐都县	0.017 6	0.300 2	0.299 5	0.338 5	泽库县	0.280 1	0.290 1	0.297 5	0.491 1
民和县	0.017 5	0.317 9	0.291 4	0.351 5	河南县	0.291 6	0.392 8	0.269 8	0.557 4
化隆县	0.118 9	0.286 8	0.330 2	0.453 3	**果洛州**	0.333 6	0.333	0.314 5	0.560 6
循化县	0.111 8	0.293 2	0.318 8	0.447 3	玛沁县	0.305 7	0.327 5	0.266 4	0.523 3
海北州	0.159 4	0.363 5	0.302 3	0.472 7	班玛县	0.387 3	0.373 4	0.292 8	0.615 8
门源县	0.159 9	0.386	0.294 4	0.490 2	甘德县	0.292 6	0.337 1	0.284 6	0.528 7
海晏县	0.170 8	0.386 6	0.289 9	0.493 2	达日县	0.385 2	0.344 1	0.336 6	0.595 3
祁连县	0.167 4	0.324 7	0.348 2	0.457 6	久治县	0.390 9	0.336	0.310 9	0.597 5
刚察县	0.176 4	0.331 2	0.298 9	0.458	玛多县	0.424 7	0.316 5	0.420 3	0.621 5

表6-4表明，随着时间的推移，除人类潜力指数外，其他指数均为2015年水平低于1999年水平，即研究区域内的资源利用和生态系统整体水平随着时间的推移呈下降趋势。

表6-5和图6-4表明，2015年人类潜力指数对应的生态系统健康等级与1999年持平；在空间分布上，湟水流域仍为资源环境系统健康等级较低的区域；青海省黄河干流龙羊峡以下区域生态弹性力相应的生态系统整体健康状态呈下降趋势；生态承载力和生态弹性力相应的生态系统健康状态规律相同。以上分析表

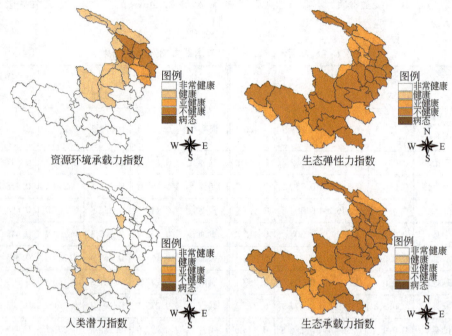

图 6-4　2015 年生态承载力指数和相应的生态系统健康等级分布

明，梯级水电站建设对研究区域，特别是沿黄共和县下游各县生态系统健康状态具有非常明显的不利影响。

表 6-5　2015 年黄河流域青海片生态承载力对应的生态系统健康等级

区域	2015 年			
	资源环境承载力	生态弹性力	人类潜力	生态承载力
黄河流域青海片	2	4	1	4

注："5"为病态；"4"为不健康；"3"为亚健康；"2"为健康；"1"为非常健康

6.1.4　小结

通过以上分析得出如下结论：①黄河流域青海片和各县的生态系统健康等级较低，多处于亚健康或不健康状态。空间上，以湟水流域和黄河干流区域生态系统健康等级最低，时间上生态承载力随时间的推移呈缓慢下降趋势；②各项指数中，以资源环境承载力指数相应的生态系统健康等级最高，人类潜力和生态弹性力是制约研究区域生态系统健康的主要因素。

6.2   梯级水电开发对青海片生态承载力净影响评价

6.2.1   梯级水电开发对青海片生态承载力的净影响评价

梯级开发对生态承载力要素的净影响分析结果见表6-6。

表 6-6   梯级水库对区域生态环境的影响

水库	影响区域	景观多样性指数	NDVI	输沙调节指数/万 t	径流调节指数/亿 m³	多年平均水温/℃	水生生物量/(mg/L)	水生生物多样性指数	年均气温/℃	年降水量/mm
龙羊峡	共和	+0.40	-0.02	+28 561/+63 713	+110.0/+193.7	+1.6	-0.457	-0.97	+0.164	-0.889
	贵南	-0.02	-0.01						+0.164	-0.889
	贵德					+0.1	-0.342			
李家峡	尖扎		-0.01	+357/+2 261	+11.3/+16.5				+0.008	+0.104
	化隆		-0.01						+0.008	+0.104
拉西瓦	贵德				+10.56				+0.002	
尼那	贵德				+0.26					
山坪	贵德				+1.24					
直岗拉卡	尖扎				+0.15					
康扬	尖扎				+0.22					
公伯峡	循化				+2.9				+0.005	
苏只	循化				+0.46					
黄丰	循化				+0.70					
积石峡	循化				+4.2				+0.003	
大河家	循化				+0.09					
寺沟峡	循化				+1.00					

注：表中数据为梯级水库对库区所在县的影响，其中龙羊峡和李家峡输沙调节指数和径流调节指数数据分别为1999年和2015年数值；其他水库数据为2015年数据

为计算梯级水库对黄河流域青海片各县生态承载力的净影响，本节将各水库对各县和黄河流域青海片的净影响进行累加计算，得到规划的不同阶段（1999年和2015年）梯级水库对研究区域生态环境的净影响值，见表6-7和表6-8。表6-7和表6-8中单一水库对径流量净影响的计算公式见式（6-1）和式（6-2），水库对气象要素的净影响见式（6-3），区域输沙调节指数和径流调节指数的计算公

式见式（3-16）和式（3-17）。

表 6-7　1999 年梯级水库对流域生态环境的影响

影响区域	景观多样性指数	NDVI	输沙调节指数/万 t	径流调节指数/亿 m³	多年平均水温/℃	水生生物量/(mg/L)	水生生物多样性指数	年均气温/℃	年降水量/mm
共和	+0.4	-0.02	+28 561	+110	+1.6	-0.457	-0.97	+0.164	-0.889
贵南	-0.2	-0.01						+0.164	-0.889
贵德			-28 561	-110	+0.1	-0.342			
尖扎		-0.01	-28 204	-98.7				+0.008	+0.104
化隆		-0.01	-28 561	-110				+0.008	+0.104
循化			-28 918	-121.3					
青海片			-28 918	-121.3		-0.342	-0.97		

表 6-8　2015 年梯级水库对流域生态环境的影响

影响区域	景观多样性指数	NDVI	输沙调节指数/万 t	径流调节指数/亿 m³	多年平均水温/℃	水生生物量/(mg/L)	水生生物多样性指数	年均气温/℃	年降水量/mm
共和	0.4	-0.02	+63 713	+193.70	+1.6	-0.457	-0.97	+0.164	-0.889
贵南	-0.2	-0.01						+0.164	-0.889
贵德			-63 713	-181.64	+0.1	-0.342		+0.002	
尖扎		-0.01	-61 452	-188.89				+0.008	+0.104
化隆		-0.01	-63 713	-181.64				+0.008	+0.104
循化			-65 974	-213.28				+0.008	
青海片			-65 974	-231.98		-0.342	-0.97		

龙羊峡水库 2015 年对径流量净影响的计算公式为

$$径流量净影响 = 水库有效库容 \tag{6-1}$$

其余水库 2015 年对径流量净影响的计算公式为

$$径流量净影响 = 水库总库容 \tag{6-2}$$

水库对沿岸各县气象要素的净影响计算公式为

$$C = \frac{S_0}{S} C_0 \tag{6-3}$$

式中，C 为水库对沿岸各县气象要素的净影响；S 为水库沿岸各县的流域面积；C_0 为库区对气象要素的净影响；S_0 为水库的水域面积。

采用式（3-2）~式（3-6）和式（3-93）~式（3-97），计算梯级水电建设对黄河流域青海片生态承载力指数的净影响，结果见表 6-9 和表 6-10。

表 6-9　1999 年梯级水库对生态承载力指数的净影响

区域	生态弹性力指数			生态承载力指数		
	现状值	无梯级开发	净变化	现状值	无梯级开发	净变化
黄河流域青海片	0.292 3	0.346 5	−0.054 2	0.470 0	0.505 5	−0.035 5
化隆县	0.317 8	0.352 8	−0.035 0	0.452 1	0.477 4	−0.025 3
循化县	0.319 3	0.356 3	−0.036 9	0.455 0	0.481 7	−0.026 6
共和县	0.371 1	0.309 1	+0.061 9	0.490 1	0.445 0	+0.045 1
贵德县	0.272 7	0.312 5	−0.039 7	0.410 7	0.438 1	−0.027 4
贵南县	0.321 9	0.325 2	−0.003 3	0.465 4	0.467 7	−0.002 3
尖扎县	0.318 9	0.351 1	−0.032 2	0.494 3	0.515 7	−0.021 4

表 6-10　2015 年梯级开发对生态承载力指数的净影响

区域	生态弹性力指数			生态承载力指数		
	有梯级开发	无梯级开发	净变化	有梯级开发	无梯级开发	净变化
黄河流域青海片	0.270 5	0.333 4	−0.062 9	0.426 3	0.468 7	−0.042 4
化隆县	0.286 8	0.335 5	−0.048 7	0.453 3	0.485 5	−0.032 3
循化县	0.293 2	0.343 2	−0.050 0	0.447 3	0.481 6	−0.034 3
共和县	0.420 3	0.305 1	+0.115 3	0.537 9	0.453 6	+0.084 3
贵德县	0.258 5	0.311 1	−0.052 6	0.454 3	0.486 1	−0.031 8
贵南县	0.302 8	0.306 3	−0.003 5	0.448 0	0.450 4	−0.002 4
尖扎县	0.288 0	0.337 6	−0.049 6	0.487 3	0.518 1	−0.030 8

表 6-7～表 6-10 表明，梯级水电建设的不同阶段均使共和县的生态弹性力指数和生态承载力指数提高，但降低了黄河流域青海片和其他沿黄各县的生态弹性力指数和生态承载力指数。其中，1999 年，已建龙羊峡和李家峡两座大型水库使黄河流域青海片的生态弹性力指数减少 0.0542，生态承载力指数减少 0.0355，减少率为 7.0%；共和县生态弹性力指数增加 0.0619，生态承载力指数增加 0.0451；沿黄其他县的生态弹性力指数和生态承载力指数均有不同程度的下降。

梯级开发规划全部实施后，2015 年梯级水库对黄河流域青海片和其他沿黄各县生态弹性力指数和生态承载力指数的影响趋势未变，水电梯级规划将造成黄河流域青海片生态弹性力指数下降 0.0629，生态承载力指数下降 0.0424，减少率为9.9%。2015年梯级规划对黄河流域青海片和沿黄各县生态弹性力指数和生态承载力指数的净影响要低于1999年水平，主要原因在于梯级水库调沙作用的正影响超过了径流调节的负影响（表6-10）。

6.2.2 梯级水电开发对青海片生态系统健康影响分析

生态系统健康状态分析结果见表6-11。表6-11表明，1999年已建两座大型水库使化隆县、循化县、尖扎县和黄河流域青海片生态弹性力对应的生态系统健康状态由亚健康降至不健康状态，使贵德县生态承载力对应的生态系统健康状态降低了一个等级，但提高了共和县生态弹性力对应的生态系统健康等级。梯级开发规划全部实施后，2015年共和县生态弹性力指数对应的生态系统健康状态将由不健康提高至亚健康状态，而黄河流域青海片生态承载力指数对应的生态系统健康状态由亚健康降至不健康等级。

表6-11 梯级开发对流域生态系统健康的影响

时间/年	指数	情景	黄河流域青海片	化隆县	循化县	共和县	贵德县	贵南	尖扎县
1999	生态弹性力	无梯级开发	3	3	3	4	4	4	3
		有梯级开发	4	4	4	3	4	4	4
		净变化	−1	−1	−1	+1	/	/	−1
	生态承载力	无梯级开发	3	3	3	3	3	3	3
		有梯级开发	3	3	3	3	4	3	3
		净变化	/	/	/	/	−1	/	/
2015	生态弹性力	无梯级开发	4	4	4	4	4	4	4
		有梯级开发	4	4	4	3	4	4	4
		净变化	/	/	/	+1	/	/	/
	生态承载力	无梯级开发	3	3	3	3	3	3	3
		有梯级开发	4	3	3	3	3	3	3
		净变化	−1	/	/	/	/	/	/

注："1"为非常健康；"2"为健康；"3"为亚健康；"4"为不健康；"5"为病态；"/"为无变化。

6.2.3 小结

梯级水电建设实施的不同阶段对共和县的生态承载力为正面影响，而对下游各县和黄河流域青海片均存在负面影响。经计算，梯级开发规划的全面实施将使黄河流域青海片生态系统健康等级由亚健康降至不健康状态。

6.3　黄河流域青海片生态承载力调控

6.3.1　黄河流域青海片生态承载力调控措施

鉴于梯级水电开发对生态承载力的净影响使生态弹性力指数降低，资源环境系统的健康状态和生态承载力整体水平随着时间的推移而明显下降。因此，本书的生态承载力调控主要针对生态系统整体水平的提高，并遏制资源环境系统健康状态恶化的趋势。依据生态承载力调控原理，参照青海省相关规划内容和全国的规划目标，应用单一生态承载力调控模式，提高生态弹性力。同时，针对研究区域内资源环境承载力、生态弹性力和人类潜力三种承载力之间不平衡的现象，根据"水桶原理"和"最小因子法则"，应用多种生态承载力联合调控模式，提高生态承载力的整体水平，具体调控目标见表6-12。

表 6-12　生态承载力的调控目标及相应的措施

分类	具体措施	远期目标（2015 年）
单一承载力调控	森林覆盖率	5.07%
	林地、草地覆盖率	提高 8%
	水土流失面积比例	减少 5%
	水体水质	维持在 2007 年水平
	草原退化面积比例	减少 20%
多种承载力联合调控	万元 GDP 能耗	降低 25%
	万元 GDP 水耗	降低 30%
	通信指数	280 户/1000 人
	交通指数	0.07km/km^2
	高中以上人口比例	提高 10%

根据表6-12设定的目标和相应的调控措施，应用式（3-2）~式（3-6）计算得到生态承载力指数，见表6-13。表6-13表明，生态承载力调控措施落实后，黄河流域青海片的生态承载力指数各项分指数明显提高，基本遏制了生态恶化的趋势。综合分析表明，生态承载力调控措施落实后，2015年生态承载力指数和各项分指数比调控前（表6-4）有明显提高。其中，2015年调控后黄河流域青海片的生态弹性力指数为0.2988，优于1999年水平（0.2923）；资源环境承载力指数（0.2271）虽未恢复到1999年的水平，但较调控前（0.1565）有明显改善，出现了指数上升趋势，并与2000年水平持平；调控后2015年生态承载力指数（0.4746）优于1999年的水平（0.4700），明显高于未调控时的水平（0.4263）。

表6-13 2015年调控措施实施后的生态承载力指数

区域	资源环境承载力	生态弹性力	人类潜力	生态承载力	区域	资源环境承载力	生态弹性力	人类潜力	生态承载力
黄河流域青海片	0.227 1	0.298 8	0.290 5	0.474 6	**海南州**	0.230 0	0.439 8	0.267 5	0.563 8
西宁市	0.158 0	0.403 3	0.334 0	0.546 9	共和县	0.228 3	0.418 7	0.274 3	0.550 1
西宁市区	0.157 1	0.365 1	0.320 0	0.510 3	同德县	0.234 0	0.326 0	0.276 3	0.487 2
大通县	0.159 3	0.393 2	0.283 1	0.510 1	贵德县	0.226 9	0.263 6	0.273 6	0.442 5
湟中县	0.159 7	0.380 4	0.273 0	0.494 7	贵南县	0.234 6	0.324 2	0.271 8	0.483 7
湟源县	0.160 0	0.359 7	0.277 4	0.481 6	兴海县	0.239 3	0.323 8	0.273 6	0.486 8
海东地区	0.162 9	0.367 9	0.279 7	0.490 1	**黄南州**	0.278 0	0.289 1	0.273 8	0.485 6
平安县	0.246 5	0.343 9	0.277 8	0.506 2	同仁县	0.276 1	0.358 6	0.280 4	0.532 4
互助县	0.162 7	0.375 0	0.275 1	0.492 7	尖扎县	0.276 9	0.319 9	0.270 3	0.502 1
乐都县	0.159 5	0.356 1	0.284 9	0.483 1	泽库县	0.280 4	0.346 4	0.278 8	0.525 7
民和县	0.159 1	0.373 1	0.286 1	0.496 4	河南县	0.293 7	0.357 4	0.271 9	0.536 6
化隆县	0.208 5	0.309 1	0.277 8	0.465 0	**果洛州**	0.347 3	0.334 0	0.276 0	0.555 3
循化县	0.206 5	0.319 9	0.286 2	0.476 3	玛沁县	0.313 5	0.330 2	0.240 9	0.515 2
海北州	0.235 6	0.361 6	0.283 1	0.516 2	班玛县	0.369 1	0.365 9	0.261 3	0.581 7
门源县	0.234 9	0.396 0	0.281 2	0.539 5	甘德县	0.297 2	0.335 5	0.260 7	0.518 5
海晏县	0.246 1	0.383 4	0.289 0	0.539 6	达日县	0.430 2	0.340 6	0.278 3	0.615 3
祁连县	0.249 5	0.343 7	0.268 8	0.502 7	久治县	0.390 3	0.345 8	0.279 5	0.591 6
刚察县	0.239 2	0.342 4	0.279 4	0.502 5	玛多县	0.446 1	0.317 8	0.246 7	0.600 7

调控措施实施后，黄河流域青海片自然生态系统健康状态的变化见表6-14。表6-14表明，调控后黄河流域青海片自然生态系统健康等级提高，生态弹性力水平和人类潜力对应的健康等级未能改善，但是资源环境子系统的健康状态能够提高一个等级。

表6-14 调控措施实施后黄河流域青海片生态系统健康状态变化

项目	2015年	
	调控前	调控后
资源环境子系统	3	2
生态弹性力	4	4
人类潜力	1	1
自然生态系统	4	3

注："1"为非常健康；"2"为健康；"3"为亚健康；"4"为不健康

6.3.2　黄河流域青海片社会经济系统健康维育

1. 黄河流域青海片社会经济系统健康状态分析

以人均 GDP、GDP 年增长率、人口密度和人口自然增长率四个指标衡量黄河流域青海片社会系统和经济系统的健康状态，这四个指标中，前两个经济指标为正向指标，即指标数值越大，代表经济系统越健康，相应的标准和各县 1999 年数据采用式（3-32）进行标准化，两个指标间权重相同，都为 0.5；后两个社会系统指标为逆向指标，即指标数值越大，系统越不健康，健康标准和各县 1999 年数据采用式（3-33）进行标准化，两个指标同样为等权。经济和社会系统指标对应的经济和社会系统健康指数的计算方法如下：

$$I = \sum_{i=1}^{2} w_i I_i \tag{6-4}$$

式中，I 为经济系统（社会系统）健康指数；w_i 为权重，0.5；I_i 为标准化后的指标值。

根据式（6-4）计算得到经济指数和社会指数，并对计算所得到指数依据健康标准进行分级，得到最终的研究区域社会、经济系统健康状态空间分布，见图 6-5。

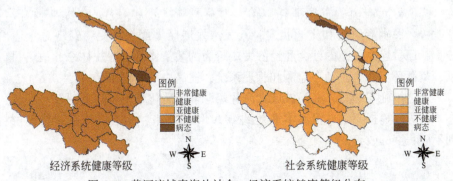

图 6-5　黄河流域青海片社会、经济系统健康等级分布

图 6-5 表明，1999 年黄河流域青海片经济系统健康状态多处于不健康状态，大通河流域和黄河源头区域的社会系统健康状态相对较低，其他区域的社会系统健康等级均处于健康之上。由此可见，经济规模较小、经济发展速率较慢是制约黄河流域青海片生态系统健康的重要因素之一。

2. 黄河流域青海片社会经济系统健康维育措施

为提高黄河流域青海片社会经济系统健康状态，参照相应的规划和发展计划，可以采用以下调控措施进行流域生态系统健康维育：2015 年人口自然增长率控制在 12‰，国内生产总值（GDP）年均增长 12%，人均 GDP 达到 20 000 元/年，GDP 增长率维持在 9%。相应措施实施后的社会经济系统健康状态见表6-15。表6-15 表明，维育措施实施后，社会系统健康状态虽未提高，但计算结果表明 2015 年社会系统健康指数提高了 1%。

表 6-15　调控措施落实后研究区域社会经济系统健康状态变化

项目	2015 年			
	调控前		调控后	
	青海省	黄河流域青海片	青海省	黄河流域青海片
经济系统	3	2	1	2
社会系统	3	3	2	3

注："1"为非常健康；"2"为健康；"3"为亚健康；"4"为不健康

6.3.3　小结

以上分析表明，黄河流域青海片生态承载力可采用以下措施：①减少资源的开采强度，提高资源的加工深度，真正实现将资源的优势转化为经济优势，发挥资源效益；②采取节水措施，调整用水结构，降低水耗；③调整调整优化产业结构，降低万元产值的资源消耗；④大力发展科技教育，进一步提高教育水平；⑤改善人民生活质量和交通状况；⑥大力发展区域经济，促使经济总量适度增长；⑦通过建立规范的社会和经济发展行为的政策体系、法规体系、战略目标体系，资源环境、生态动态监测和管理系统，提高决策管理水平。

上述措施实施后，黄河流域青海片资源环境恶化趋势将得到遏制和改善，生态承载力明显提高，并可基本恢复到 1999 年的水平，生态系统健康状态也将得到不同程度的改善。

调水工程规划对区域水资源承载力影响评价

7.1　调水工程规划方案概况

7.1.1　推荐规划方案概况

1. 调水规模

渠首设计流量分两期，分别为一期工程流量方案和最终流量方案；总投资估算约为 490 亿元（含渠首泵站、输水总干渠及占地拆迁、环保、水土保持投资）。

2. 受水区概况

调水工程规划的最终受水区总面积占规划区总面积的 34%，涉及规划区约 30 个县区。一期流量方案受水区 24 个，占规划区总面积的 25%，总人口 735 万人，城镇人口 398 万人，灌溉面积 311 万亩。

3. 水源和取水工程

调水工程规划水源方案包括集中水源方案和分散水源方案，其中，集中水源方案为推荐水源工程。水源工程位于坝址上 4km，坝址控制流域面积约 22 万 km^2，占流域总面积的 46%，多年平均流量 1410m^3/s。水源工程研究报告中推荐的水库正常蓄水位（B 方案）比河段梯级规划中推荐的水源工程水库正常蓄水位（A 方案）高 60m。

水源工程取水泵站位于水源工程库区右岸，取水工程最终流量方案中，渠首提水建筑物最大扬程 100m，总装机 52 万 kW，输水总干总长 688km；一期流量方案总装机 10.8 万 kW，主体土石方开挖工程量为 150 万 m^3，输水线路总长 478km；计划于 2020 年完工。

7.1.2　规划方案环境影响

根据上述规划方案分析，初步确定调水工程规划重要生态与环境影响包括：①水源工程对区域生态系统及库周环境的影响；②取水工程对水源地及下游区水文情势的影响；③调水工程对受水区水资源配置及社会经济环境的影响。

7.2　水源工程对下游水文情势的影响

7.2.1　水源工程对实测径流量的影响

水源工程坝址处多年平均流量变化见图 7-1。由图 7-1 可见，建库前，年内径流主要集中在汛期 6~10 月，经计算，6~10 月 5 个月径流量为年总径流量的74.1%，并以 7~9 月最多，这 3 个月月径流量占年总径流量比例均在 16% 以上；12 月~次年 5 月为枯水期，以 1~3 月最小，其中，2 月占年总径流量比例仅为2.41%，为各月最低值。

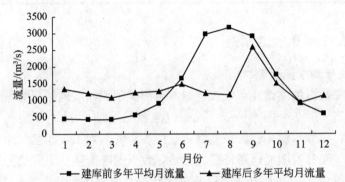

图 7-1　水源工程水库建库前后多年平均月流量对照（正常蓄水位 B 方案）

建库后，电站运行调度将减少大坝下游汛期多年平均流量，增加枯水期多年平均流量。其中，以主汛期 7~8 月和枯水期 1~5 月的流量再分配最为明显，1 月和 8 月流量变化分别为各月增加和减少的最大值（图 7-1）。经计算，建库后，6~10 月的径流量为年总径流量的 47.9%。

7.2.2　水库建设对输沙量的影响

水源工程坝址处多年平均含沙量为 0.536kg/m³，多年平均悬移质输沙率为734kg/s，多年平均输沙量为 2316 万 t/a。悬移质年内分配主要集中于汛期。专题研究报告指出，水库正常蓄水位为 A 方案和 B 方案时，水库 20 年淤积量达3.05 亿 m³ 和 3.09 亿 m³，最大淤积厚度达 15.08m 和 17.31m，淤积形态为三角洲，三角洲头距坝里程约 152km 和 200km。因此，水库形成后随着库区泥沙淤积坝下游泥沙含量将大大减少。

7.2.3 水源工程对水温的影响

1. 库区水温类型

由表7-1判断，水源工程水库形成后，两种正常蓄水位方案库区水温类型均为稳定分层型，且水温结构基本不受洪水影响。

表7-1 水源工程水库水温结构判别表

正常蓄水位方案	总库容/亿 m³	a	β_1 ($P=2\%$)	β_2 ($P=1\%$)	β_3 ($P=0.1\%$)	水温类型
A 方案	385.2	1.154 465	0.13	0.14	0.17	稳定分层型
B 方案	203.8	2.182 041	0.24	0.259	0.319	稳定分层型

2. 库表及库底水温预测

1) 库表年均水温预测

库区气象数据的准确性和代表性对水温影响预测的准确性至关重要。选取位于水源工程库周的7个国家一级、二级气象台站1961~2001年的气象数据，通过空间差值，得到水源工程区域气温背景值。经气候因子、经度、纬度和高程的统计分析，气温具有明显地形特征，为确保数据的准确性，采用趋势面方法进行空间插值，得到 A 方案和 B 方案高程处多年平均月气温和年气温的数据，其中，多年平均年气温分别为14.9℃（A 方案）和14.5℃（B 方案）（表7-2）。

表7-2 水源工程库区多年平均气温 （单位：℃）

正常蓄水位方案	1 月	2 月	3 月	4 月	5 月	6 月	7 月	8 月	9 月	10 月	11 月	12 月	年均
A 方案	7.0	8.4	11.7	14.5	18.5	21.1	20.4	20.1	18.5	15.8	10.6	6.8	14.5
B 方案	7.5	8.9	12.1	14.9	18.9	21.5	20.8	20.5	18.8	16.2	11.0	7.2	14.9

A 方案和 B 方案蓄水后库表年均水温分别为17.9℃、14.5℃、18.4℃、20.3℃和17.5℃、14.5℃、18.1℃、19.9℃，取平均值作为最终预测结果，即17.8℃（A 方案）和17.5℃（B 方案）。

2) 库底年均水温预测

库底年均水温采用《水利水电工程水文计算规范》（SL278—2002）中的纬度水温相关法进行预测，结果为11.4℃。经计算，A 方案和 B 方案时库底水温分别为8.5℃和8.1℃。取两种方法的平均值作为最终预测结果，即10.0℃（A 方案）和9.8℃（B 方案）。

3）月均水温预测

蓄水后库表及库底月均水温预测结果见表7-3。其中，蓄水前天然情况下水源工程河段水体多年各月平均水温来自水文站实测资料。由表7-3可得，水库蓄水后库区水温比蓄水前明显升高，年均水温增加5.9℃（A方案）和5.6℃（B方案）；6月至翌年1月水温增温幅度较大，其中，B方案增温都在6℃以上，7月增温分别为6.9℃（A方案）和6.7℃（B方案），为各月增温的最大值；2~5月增温相对较低，其中3月为各月增温的最小值；蓄水后年内水温变化幅度增大，水温年变幅由蓄水前的6.15℃增至蓄水后的6.55℃（A方案）和6.56℃（B方案）；两个方案水温增温规律基本相同，A方案增幅略大于B方案。

表7-3　水源工程水库蓄水对库表水温的影响　　　　　（单位：℃）

月份	蓄水前表层水温	A方案表层预测水温	A方案表层水温差值	B方案表层预测水温	B方案表层水温差值	A方案库底预测水温	B方案库底预测水温
1	5.1	11.3	+6.2	10.9	+5.8	8.5	9.3
2	6.8	11.5	+4.7	11.2	+4.4	7.9	9.1
3	9.5	13.5	+4.0	13.2	+3.7	7.8	9
4	12.5	16.6	+4.1	16.3	+3.8	8.3	9.2
5	15	20.0	+5.0	19.7	+4.7	9.3	9.5
6	16.6	22.9	+6.3	22.6	+6.0	10.4	9.9
7	17.4	24.3	+6.9	24.1	+6.7	11.5	10.3
8	17.2	24.1	+6.9	23.8	+6.6	12.1	10.5
9	15.7	22.1	+6.4	21.8	+6.1	12.2	10.6
10	12.8	19.0	+6.2	18.7	+5.9	11.7	10.4
11	8.7	15.6	+6.9	15.3	+6.6	10.7	10.1
12	5.8	12.7	+6.9	12.4	+6.6	9.6	9.7
年均	11.9	17.8	+5.9	17.5	+5.6	10	9.8

3. 库区铅直水温

蓄水后库区年均水温铅直分布预测结果见表7-4。由表7-4可得，两种方法的预测结果非常接近，以二者的均值作为库区年水温铅直分布的最终结果。两种方案正常蓄水位均取水深为60m（A方案）和120m（B方案）。

表 7-4　水源工程水库蓄水后不同预测方法坝前铅直年均水温对照

（单位：℃）

深度/m	A 方案			B 方案		
	东勘院法	水科院法	朱伯芳法	东勘院法	水科院法	朱伯芳法
0	17.8	17.8	17.8	17.5	17.5	17.4
1	17.7	17.5	17.5	17.4	17.2	17.1
3	17.4	17.0	16.8	17.2	16.7	16.5
5	17.1	16.5	16.2	16.8	16.2	16.0
10	15.8	15.3	15.0	15.6	15.1	14.9
15	14.4	14.3	13.9	14.2	14.0	13.9
20	13.1	13.4	13.1	12.8	13.1	13.2
30	11.1	11.9	11.8	10.8	11.6	12.0
40	10.2	10.8	10.9	10.0	10.6	11.3
50	10.0	10.2	10.4	9.8	10.0	10.8
60	10.0	10.0	10.0	9.8	9.8	10.4
70	/	/	/	9.8	9.8	10.1
100	/	/	/	9.8	9.8	9.9
120	/	/	/	9.8	9.8	9.8

分别采用式（4-14）~式（4-19）和式（4-21）~式（4-23）预测库区月均铅直水温，并以两种方法的平均值作为最终结果，见图 7-2 和图 7-3。由图 7-2 和图 7-3 可知，两种蓄水位库区铅直水温分布均呈明显的季节性变化。4~10 月库区水温均呈现稳定分层，0~5m 水深为水温相对较高的表层，5~40m 水深为温跃层。其中，两种蓄水位库区 7 月的水温梯度均为 0.29℃/m，为该层各月的峰值。40m 以下水温随水深变化很小，为滞温层。

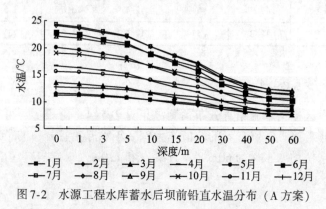

图 7-2　水源工程水库蓄水后坝前铅直水温分布（A 方案）

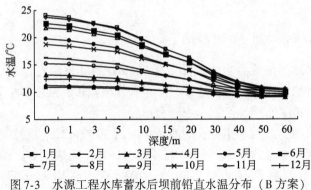

图 7-3　水源工程水库蓄水后坝前铅直水温分布（B 方案）

4. 下泄低温水

A 方案和 B 方案水源工程水库泄洪分别为表孔和表孔与中孔结合，发电进水口底板高程分别比正常蓄水位低 100m 和 95m。根据《水利水电工程水文计算规范》（SL278—2002）中的代表层水温法，下泄水温均按水面以下 80m，即库底水温计算，结果见表 7-5。由表 7-5 可知，下泄低温水主要集中于每年 4～9 月，其中 6 月的 A 方案和 7 月的 B 方案下泄水温比天然水温分别下降 6.2℃和 7.1℃，为各月降温的峰值。11 月至翌年 2 月下泄水水温高于天然水水温。需要指出的是，由于无水库电站 8 月和 9 月弃水的具体数据，计算中未考虑电站弃水的影响，因此，8 月和 9 月水库泄水的实际水温应略高于计算结果。

表 7-5　水源工程水库多年平均月下泄水温特征　　　　　（单位：℃）

月份	天然水温	A 方案		B 方案	
		下泄水温	下泄−天然	下泄水温	下泄−天然
1	5.1	8.5	+3.4	9.3	+4.2
2	6.8	7.9	+1.1	9.1	+2.3
3	9.5	7.8	−1.7	9.0	−0.5
4	12.5	8.3	−4.2	9.2	−3.3
5	15.0	9.3	−5.7	9.5	−5.5
6	16.6	10.4	−6.2	9.9	−6.7
7	17.4	11.5	−5.9	10.3	−7.1
8	17.2	12.1	−5.1	10.5	−6.7
9	15.7	12.2	−3.5	10.6	−5.1
10	12.8	11.7	−1.1	10.4	−2.4
11	8.7	10.7	+2.0	10.1	+1.4
12	5.8	9.6	+3.8	9.7	+3.9
年均	11.9	10.0	−1.9	9.8	−2.1

5. 下泄低温水对作物的影响

水源工程水库下泄低温水的恢复需要 80km。坝址下游高程 1500～2000m 的农业气候条件是粮食作物的优势地带，分布有低坝稻田、低坝水旱轮作地和低坝水浇地，主要种植了水稻、玉米、小麦和蚕豆。

已有研究表明，适宜水稻生长的灌溉水温为 30～34℃（夏长庚，1980），且水稻不同生长期对水温的要求不同（刘仲桂，1985，见表 7-6），如果灌溉水温低于 21℃，水稻就有明显的受害现象，特别是成活期和分蘖期（夏长庚，1980）。南山水库的实际灌溉试验也验证了上述观点，当水库底层水温为 7～10℃时，从水库底层泄水灌溉使早稻分蘖迟缓，穗小，包茎多，减产 3%～7%（孙先波和楼继民，2000）。由表 7-6 可得，A 方案和 B 方案水库 3～10 月泄水水温分别为 7.8～12.2℃ 和 9.0～10.6℃，明显低于水稻生长的最低温度，且 5～8 月水温下降最为显著。因此，对于坝下采用干渠取水灌溉的农田而言，下泄低温水将对其农业增产效益产生一定的影响。

表 7-6　水稻生长期对水温的要求

生育期	所在月份		最低温度/℃	适宜温度/℃	最高温度/℃
	早稻	晚稻			
发芽	3	7	10～13	30～35	36～42
幼苗	3、4	7	15	28～32	36～40
返青	4、5	7、8	18	30～35	36～40
分蘖	5	8	19	32～34	36～40
孕穗	5、6	8、9	18	28～30	36～38
抽穗扬花	6	9	20	30～35	36～40
乳熟、黄熟	6、7	9、10	20	35～38	36～42

7.2.4　小结

根据以上分析，得出如下结论：①水源工程水库属于多年调节型巨型水库，通过它的调节作用，下游河道实测径流量年内变化趋于平稳；②水源工程水库蓄水后将使坝下游泥沙含量明显降低；③从水温类型来看，水源工程水库属于稳定分层型水库；④蓄水后库区水温比蓄水前明显升高，两种正常蓄水位方案年均水温分别增加 5.9℃（A 方案）和 5.5℃（B 方案），6 月～次年 1 月水温增幅较大；⑤A 方案和 B 方案 4 ~ 9 月水库下泄低温水水温分别比天然河段水温低 3.5 ~ 6.2℃和 3.3 ~ 7.2℃，对坝下采用干渠取水灌溉的农田带来一定的影响；⑥对下游河道水温和灌溉作物生产的影响，B 方案高于 A 方案，而对库区水温增温的影响则相反。

7.3　水源工程对局地气候的影响

7.3.1　库区气象特征分析

选取位于水源工程库周的 7 个国家一级、二级气象台站 1961 ~ 2001 年的气象数据，通过空间差值，得到水源工程区域气象背景特征，见图 7-4。其中，经气候因子、经度、纬度和高程的统计分析，多年平均气温和多年平均水汽压具有明显的地形特征，为确保气象数据的准确性，这两个气象因子采用趋势面方法进行空间插值，年降水量和多年平均风速采用通用的 Kriging 方法进行空间插值。图 7-4 的空间范围与库区地理位置图相同。

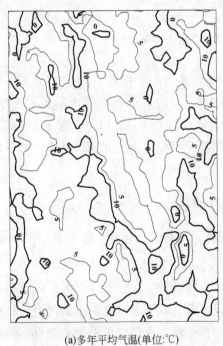 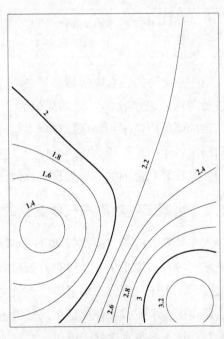

(a)多年平均气温(单位:℃)　　　　　(b)多年平均风速(单位:m/s)

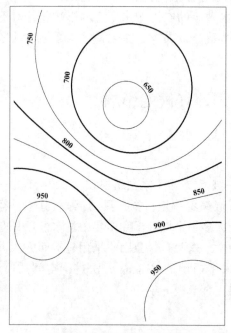 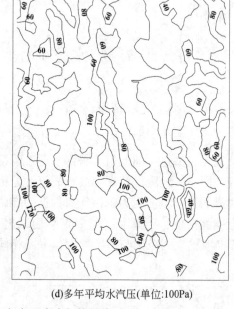

(c)多年平均降水量(单位:mm)   (d)多年平均水汽压(单位:100Pa)

图 7-4　水源工程库区气象要素多年特征值

由图 7-4 可知，水库区域多年平均气温为 14.5～14.8℃，沿干流由西向东随海拔的降低而递增；多年平均风速为 2.4m/s，且由西向东随海拔降低而递增，随纬度的降低而递增；该区域多年平均降水量为 875mm，且由北向南随纬度的降低而递增；年均水汽压为10.9～14.9，空间变化规律为由北向南随纬度的降低而递增，并在研究范围的西南处形成高值区。

7.3.2　水源工程对库周气象要素的影响预测

水库气候效应的主要规律如下（傅抱璞和朱超群，1974；傅抱璞等，1994；傅抱璞，1997；徐裕华等，1987；王浩和傅抱璞，1991）：①当水表温度高于地表温度时，水体对空气有增温效应，反之则有降温效应；一般情况下，由于水库的热源作用，水库蓄水使库区年均气温上升，夏、秋季水库处于增温过程，相对为冷源；秋、冬季水库处于降温过程，相对为热源。水体气候效应的垂直影响范围在几百米内，水体的温度效应的水平影响在岸边附近最强，水平影响范围多为岸边几千米；②水库一般具有增湿效应，但与库周下垫面性质有关；③由于水域面积激增，水面较陆面光滑，水库蓄水后风速将增加，但同时也受库区当地地形条件的影响；④在季风区水域上和沿岸附近的陆地上一般是夏季和年降水量明显减少，冬季降水略有增加，但在干旱地区，水域附近全年降水都增加；⑤水体越深大，气候越干燥，水域的气候效应越明显。

应用类比法分析水源工程水库蓄水后对库周气象要素的影响。根据地形条件相似、水域规模相似和气候一致的原则（刘珍海，1988；雷孝恩等，1987），选取类比水体。已有研究表明（傅抱璞，1997），类比湖泊的气候效应见表7-7。由表7-7可得，水源工程水库蓄水后将使年均气温增高 $0.8 \sim 1.9$℃，全年具有增湿作用，风速将增加 0.9m/s，降水将减少 10%。

表 7-7　类比水体的气候效应

项目	A 湖	B 湖	C 湖
温度效应（年均气温变化/℃）	1.9	0.8	0.4
湿度效应（年均水汽压变化/Pha）			50
对风的影响［年均风速变化/(m/s)］	0.9		0.8
对降水的影响（年降水量变化/mm，增减百分率）	−96.4，−10%		−101.8，−11%

7.3.3　小结

根据类比法分析，水源工程水库蓄水后将具有增温、增湿效应，年均风速也将增加 0.9m/s，但年降水量将减少 10% 左右。

7.4　水源工程对库区动植物的影响

7.4.1　水源工程对动植物资源的影响

根据景观解译结果，水源工程水库选择 A 方案时，水库蓄水将淹没河谷灌丛、耕地和少量的阔叶林、针阔混交林；选择 B 方案时，水库蓄水还将淹没松林，且对河谷灌丛生态系统与农田生态系统的影响较森林生态系统显著。经计算，A 方案和 B 方案水库淹没耕地分别为 94.2km² 和 124.2km²，林地分别为53.8km² 和 123.7km²。受影响的主要植被类型为农田植被、阔叶林、针阔混交林与稀树灌丛；受淹没影响的主要植物群落是硬叶栎类群落。

国家二级保护植物丁茜为单种属植物，零星分布于海拔1850m左右的岸边，以及海拔1990~2431m的干热河谷山地灌丛中，不是当地灌木植被的优势种，且在海拔2100~2500m出现率和密度相对较大，因此水库蓄水虽会淹没少量丁茜，但可采取适当措施予以减免。

库区范围内分布的17种两栖和爬行动物将受水库蓄水淹没影响。同时，由于可利用的水域面积增加，适宜蛙类的生境面积扩大，静水繁殖的蟾蜍、林蛙和蛇类数量将增加，并有可能促进以蛙类为食物的其他动物的发展。

7.4.2　水源工程对水生生物的影响

蓄水后，工程对鱼类的影响既有有利的，也有不利的，主要表现在以下几个方面。

大坝以上江段将形成水库，面积增大，水流变缓，透明度显著增加，浮游植物的种类数量将显著增加，绿藻门、蓝藻门、甲藻门的种类将会成为优势种群。大坝下游春、夏季浮游植物的种类组成受下泄水的影响与库区相同，除硅藻类外，蓝、绿藻将大量增加；而秋、冬季节因取水层较深，下泄水体中的浮游植物种类和数量将大量减少。从总体上看，大坝下游浮游植物种类和生物量将更趋丰富。

库区的枝角类会显著增加，并可形成优势种群，在浮游动物的生物量中占很大比例。水库中浮游动物的生物量将较原河道有显著的增长。水库下游浮游动物的变化将取决于水库中这类生物的生长状况，但一些适宜在静水或缓流水生活的物种将会在河道急流环境中迅速消亡，最终结果又将与天然河道近似。

底栖无脊椎动物数量也将比原河道显著增多，这有利于鲫鱼等滤食性鱼类的摄食生长。

适宜于静水的鱼类种群（如鲫鱼等）数量将会大幅度增加，成为库区优势种群。受水文情势改变不利影响最为严重的将是那些常年在激流中底栖的种类，以及喜流水性生活的中下层种类。但由于库尾以上的干流和大支流内仍存在这些特有鱼类的适宜生境，因此一般不会导致物种绝灭。大坝下游河道经济鱼类受下泄低温水影响，繁殖期将推迟，种群数量也将减少。

7.4.3　小结

分析表明，水源工程水库蓄水对动植物及水生生物的影响具有以下规律：

①B方案将淹没河谷灌丛、耕地和少量的阔叶林、针阔混交林；A 方案蓄水还将淹没松林。②水库蓄水对河谷灌丛生态系统与农田生态系统的影响较森林生态系统显著。③蓄水将对国家二级保护植物丁茜产生一定的影响。④水库蓄水将影响两栖和爬行动物，但蟾蜍、林蛙、蛇类和其他蛙类数量将增加。⑤蓄水后大坝下游江段浮游植物种类和生物量将趋于丰富。⑥建库后，适宜于静水的鱼类种群数量将大幅度增加。

7.5 水源工程对土地利用及景观空间格局的影响

为分析水源工程库周土地利用和景观空间格局分布选取了中国科学院编制的 1∶25 万《中国土地利用图》作为为主要信息源。依照《中国土地利用图》，将水源工程地区分为 6 种土地利用和地表覆盖景观类型，即耕地，林地，草地，水域，城乡、工矿、居民用地和未利用土地；每个大类以下还有若干个子类。

7.5.1 水库蓄水对库周土地利用的影响

2001 年水源工程水库库周土地利用类型见图 7-5。蓄水后 A 方案和 B 方案水源工程库周土地利用类型见图 7-6 和图 7-7。蓄水前后不同类型土地面积变化见表 7-8。由图 7-5 ~ 图 7-7 和表 7-8 可得，蓄水前，2001 年研究区以林地和草地为主，面积比例分别为 63.77% 和 26.05%，其中以有林地（37.69%）和中覆盖度草地（20.14%）面积比例最高。水库蓄水后，一级土地利用类型以耕地面积比例减少最多，分别由建库前的 7.64% 降至建库后的 5.19%（A 方案）和 4.47%（B 方案），分别减少 2.45%（A 方案）和 3.17%（B 方案）；二级土地利用类型中，面积净值减少较为显著的土地类型由高到低的顺序依次为：山区水田>河渠>丘陵区水田>疏林地>中覆盖度草地>有林地，其中山区水田蓄水后将减少 48.1km² （A 方案）和 65.46km²（B 方案）；减少面积占同类型土地面积比例较为显著的土地类型由高到低的顺序依次为：滩地>丘陵区水田>农村居民点用地>河渠，均在 70% 以上，其中，蓄水后滩地将减少 89.8%（A 方案）和 95.4%（B 方案）。

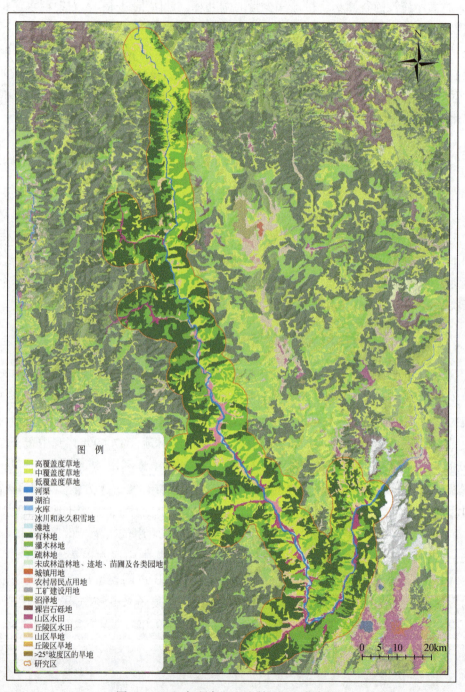

图 7-5　2001 年研究区土地利用图（蓄水前）

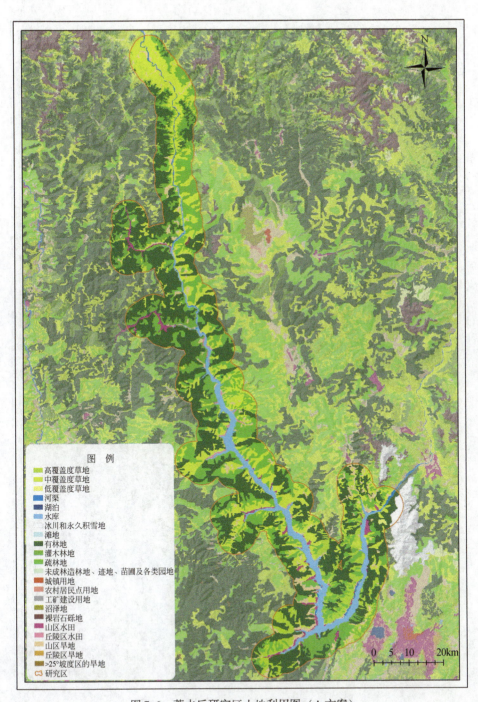

图 7-6　蓄水后研究区土地利用图（A 方案）

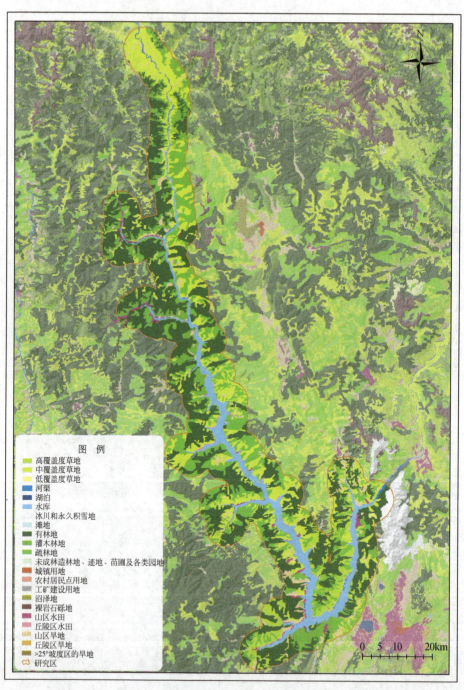

图 7-7　蓄水后研究区土地利用图（B 方案）

表7-8 水源工程水库蓄水前后土地利用变化

一级分类	二级分类	蓄水前		蓄水后A方案预测值			蓄水后B方案预测值		
		面积/km²	比例/%	面积/km²	比例/%	差值/%	面积/km²	比例/%	差值/%
林地	有林地	1 480.17	37.69	1 459.71	37.17	−0.52	1 441.08	36.70	−1.00
	灌木林	360.15	9.17	348.40	8.87	−0.30	341.56	8.70	−0.47
	疏林地	663.81	16.90	635.02	16.17	−0.73	616.53	15.70	−1.20
	合计	2 504.13	63.77	2 443.12	62.21	−1.55	2 399.17	61.09	−2.67
草地	高覆盖度草地	228.93	5.83	210.63	5.36	−0.47	205.48	5.23	−0.60
	中覆盖度草地	791.01	20.14	767.81	19.55	−0.59	747.93	19.05	−1.10
	低覆盖度草地	3.17	0.08	3.17	0.08	0.00	3.17	0.08	0.00
	合计	1 023.11	26.05	981.62	25.00	−1.06	956.58	24.36	−1.69
水域	河渠	56.47	1.44	15.93	0.41	−1.03	11.87	0.30	−1.14
	水库	0.00	0.00	259.85	6.62	+6.62	362.96	9.24	+9.24
	冰川和永久积雪地	17.57	0.45	17.57	0.45	0.00	17.57	0.45	0.00
	滩地	18.09	0.46	1.86	0.05	−0.41	0.84	0.02	−0.44
	合计	92.13	2.35	295.21	7.52	+5.17	393.25	10.01	+7.67
城乡、工矿居民用地	农村居民点用地	5.96	0.15	1.65	0.04	−0.11	1.03	0.03	−0.13
未利用土地	裸岩石砾地	1.46	0.04	1.46	0.04	0.00	1.46	0.04	0.00
耕地	山区水田	106.09	2.70	57.99	1.48	−1.22	40.63	1.03	−1.67
	丘陵区水田	40.10	1.02	9.11	0.23	−0.79	3.94	0.10	−0.92
	山区旱地	154.01	3.92	136.81	3.33	−0.44	130.95	3.33	−0.59
	合计	300.19	7.64	203.92	5.19	−2.45	175.52	4.47	−3.17

注：表中"比例"为不同利用类型土地占总面积的比例，"差值"为蓄水后面积比例与蓄水前面积比例之差

7.5.2 水库蓄水对库周景观空间格局的影响

利用 ARCGIS 中的水文分析模块，结合地形图，首先确定了不建水库情景下的河流形态；其次，依据具体坝址及正常蓄水位 A 方案和 B 方案两种建库情景，分别确定了这两种情景下的水库形态。为了较好地说明水库建成对景观的影响，将 B 方案情景下的水库作 5km 缓冲，以此作为本研究的研究区。未建水库情景下的土地利用状况直接采用《中国土地利用图》中的数据；A 方案和 B 方案情景下的土地利用状况则在《中国土地利用图》的基础上，将本情景下淹没的土地利用类型改为"水库"，以此作为建库后的土地利用状况。

景观空间格局指数见图7-8。由图7-8可得，水库蓄水后，研究区斑块数量明显增加，斑块密度增大；由于人为干扰增大，斑块边界形状更为复杂；景观类

型更加多样化，各景观类型比例和各景观组分分配趋于均匀；景观破碎程度增高，景观异质性增高；除 Shannon 多样性指数外，景观空间格局变化幅度均为 B 方案大于 A 方案。

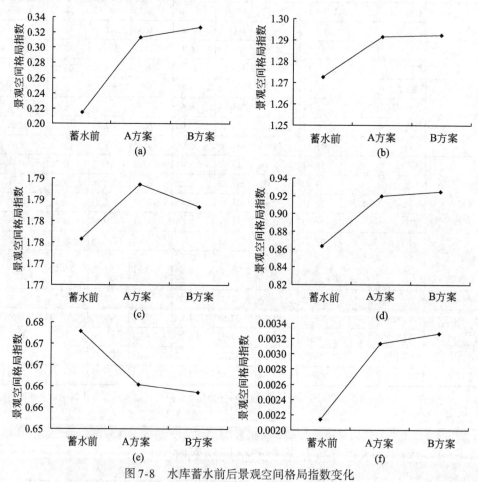

图 7-8　水库蓄水前后景观空间格局指数变化

（a）斑块密度；（b）分维数；（c）多样性指数；（d）优势度；（e）均匀度；（f）破碎度

7.5.3　小结

通过上述分析，可得出如下结论：①水库蓄水前研究区以林地和草地为主，蓄水后以耕地减少的面积比例最大；②二级土地利用类型中，山区水田、河渠、丘陵区水田、疏林地和中覆盖度草地面积减少比例较大，而滩地、丘陵区水田、农村居民点用地和河渠面积减少值占同类型土地 70% 以上；③由于人为干扰加强，蓄水后景观格局趋于复杂化，景观异质性增大；④A 方案景观格局的稳定性高于 B 方案。

7.6　水源工程对 NPP 的影响

7.6.1　数据来源和数据预处理

利用 CASA 模型计算植被净初级生产力（net primary production，NPP），需要获得研究区内同时段的月平均气温、月降水量、月太阳辐射数据和 NDVI 数据。此外，还需要研究区的植被类型图和土壤质地图。本研究采用美国地球资源观测系统（earth satellite thematic sensing，EROS）数据中心探路者数据库提供的 1982～1998 年 8km 分辨率的每旬 AVHRR NDVI 数据，该数据经过 MVC（最大值合成法）处理，进一步消除了云、大气、太阳高度角等因素的部分干扰。

采用全国范围内共 305 个一级气象站点的气温、降水、日照时数数据及 48 个辐射站点数据（1982～1998 年），分别应用了趋势面插值、Kriging 插值及日照百分率线性修正方法进行插值。插值的空间分辨率与 NDVI 相同。

与此同时，采用 1979 年中国科学院植物研究所编制的《1∶400 万中国植被图》及 1978 年中国科学院南京土壤研究所编制的《1∶400 万中国土壤类型图》，作为 CASA 模型的植被和土壤输入。

7.6.2　库区 NPP 变化趋势分析

1982～1998 年 17 年间研究区年总 NPP 变化计算结果见图 7-9。由图 7-9 可得，20 世纪 80 年代以来，研究区年总 NPP 呈波动上升趋势，NPP 总量从 1982 年的 1.7mtgC 增加到 1998 年的 2.3mtg C，平均每年增加 0.035mtgC，增幅占研究区 17 年平均 NPP 总量的 1.72%。研究区国土面积为 3926.99km^2，占全国国土总面积的 0.041%；17 年间区内总 NPP 的平均值为 2.04mtgC·a^{-1}，占全国 NPP 总量（朴世龙等，2001b）的 0.113%；区内单位面积 NPP 为 519.7gC·m^{-2}·a^{-1}，为全国单位面积 NPP（朴世龙等，2001b）的 2.77 倍。可见，研究区域的 NPP 要高于全国平均水平。研究时段内以 1996 年的 NPP 最大，为 2.3mtgC，而 1992

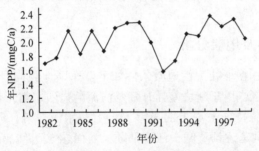

图 7-9　1982～1998 年研究区植被年总 NPP 变化

年仅为 1.6mtgC，为研究时段内的最低值，也是变化曲线中最明显的波谷，此规律与已有全国 NPP 的结果相符（柯金虎等，2003），由于降水是我国植被 NPP 的主要限制因子（朴世龙等，2001b），1992 年的最低值与该年为 20 世纪 90 年代的最低降水量有关。

7.6.3 水库蓄水对库区 NPP 的影响

水源工程水库蓄水后，由于水库淹没，研究区内部分土地利用类型发生变化，总 NPP 值随之改变。由于研究区 NPP 呈波动上升趋势（图 7-9），本书以 1982～1998 年的 NPP 均值在蓄水前后的变化表征水库蓄水对研究区 NPP 的影响，并假设蓄水后，除水库淹没外库周地物覆盖无变化。计算结果见表 7-9。由表 7-9 可得，水库蓄水后 A 方案和 B 方案研究区总 NPP 分别比蓄水前减少了 0.16mtgC 和 0.22mtgC，下降率分别为 7.8% 和 10.8%；单位面积 NPP 蓄水后比蓄水前减少了 39.94gC·m^{-2}·a^{-1} 和 55.09gC·m^{-2}·a^{-1}，下降率分别位 7.6% 和 10.6%。

表 7-9 研究区蓄水前后 NPP 的变化

项　　目	蓄水前	蓄水后			
		A 方案	蓄水后-蓄水前	B 方案	蓄水后-蓄水前
总 NPP/（mtgC）	2.04	1.88	−0.16	1.82	−0.22
单位面积 NPP/［gC/（m²a）］	519.68	479.74	−39.94	464.6	−55.09

7.6.4 小结

通过上述分析，得出如下结论：①1982～1998 年研究区总 NPP 的平均值为 2.04mtgC·a^{-1}，区内单位面积 NPP 为 519.7gC·m^{-2}·a^{-1}，为全国单位面积 NPP 的 2.77 倍；②水库蓄水后，库周总 NPP 比蓄水前分别减少 0.16mtgC（A 方案）和 0.22mtgC（B 方案），下降率分别为 7.8% 和 10.8%。

7.7 水源工程诱发地震分析

7.7.1 库区地质及地貌分析

水源工程库区和坝址处工程地质条件如下：库区地貌成因类型为构造剥蚀、侵蚀、冰蚀中高山区，由于断块差异升降及河流的强烈切割，有高耸山系等深切峡谷形成。库区地貌特征呈现出明显差异：上段水流较急，河面宽 50～150m；中段长约 150km，河道逐渐宽阔，江流平顺，河面达 500～800m，两岸广布Ⅰ～Ⅳ级堆积（或基座）阶地，阶面分别高出河水面 5～8m、16～20m、35m、50～

60m，总宽度 1km ~ 3km；两岸山体比高 600 ~ 1000m。河谷横断面总体上呈左岸陡右岸缓的不对称箱形，左岸地形坡度一般30° ~ 35°；右岸地形坡度一般 25° ~ 30°，坝址处地形坡度 55° ~ 70°；下段峡谷，长约20km，集中落差210m，水面宽 30 ~ 80m，水流湍急跌宕，在峡谷口右岸有狭长的 Ⅰ、Ⅱ 级堆积阶地零星分布。两岸山体雄厚，地形基本对称，河谷横断面呈"V"形。

工程区域地处斜坡过渡地带，地跨峡谷和高原两个地貌单元。区内 3 大岩类齐全，区内地层岩性主要为泥盆系、二叠系、三叠系的灰岩、粉砂岩、泥页岩、玄武岩、火山碎屑岩，地质构造以南北向断裂及其次生构造为主。

水库跨越 4 个Ⅲ级构造单元，区域展布有 6 条深大断裂，根据《地震烈度区划图》，库区区域地震烈度为Ⅷ度。坝址区地质条件也非常复杂，主要表现为：地震烈度较高，为 7.9 度；地形切割强烈，属典型的深切河谷地貌；岩性岩相复杂且变化频繁，构造复杂，岩层产状变化大；展布 3 条区域性断裂，构成大的岩组分界；小断层发育，对岩体切割破坏明显；岩体裂隙发育，破坏了岩体的完整性。水文地质条件复杂，坝址有多个平洞揭露到地下水集中涌水带，可能给坝肩防渗、坝肩稳定带来一定影响；地下水埋藏普遍较深。谷坡物理地质作用强烈。

7.7.2 水库诱发地震最大震级预测

水源工程水库两种正常蓄水位诱发地震的最大震级预测结果见表7-10。由于式（4-47）仅适用于"构造型"水库地震（$M_s \geq 4.5$）（常宝琦和梁纪彬，1992），表 7-10 中 M_3 预测结果剔除。式（4-49）计算结果与其他结果相比明显偏大，也不考虑 M_5 预测结果。因此，A 方案和 B 方案水源工程水库诱发地震的最大震级分别为 2.9 ~ 3.1 级和3.3 ~ 3.9 级，若考虑统计偏差，诱发地震的最大震级分别为 4 ~ 4.3 级和4.3 ~ 4.9 级。

表 7-10 水源工程水库不同正常蓄水位诱发地震震级预测

蓄水位	水面面积 /km²	最大水深 /m	库容 /10⁸m³	E	M_1	M_2	M_3	M_4	M_5	M_6
A 方案	242.3	146	203.83	1.75	3.06	2.99	3.56	2.93	4.30	3.06
B 方案	373	206	385.18	2.00	3.31	3.26	4.30	3.88	4.75	3.30

注：表中 M_s 值未考虑统计偏差

7.7.3 小结

分析水库蓄水后库坝区及其周围地区的地震活动特征，对评估该区域的地震危险性，预测可能的诱发地震活动及防震减灾工作均具有重要意义。研究表明：①水源工程库区区域地质条件非常复杂，坝址处地震烈度为Ⅷ度；②水源工程水库正常蓄水位 A 方案和 B 方案诱发地震的最大震级分别为 4~4.3 级和 4.3~4.9 级。

7.8 取水工程对水源地及下游区的影响

7.8.1 径流

水源工程水库正常蓄水位为 B 方案时调节库容为 215.15 亿 m^3，具有多年调节能力。调水前后水库坝址下泄流量变化见图 7-10。由图 7-10 可得，最终调水规模实施后，水源工程水库年内下泄流量变化趋势与无调水方案时相同，年均下泄流量比无调水方案时有所下降，其中，5 月份下泄流量减少量最大，占无调水下泄流量的 16.9%，3 月和 8~10 月下泄流量减少量较小，11 月至翌年 2 月及 5~6 月下泄流量减少量较大；7 月下泄流量增加 $24m^3/s$，为全年唯一下泄流量增加的月份。水源工程与取水工程的累积作用使下泄流量年内变化更加均匀，其中，水源工程对下泄流量的改变起主导作用。

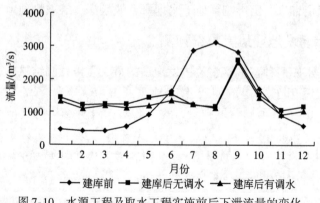

图 7-10 水源工程及取水工程实施前后下泄流量的变化

7.8.2 水质

调水工程规划实施后，因调水引起的库水位的变幅很小，且上游水质本身较好，可达到 II 类水质标准，汇流区内无大型城镇生活和工业污染源，调水工程规划的实施对水源工程水库水质影响很小。根据图 7-10，从水源工程取水后，水库下泄流量的变幅在 30~250m^3/s，占其河道流量的 3%~17%，但除丰水期的 7 月、8 月、9 月外，水库下泄流量与建库前相比，均接近或大于河道天然径流量，因此对下游河道的水质影响不大，特别是枯水期，有利于河道水质的改善。

7.8.3 动植物

取水工程建成后，水库水位在调水后仍然在正常水位和死水位之间变化，即取水对具有多年调节功能的水源工程水库工程特征参数的选择无显著影响。因此，取水工程对库周动植物、鸟类的边际影响甚微。

下泄流量占建库后河道流量最大达17%，平均为7.6%，因此除某些时段以外，大部分时间调水对下游河段的生态环境影响不大，虽然5月、6月、11月、12月和次年2月的下泄流量的减少量占河道流量的比率较大，超过了10%，但是与建库前河道内天然径流量相比，河道下泄流量有所增加，因此，这种流量减少对水生生物所产生的边际影响很小。

7.8.4 环境敏感区

水源工程水源点渠首取水枢纽工程主体工程量为土石方137.27万 m^3，混凝土15.07万 m^3，将产生一定量的弃土。工程弃土在建库时可直接铺于库底，无需采取其他处置措施；水源工程取水工程区发育1处崩塌体和4处滑坡，总体规模较小，不对工程构成大的威胁。水源工程水库所涉及的生态环境敏感点的主要保护对象为高山森林、珍稀野生动物，但是上述敏感点均在海拔2000m以上，因此，调水工程对其几乎无影响。

7.8.5 小结

通过上述分析，可得出如下结论：①最终规模取水工程建成后，多年平均下泄流量减少7.6%，其中5月为各月减少的峰值，8~10月下泄流量减少量较小；②与取水工程相比，水源工程对下泄流量的改变起主导作用；取水工程的实施使不同区域下游流量的年内变化更加均匀；③枯水期取水工程有利于水质的改善；④取水工程对库周动植物、库区及下游水生生物的边际影响甚微。

7.9 调水工程对受水区水资源承载力的影响

收集整理受水区的人均供水量数据，其中2020年和2030年调水前供水数据为水资源配置二次平衡结果，即按有关的水利发展规划增建相应水平年的供水工程后的人均供水量数据。2030年调水后供水数据为水资源配置三次平衡结果，即在二次平衡基础上，实施区外调水后的人均供水量数据。根据基线评价方法，三次平衡与二次平衡数据对应的水资源承载人口之差，即为调水工程规划对受水区水资源承载力的净影响。

7.9.1 调水工程对县域水资源承载力的影响

经计算，一期及最终调水规模受水区县域水资源承载力与实际人口趋势见表7-11和表7-12，一期及最终调水规模各地市实际人口及水资源承载力趋势对照见图7-11和图7-12。

表 7-11 受水区县域水资源承载力与实际人口对照（一期方案）

地市	县(区)	现状或预测人口/万人			承载最优人口/万人					承载最大人口/万人				
		2000年	2020年	2030年	2000年	2020年	2030年调水前	2030年调水后	调水规划影响	2000年	2020年	2030年调水前	2030年调水后	调水规划影响
A	A1	50.45	63.86	67.90	13.90	26.26	27.72	49.85	+22.14	23.17	43.77	46.19	83.09	+36.90
	A2	41.38	49.39	51.68	28.67	38.23	40.79	44.73	+3.93	47.79	63.72	67.99	74.54	+6.55
	A3	19.50	23.06	24.04	12.81	16.43	17.23	20.94	+3.71	21.35	27.38	28.71	34.90	+6.19
	A4	22.76	27.67	28.95	8.82	11.64	12.53	16.08	+3.55	14.70	19.41	20.88	26.81	+5.92
	A5	20.33	23.35	24.49	10.11	13.54	14.19	22.69	+8.50	16.85	22.57	23.65	37.82	+14.16
B	B1	32.47	37.93	39.56	18.99	33.58	17.74	34.39	+16.65	31.64	55.97	29.56	57.31	+27.75
	B2	52.09	67.63	73.60	34.73	46.24	54.99	57.91	+2.92	57.89	77.06	91.65	96.52	+4.87
	B3	20.95	24.65	25.92	3.76	11.27	7.97	13.07	+5.10	6.27	18.78	13.29	21.78	+8.49
	B4	29.61	33.89	35.53	13.68	22.66	20.16	22.49	+2.34	22.80	37.77	33.59	37.49	+3.89
	B5	43.77	50.98	53.08	19.84	24.70	26.10	34.09	+7.99	33.07	41.17	43.50	56.82	+13.32
C	C1	29.51	38.13	39.59	17.85	22.39	23.43	51.27	+27.85	29.75	37.31	39.04	85.45	+46.41
	C2	18.12	89.35	97.90	10.00	15.59	15.35	49.05	+33.71	16.67	25.98	25.58	81.76	+56.18
	C3	139.79	107.50	120.20	2.58	3.33	3.42	8.90	+5.48	4.30	5.55	5.70	14.84	+9.14
	C4	26.85	111.42	119.90	15.96	28.37	27.11	61.93	+34.82	26.60	47.29	45.19	103.22	+58.03
	C5	75.80	69.20	78.20	70.46	129.56	134.83	203.61	+68.78	117.43	215.93	224.71	339.35	+114.64
	C6	33.03	41.78	44.14	19.99	24.02	24.81	43.68	+18.87	33.32	40.03	41.35	72.80	+31.45
	C7	61.44	53.50	56.70	7.69	8.18	8.68	12.52	+3.84	12.82	13.64	14.46	20.87	+6.41
D	D1	2.24	2.66	2.80	0.30	2.26	0.86	3.24	+2.38	0.49	3.77	1.43	5.40	+3.97
E	E1	14.96	17.42	18.53	8.87	11.77	12.63	16.45	+3.82	14.78	19.62	21.05	27.42	+6.36
	E2	25.72	29.68	31.42	3.73	5.55	6.48	22.09	+15.60	6.22	9.26	10.81	36.81	+26.00
	E3	27.46	31.78	33.65	7.48	8.77	8.84	41.45	+32.61	12.47	14.61	14.73	69.08	+54.36
	E4	40.95	52.63	57.02	24.19	26.00	26.27	58.92	+32.64	40.31	43.33	43.78	98.19	+54.41
受水区合计		829.18	1 047.46	1 124.80	354.41	530.36	532.12	889.37	+357.25	590.68	883.93	886.86	1 482.28	+595.41

表 7-12　受水区县域水资源承载力与实际人口对照（最终流量方案）

地市	县（区）	现状或预测人口/万人			承载最优人口/万人					承载最大人口/万人				
		2000年	2020年	2030年	2000年	2020年	2030年调水前	2030年调水后	调水规划影响	2000年	2020年	2030年调水前	2030年调水后	调水规划影响
A	A1	50.45	63.86	67.90	13.90	26.26	27.72	52.86	+25.14	23.17	43.77	46.19	88.10	+41.91
	A2	41.38	49.39	51.68	28.67	38.23	40.79	48.98	+8.19	47.79	63.72	67.99	81.63	+13.64
	A3	19.50	23.06	24.04	12.81	16.43	17.23	24.23	+7.00	21.35	27.38	28.71	40.38	+11.66
	A4	22.76	27.67	28.95	8.82	11.64	12.53	16.96	+4.43	14.70	19.41	20.88	28.27	+7.39
	A5	20.33	23.35	24.49	10.11	13.54	14.19	28.51	+14.32	16.85	22.57	23.65	47.52	+23.87
	A6	27.95	32.38	33.76	17.90	21.89	23.24	23.91	+0.67	29.83	36.49	38.73	39.86	+1.12
	A7	19.90	22.60	23.54	14.68	17.46	18.78	22.71	+3.94	24.46	29.10	31.30	37.86	+6.56
B	B1	32.47	37.93	39.56	18.99	33.58	17.74	38.12	+20.38	31.64	55.97	29.56	63.53	+33.97
	B2	52.09	67.63	73.60	34.73	46.24	54.99	57.91	+2.92	57.89	77.06	91.65	96.52	+4.87
	B3	20.95	24.65	25.92	3.76	11.27	7.97	14.42	+6.44	6.27	18.78	13.29	24.03	+10.74
	B4	29.61	33.89	35.53	13.68	22.66	20.16	23.54	+3.38	22.80	37.77	33.59	39.23	+5.64
	B5	43.77	50.98	53.08	19.84	24.70	26.10	38.00	+11.90	33.07	41.17	43.50	63.33	+19.83
	B6	29.69	34.22	35.66	10.29	10.45	11.50	28.73	+17.24	17.15	17.41	19.16	47.89	+28.73
F	F1	45.28	55.24	58.59	15.39	21.29	21.43	42.30	+20.87	25.66	35.48	35.71	70.49	+34.78
	F2	29.23	37.03	39.68	18.61	21.67	31.83	47.77	+15.94	31.02	36.12	53.05	79.62	+26.57
	F3	33.98	45.08	48.74	25.65	42.69	45.11	57.72	+12.60	42.76	71.15	75.19	96.19	+21.01

续表

地市(区)	县(区)	现状或预测人口/万人			承载最优人口/万人					承载最大人口/万人				
		2000年	2020年	2030年	2000年	2020年	2030年调水前	2030年调水后	调水规划影响	2000年	2020年	2030年调水前	2030年调水后	调水规划影响
C	C1	29.51	38.13	39.59	17.85	22.39	23.43	51.27	+27.85	29.75	37.31	39.04	85.45	+46.41
	C2	18.12	89.35	97.90	10.00	15.59	15.35	49.05	+33.71	16.67	25.98	25.58	81.76	+56.18
	C3	139.79	107.50	120.20	2.58	3.33	3.42	8.90	+5.48	4.30	5.55	5.70	14.84	+9.14
	C4	26.85	111.42	119.90	15.96	28.37	27.11	61.93	+34.82	26.60	47.29	45.19	103.22	+58.03
	C5	75.80	69.20	78.20	70.46	129.56	134.83	203.61	+68.78	117.43	215.93	224.71	339.35	+114.64
	C6	33.03	41.78	44.14	19.99	24.02	24.81	43.68	+18.87	33.32	40.03	41.35	72.80	+31.45
	C7	61.44	53.50	56.70	7.69	8.18	8.68	12.52	+3.84	12.82	13.64	14.46	20.87	+6.41
	C8	14.03	17.21	17.85	8.46	11.66	13.03	17.81	+4.78	14.09	19.44	21.71	29.68	+7.97
D	D1	2.24	2.66	2.80	0.30	2.26	0.86	3.41	+2.55	0.49	3.77	1.43	5.69	+4.26
E	E1	14.96	17.42	18.53	8.87	11.77	12.63	16.86	+4.23	14.78	19.62	21.05	28.10	+7.04
	E2	25.72	29.68	31.42	3.73	5.55	6.48	25.47	+18.99	6.22	9.26	10.81	42.46	+31.65
	E3	27.46	31.78	33.65	7.48	8.77	8.84	42.85	+34.01	12.47	14.61	14.73	71.41	+56.68
	E4	40.95	52.63	57.02	24.19	26.00	26.27	59.03	+32.76	40.31	43.33	43.78	98.38	+54.60
受水区合计		1 029.24	1 291.22	1 382.62	465.39	677.47	697.03	1 163.07	+466.03	775.64	1 129.11	1 161.72	1 938.45	+776.75

注：表 7-11 和表 7-12 中 2000 年水资源承载力采用一次平衡供水数据计算；2020 年和 2030 年调水前水资源承载力采用二次平衡供水数据计算，2030 年调水后水资源承载力采用三次平衡供水数据计算；"+"表示增加

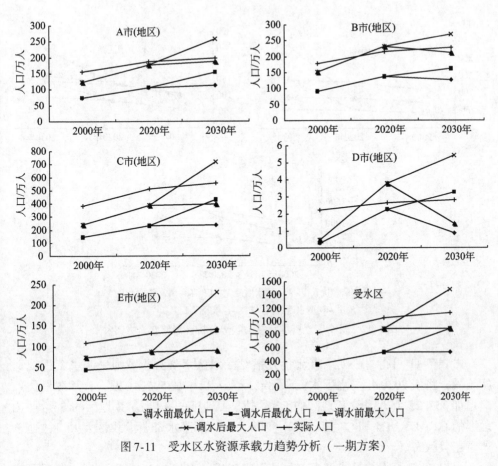

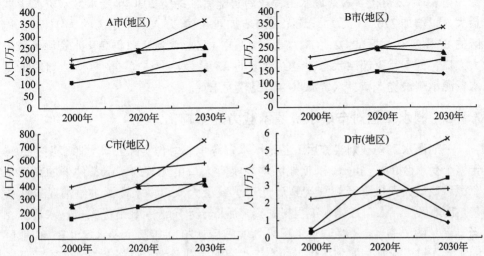

图 7-11　受水区水资源承载力趋势分析（一期方案）

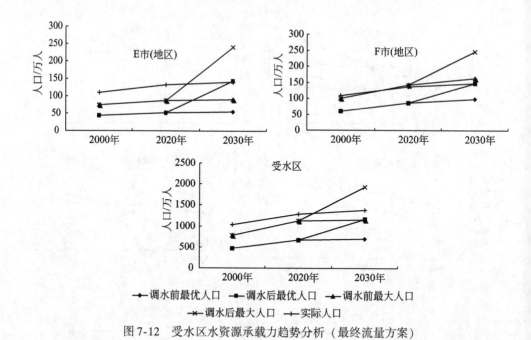

图 7-12　受水区水资源承载力趋势分析（最终流量方案）

由表 7-11 可得，一期渠首流量方案对受水区水资源承载力，调水工程规划实施后，将使 2030 年受水区水资源承载最大人口增加 595.41 万人，承载最优人口增加 357.25 万人，除 E 地区的 E2 县外，A 地区的 A4 县，B 地区的 B3 县，C 地区的 C2、C3、C4 和 C7 县（区）实际人口仍高于水资源承载最大人口，处于严重超载状态。

由表 7-12 可得，最终调水工程规划实施后，将使 2030 年受水区水资源承载最大人口增加 776.73 万人，最优人口增加 466.04 万人，A 地区的 A4 县，B 地区的 B3 县，C 地区的 C2、C3、C4 和 C7 县（区）实际人口仍高于水资源承载最大人口，处于严重超载状态，但 A 地区的 A3 县等 8 个县（区）实际人口将低于水资源承载最优人口，水资源供给情况较为乐观。

7.9.2　调水工程对市域水资源承载力的影响

一期调水工程规划实施后，各地区水资源承载力与实际人口对照表明，2030 年整个受水区、A、B、C 和 E 地区均为实际人口由无规划实施条件下的高于水资源承载最大人口降至规划实施后低于承载最大人口，水资源供给情况有所改善；D 地区实际人口在调水工程规划实施后低于水资源承载最优人口，水资源相当丰富（图 7-11）。最终调水工程规划实施后，2030 年整个受水区、B、C 地区的实际人口由无规划实施条件下的高于水资源承载最大人口降至规划实施后低于承载最大人口；D、E 和 F 地区的实际人口在调水工程规划实施后低于水资源承载最优人口，水资源相当丰富（图 7-12）。

7.9.3　小结

调水工程规划的实施可有效解决受水区水资源短缺，最终调水规模将明显改善水资源供给状况。

第 8 章
Chapter 8

结论与展望

8.1　区域生态承载力评价理论与方法

在分析流域生态系统结构、功能特征的基础上，指出流域生态系统是以自然系统为主体的自然–社会–经济复合系统，其自然、社会和经济亚系统具有生产、生活、供给、接纳、控制和缓冲等多种功能，并具有整体性和关联性、有序性和复杂性、相对稳定性和动态性、自组织性和相对平衡性等基本特征；同时指出，耦合机制、动力学机制、反馈机制和控制论原理是流域生态系统的基本原理。

提出了流域生态系统健康概念，即流域生态系统健康是指流域内自然生态系统为社会经济系统提供完善服务功能的前提下，其自身抵抗外界干扰的稳定性和持续性状态。指出流域生态系统健康包括两方面基本含义：社会经济亚系统健康和自然生态亚系统健康，二者缺一不可。后者是前者的基础和保障，前者是后者的目标和条件。并从多样性、均衡协调性、可调控性、恢复力和自我维持能力、不影响相邻系统、社会经济可行性、可维持人类健康等方面阐述了流域生态系统健康的基本特征。指出，从系统动力学的角度，流域生态系统健康维育可借鉴生态经济系统协调发展的机理与驱动机制。

提出了基于生态系统健康的生态承载力概念，即在一定社会经济条件下，自然生态系统维持其服务功能和自身健康的潜在能力。它是相对于某一具体的历史发展阶段和社会经济发展水平而言的，集中体现在自然生态系统对社会和经济系统发展强度的承受能力和一定社会经济系统发展强度下自然生态系统健康发生损毁的难易程度。

深入分析了基于生态系统健康的生态承载力内涵，指出基于生态系统健康的生态承载力是自然生态系统支持调节能力的客观反映，由资源环境承载力、生态子系统的恢复力（弹性力）、人类活动潜力三部分组成。论述了生态承载力与生态系统健康之间的对应关系，指出一定的生态系统健康等级对应一定的生态承载力水平，可以通过制定生态系统健康等级，定量判断生态承载力不同水平对应的生态系统健康状态，以及人类活动作用于生态承载力造成的生态系统健康等级的变化，从而确定制约生态系统健康的瓶颈问题。同时，阐述了生态承载力的客观性、阈值性、时变性和可控性等基本特性，指出临界阈现象是其突出特征，即生态系统的维持和调节能力相对于人类活动强度是有一定限度的，随着人为干扰的增加，这种调节能力下降，生态系统健康等级随之降低，一旦人类干扰超过系统的可调节能力的最高阈值，将带来整个系统的破坏，甚至崩溃。

分析了生态承载力的自然和人为影响的因素，指出基于生态系统健康的生态承载力不是固定的、静态的，而是一个范围的概念，其影响因素包括自然因素和人为因素。自然因素主要是指自然和生物环境；人为因素包括人类的经济活动、生活质量、体制背景、风俗习惯、人文价值、生产消费模式、管理水平等。

构建了包含资源环境承载力、生态弹性力和人类活动潜力 3 部分，基于生态系统健康的生态承载力计量模型。提出了基于评价指标的生态承载力量化方法和预测方法。建立了梯级水电开发对生态承载力净影响的量化模型，并提出了生态承载力调控模式和生态系统健康维育方法。

根据突出重点、科学性、动态性、整体性、多样性和可操作性等原则，建立了由活力、组织结构、恢复力、服务功能、管理的选择、减少外部输入、邻近生态系统的危害和人群健康指标构成的流域生态系统健康评价指标体系，并应用主成分分析法筛选得到最终的指标体系包括 52 个具体指标。结合国际水平和我国的实际情况，参照国家生态县（市）等相关规定，应用趋势分析法建立了以县域为基础的流域生态系统健康等级标准。根据生态承载力概念模型和生态系统健康评价指标体系，构建了生态承载力评价指标体系，并应用层次分析法确定了指标体系权重，依据生态系统健康标准确定了生态承载力标准值。

8.2 水电梯级开发对区域生态承载力影响评价

在分析水电梯级开发影响黄河流域青海片生态承载力要素的基础上，以可持续发展理论为指导，采用基于生态系统健康的生态承载力系列模型计算了水电梯级开发对生态承载力的净影响，并进行了深入分析。案例研究的结论如下。

在总结前人研究成果的基础上，提出了基于气象数据的水库气候效应分析模型，应用该模型的研究结果表明，青海省境内黄河上游梯级水电工程对局地气候有明显影响，主要规律如下：①由于水库的热源作用，水库蓄水使库区气温上升，夏、秋季水库处于增温过程，相对为冷源，秋、冬季水库处于降温过程，相对为热源。短期内梯级水电工程夏季使库周气温下降，其他季节气温升高。其中，冬季增温幅度最大，年均增温在 0.5℃以内，各水库对气温的垂直影响范围在 600m 内，水平影响范围在 2.5km 以内；②蓄水后水库在春、夏季具有增湿作用，秋、冬季具有减湿作用。除夏季外，全年降水量呈减少趋势，这与水库地处高原干旱地区等复杂因素有关。③蓄水后水域面积激增，下垫面热容量增加，全年日照时数和降水量均呈增加趋势；④水库对库周各种气温指标、0cm 地温、相对湿度、总云量的全年净影响随蓄水时间的增加而加强；对降水量、低云量和日照时数的全年净影响随蓄水时间的增加而减弱；⑤受当地地形条件的影响，水库对风速的影响规律性较差；⑥由于地形、海拔、局地气象条件和工程特征的不同，龙羊峡和李家峡两座已建大型水库的气候效应也存在差异；⑦对未建水库气候效应的预测结果表明，拉西瓦、公伯峡和积石峡 3 座未建大型水库蓄水后，除夏季外，全部具有增温效应，对气温的垂直影响范围在 600m 以内；各水库都有增湿效应。

从水温类型来看，龙羊峡水库属于稳定分层型水库，李家峡水库属于过渡型水库，梯级开发其他水库属于混合型水库；龙羊峡水库属于多年调节型巨型水库，它的调节作用使下游河道实测径流年际和年内变化趋于平稳；龙羊峡和李家峡两库的联合调控使唐～循河段输沙量和含沙量明显降低，相关分析表明输沙量和含沙量在蓄水前与径流密切相关，蓄水后相关性下降或不相关；输沙量和含沙率具有明显季节性变化特点，6～8 月为集中输沙时段；龙羊峡和李家峡两库在春、夏两季水温稳定分层，秋、冬两季趋于等温分布。本书提出的计算稳定分层型水库对河道水温净影响的方法充分考虑了大气候背景变化引发的水温变化，计算结果准确性高，能够很好地反映水库蓄水影响河道水温的实际情况。应用该模型计算表明，龙羊峡水库蓄水使坝前河道断面水温明显上升（春季除外），下游临近河道春、夏两季水温下降，秋、冬两季水温上升，年均水温变化较小，年内水温净变化趋于均匀。

水库蓄水后库区和下游河段水生生物种类明显增加、生物量和数量下降，且下游河段的水生生物种类、生物量和数量明显高于上游水库河段；水库蓄水前后从上游到下游水生生物量和数量均呈下降趋势，经水库调节，这种下降趋势减缓，经一段距离的恢复可接近蓄水前水平；蓄水前水库河段浮游植物生物量以硅藻为最优势类群，蓄水后经一段时间，绿藻和蓝藻的数量和比例明显增加，浮游动物各门和底栖动物生物量大幅度下降；种类特性分析和单因子分析表明蓄水前后所有河段都属于贫营养型，但库区蓄水后有向中营养水体过渡的趋势；蓄水前水库河段浮游植物的数量和生物量在春季达到峰值，浮游动物的数量和生物量在夏季达到峰值，浮游植物中硅藻的数量和生物量与水温明显相关；水库蓄水使库区水生生物多样性、均匀度和丰富度均大幅度下降；经一段距离的恢复后，下游河段基本可恢复到水库蓄水前的水平，种群结构趋于稳定；蓄水前研究区域地处高寒地带，水温较低、河底比降大、水流湍急，蓄水后水库的调节作用使库区流速变缓，库区水温升高，下游水温下降，这些因素带来了生物量的前后差异。

龙羊峡库区地震为水库诱发地震，李家峡水库也存在诱发地震的可能性。李家峡水库蓄水后库坝区及周边地区地震活动基本特征为：大坝以北拉脊山南缘断裂一带震中有较为密集的分布，库坝区和周边地区在研究时段内的最大地震为3.1 级，库坝区 90% 的地震为 0.0～1.9 级的弱小地震，周边地区以 1.0～1.9 级地震为主；震源深度优势分布层位于 0～15km。库坝区地震活动与水库水位有关，且地震活动存在 5～7 个月的滞后期。未建水库存在诱发 5 级以上地震的危险性。

　　龙羊峡和李家峡两座梯级水库的修建在提高人类调控水资源能力的同时，也改变了沿黄 12 县的气象灾害灾种，明显加剧了区域地质地貌和地震灾害。12 县中，湟中、湟源、民和、化隆、循化、共和、尖扎是各种自然灾害的高发区，而这些县的承灾体也非常脆弱，这更加重了梯级开发诱发自然灾害的破坏性。

　　水库蓄水使库区沿岸各县年内 6 ～ 10 月 NDVI 下降，3 ～ 5 月 NDVI 上升，年均 NDVI 下降 0.01 ～ 0.02。景观破碎度和景观多样性指数的分析结果表明：①黄河流域源头和兴海以下干流区域斑块密度高于其他区域；②黄河流域干流区域景观多样性和均匀度均高于其他区域，源头区域的多样性和均匀度明显低于流域内其他区域；③水库蓄水是区域景观格局变化的主要原因，工程建设、水库移民也使得区域未淹没区受到的人为干扰加强，耕地、沙化面积明显增加；④贵南和共和两县景观格局变化幅度不同的主要原因在于龙羊峡水库大部分水域都处于共和县境内。

　　黄河流域青海片生态系统健康等级较低，多处于亚健康状态。空间上，以湟水流域和黄河干流区域生态系统健康等级最低，时间上生态承载力随时间的推移呈缓慢下降的趋势；各项指数中，以资源环境承载力指数相应的生态系统健康等级最高，除湟水流域的部分地区外，其余区域均处于健康状态之上；人类潜力和生态弹性力是制约黄河流域青海片生态系统健康的主要因素；梯级水电建设实施的不同阶段对共和县存在正面影响，但对沿黄其他县和黄河流域青海片生态系统均为负面影响。经计算，梯级开发规划的全面实施将导致黄河流域青海片生态系统健康状态降低一个等级。

　　黄河流域青海片基于生态系统健康的生态承载力可采用以下措施：①减少资源的开采强度，提高资源的加工深度，真正实现将资源的优势转化为经济优势，发挥资源效益；②采取节水措施，调整用水结构，降低水耗；③优化产业结构，降低万元产值资源消耗；④大力发展科技教育，进一步提高教育水平；⑤改善人民生活质量和交通状况；⑥大力发展区域经济，促使经济总量适度增长；⑦通过建立规范的政策法规体系，提高决策管理水平。这些措施实施后，黄河流域青海片资源环境恶化趋势将得到遏制和改善，生态承载力明显提高，并可基本恢复到 1999 年水平，生态系统健康状态也将得到不同程度的改善。

8.3　调水工程规划对区域水资源承载力影响评价

　　跨流域调水工程规划是由政府组织实施的一项基础战略性公共政策。

　　基线评估由基线调查、预测和评价三部分组成，是评价一项规划的实施对区域生态环境"净"影响的相对简便、可操作的方法。

水源地及水源工程下游区生态环境影响评价指标体系由环境质量、生态系统和社会环境三方面指标构成,受水区生态环境影响以水资源承载力为评价指标。

水源工程生态环境影响评价方法集包括:水文、水温、局地气候、景观格局、NPP、水库诱发地震六方面内容。水源地及下游区生态环境评价方法包括统计分析、基线预测和基线评价方法;受水区生态环境评价方法为水资源承载力评价方法。

案例研究的结论包括:①水源工程蓄水后对实测径流量的调节作用明显,将使下游河道实测径流年内变化趋于平稳;②水源工程库区水温比蓄水前明显升高,两种正常蓄水位方案年均水温分别增加5.9℃(A方案)和5.5℃(B方案),6月~次年1月水温增幅较大,下泄低温水水温分别比天然河段水温低3.5~6.2℃(A方案)和3.3~7.2℃(B方案);③水源工程蓄水将对国家二级保护植物丁茜产生一定的影响,需采取保护措施;④水源工程淹没以耕地为主,将分别减少研究区总面积2.45%(A方案)和3.17%(B方案)的耕地,这将对当地社会经济产生一定的影响;⑤水源工程蓄水后,库周总NPP比蓄水前分别减少0.16mtgC(A方案)和0.22mtgC(B方案),下降率分别为7.8%和10.8%;两种正常蓄水位方案无诱发5级以上地震的可能性;除库区水温增温外,影响强度均为正常蓄水位B方案高于A方案。⑥最终规模取水工程建成后,多年平均下泄流量减少7.6%,其中,5月下泄流量减少16.9%,为各月的峰值;取水工程对其他生态环境要素的影响不显著;⑦与取水工程相比,水源工程对下游流量的改变起主导作用;两个工程的累积影响使下游流量的年内变化更加趋于均匀;⑧调水工程规划的实施可有效解决受水区水资源短缺问题。

8.4 水利水电工程对区域生态承载力影响评价展望

本书从宏观角度初步提出了基于生态系统健康的生态承载力理论体系,而对不同空间尺度和时间尺度以及不同尺度之间研究内容和方法的异同涉及不多,因此,基于生态系统健康的生态承载力理论有待于进一步完善与发展。

如何应用数学模型刻画生态系统的结构、功能和系统内复杂的作用机制与相互关系是世界范围内的研究热点,将生态系统与社会经济系统之间的耦合机制用数学模型表征也是世界难题,而这些定量关系是揭示基于生态系统健康的生态承载力演变机制的基础,有必要进行深入的研究。

梯级水电建设对生态环境的影响是广泛而深远的,由于时间和资料的限制,本书仅对梯级开发的生态环境直接影响进行了分析,许多问题需要深入研究,如梯级开发的间接生态环境影响、二次影响等。

　　区分人为因素和自然因素对生态系统的影响是目前广泛关注的热点问题，本书建立了一系列梯级水电建设生态环境净影响模型，以得到人为因素带来的生态系统的改变，但由于生态系统的复杂性和缺乏相应机理模型，有关净影响的评价模型还需完善。

　　如何合理利用基于生态系统健康的生态承载力调控模型，提高生态系统健康状态也有待深入研究。

　　水源工程及调水工程规划备受国际组织、社会团体和公众的关注，这也为获取研究所需的数据资料带来很大障碍。由于基础资料所限，在以下方面有待进一步研究：①水源工程淹没的耕地对当地社会经济的影响；②水源工程移民动态及安置情况、水源区及受水区之间的经济补偿问题有待深入研究；③水源工程蓄水后库区及下游河段水温的变化引发的水生生物多样性的变化需要进一步实地监测研究；④输水工程的生态环境影响有待于输水线路确定后进行深入研究。

参考文献

蔡为武. 2001. 水库及下游河道的水温分析. 水利水电科技进展, 21 (5): 20-23.

长江水利委员会. 1997. 三峡工程生态环境影响研究. 武汉: 湖北科学技术出版社: 172-178.

长江水资源保护科学研究所, 长办水文局, 广州地理研究所, 等. 1988. 三峡工程对局地气候的影响. 三峡水利枢纽环境影响评价程序和方法. 见: 长江水资源保护局: 长江三峡工程生态与环境影响文集. 北京: 水利电力出版社: 295-324.

常宝琦, 梁纪彬. 1987. 水库"规模"与水库地震震级的关系. 华南地震, 7 (1): 94-98.

常宝琦, 梁纪彬. 1992. 水库诱发地震最大震级的预测. 华南地震, 12 (1): 74-79.

常宝琦, 梁纪彬. 1994. 水库地震震级预测. 第二届破裂岩体国际会议论文集, 维也纳.

常宝琦, 沈立英. 1997. 青海共和7.0级地震与龙羊峡水库关系探讨. 华南地震, 17 (1): 82-87.

畅俊杰, 李万寿. 2003. 南水北调西线工程与受水区生态环境问题. 水土保持通报, 23 (3): 6-10.

陈波. 2001. 汉江陕西段的梯级开发. 中国水运, 8: 40-41.

陈吉余, 陈沈良. 2002. 南水北调工程对长江河口生态环境的影响. 水资源保护, (3): 10-13.

陈凯麒, 刘兰芬, 王东胜, 等. 2002. 流域水电梯级开发环境影响评价方法初探. 面向可持续发展的环境评价研讨会论文集 (二): 170-178.

陈小宁. 1997. 青海环境的若干问题与政治对策. 青海环境, 7 (1), 33-36.

陈银太. 1998. 美国田纳西河流域管理与开发. 人民黄河, 20 (6): 37-39.

陈玉华, 张晓梅, 张瑞斌. 1997. 龙羊峡震群序列特征. 高原地震, 9 (2): 15-20.

陈中民. 1988. 三峡水利枢纽环境影响评价程序和方法. 见: 长江水资源保护局. 长江三峡工程生态与环境影响文集. 北京: 水利电力出版社: 596-617.

迟道才, 赵红巍, 张伟华, 等. 2001. 盘锦市水资源承载力研究. 沈阳农业大学学报, 2: 137-140.

崔保山, 杨志峰. 2001. 湿地生态系统健康研究进展. 生态学杂志, 20 (3): 31-36.

崔保山, 杨志峰. 2002a. 湿地生态系统健康评价指标体系 (I) 理论. 生态学报, 22 (7): 1006-1011.

崔保山, 杨志峰. 2002b. 湿地生态系统健康评价指标体系 (II) 方法与实例. 生态学报, 22 (8): 1231-1239.

崔凤军. 1998. 城市水环境承载力及其实证研究. 自然资源学报, 13 (1): 58-62.

邓波, 洪绂曾, 龙瑞军. 2003. 区域生态承载力量化方法研究述评. 甘肃农业大学学报, (3): 281-289.

邓红兵, 王庆礼, 蔡庆华. 1998. 流域生态学——新学科/新思想/新途径. 应用生态学报, 9 (4): 443-449.

邓聚龙. 1985. 灰色控制系统. 武汉: 华中工学院出版社: 316-324.

丁原章, 常宝琦, 肖安予, 等. 1989. 水库诱发地震. 北京: 地震出版社.

窦明，左其亭，胡彩虹．2005．南水北调工程的生态环境影响评价研究．郑州大学学报（工程版），26（2）：63-66.

樊运晓，罗云，陈庆寿．2000．承灾体脆弱性评价指标中的量化方法探讨．灾害学，15（2）：78-81.

樊运晓，罗云，陈庆寿．2001．区域承灾体脆弱性综合评价指标权重的确定．灾害学，16（1）：85-87.

范宝俊．1999．当代中国的自然灾害（第一卷）．北京：当代中国出版社．

方创琳．1999．区域可持续发展 SD 规划模型的试验优控——以干旱区柴达木盆地为例．生态学报，19（6）：767-774.

方创琳，申玉铭．1997．河西走廊绿洲生态前景和承载能力的分析与预测．干旱区地理，20（1）：33-39.

方芳，陈国湖．2003．调水对汉江中下游水质和水环境容量影响研究．环境科学与技术，26（1）：10-11.

方子云．1987．论三峡工程与生态环境．见：上海发展战略研究会．三峡工程的论证与决策．上海：上海科学技术文献出版社：407-417.

方子云．2000．中国建坝环境技术，中国大坝 50 年．北京：中国水利水电出版社：210-256.

冯利华．2000．灾害等级研究进展．灾害学，15（3）：72-76.

冯利华，赵浩兴，瞿有甜．2002．灾害等级的综合评价．灾害学，17（4）：16-20.

冯彦，何大明．2003．国际河流的水权及其有效利用何保护研究．水科学进展，14（1）：124-128.

傅抱璞．1997．我国不同自然条件下的水域气候效应．地理学报，52（3）：246-252.

傅抱璞，朱超群．1974．新安江水库对降水的影响．气象科技资料，4：13-20.

傅抱璞，等．1994．小气候学．北京：气象出版社．

傅伯杰，陈利顶，马克明，等．2001．景观生态学原理及应用．北京：科学出版社．

傅湘，纪昌明．1999．区域水资源承载能力综合评价．长江流域资源与环境，8（2）：168-172.

高吉喜．2001．可持续发展理论探索——生态承载力理论、方法与应用．北京：中国环境科学出版社．

高士钧，甘家思，王清云，等．2001．清江隔河岩水库诱发地震的条件与地震活动特征．地壳形变与地震，21（3）：93-100.

高翔，王爱民．1999．引大调水工程的环境影响评价．干旱区资源与环境，13（2）：48-53.

高兴和．2002．地质灾害承灾体易损性探究．中国地质矿产经济，（4）：28-31.

高志刚，韩延玲．2001．主成分分析方法在区域经济研究中的应用．干旱区地理，24（2）：157-160.

共和县地方志编纂委员会．1991．共和县志．西宁：青海人民出版社．

顾功叙．1983．中国地震目录．北京：科学出版社．

光耀华．1988．论水库要素与水库地震的关系．华南地震，8（4）：79-85.

郭乔羽，郝芳华，杨志峰．2001．水利工程竣工验收环境影响调查分析（Ⅱ）：案例研究．北京师范大学学报（自然科学版），37（5）：704-710.

郭乔羽, 李春晖, 崔保山, 等. 2003. 拉西瓦水电工程对区域生态影响分析. 自然资源学报, 18 (1): 50-57.

郭涛, 许启林. 1992. 梯级水电站的开发与管理研究. 成都: 四川科学技术出版社.

郭秀锐, 毛显强, 冉圣宏. 2000. 国内环境承载力研究进展. 中国人口·资源与环境, 10 (3): 28-29.

郭秀锐, 杨居荣, 毛显强. 2002. 城市生态系统健康评价初探. 中国环境科学, 22 (6): 525-529.

郭宗楼. 2000. 农业水利工程项目环境影响评价方法研究. 农业工程学报, 16 (5): 16-19.

海南藏族自治州地方志编纂委员会. 1997. 海南藏族自治州志. 北京: 民族出版社.

洪松, 陈静生. 2002. 中国河流水生生物群落结构特征探讨. 水生生物学报, 26 (3): 295-305.

黄河水系渔业资源调查协作组. 1986. 黄河水系渔业资源. 大连: 辽宁科学技术出版社: 18-51.

黄伟雄. 2002. 跨流域调水与华北水资源的合理配置. 资源科学, 24 (3): 8-13.

黄锡荃. 1993. 水文学. 北京: 高等教育出版社: 116-120.

黄英, 李自顺. 2006. 低纬地区的 "干谷" 少雨特性分析. 水资源研究, 27 (2): 1-3.

惠泱河, 蒋晓辉, 黄强, 等. 2001a. 二元模式下水资源承载力系统动态仿真模型研究. 地理研究, 20 (2): 191-198.

惠泱河, 蒋晓辉, 黄强, 等. 2001b. 水资源承载力评价指标体系研究. 水土保持通报, 21 (1): 30-34.

贾嵘, 薛惠峰, 解建仓, 等. 1998. 区域水资源承载力研究. 西安理工大学学报, 14 (4): 382-387.

姜爱林, 祝国勇. 2000. 西部黄河源区生态环境现状及治理对策. 理论学刊, (5): 77-81.

蒋固政, 韩小波. 1998. 汉江中下游干流梯级开发的环境影响分析. 环境科学与技术, 4: 14-17.

金相灿. 1995. 中国湖泊环境 (第三册). 北京: 海洋出版社.

康维新. 2000. 关于西部大开发中加强青海省生态环境保护与建设的思考. 攀登, (2): 11-14.

柯金虎, 朴世龙, 方精云. 2003. 长江流域植被净第一性生产力及其时空格局研究. 植被生态学报, 27 (6): 764-770.

柯礼聃. 1998. 中国水法与水管理. 北京: 中国水利电力出版社, 144-145.

孔红梅, 赵景柱, 吴钢, 等. 2002. 生态系统健康与环境管理. 环境科学, 23 (1): 1-5.

雷孝恩, 黄荣辉, 钱敏伟, 等. 1987. 三峡工程对库周气候影响的数学模式研究. 见: 中国科学院三峡工程生态与环境科研项目领导小组. 长江三峡工程对生态与环境影响及其对策研究论文集. 北京: 科学出版社: 683-708.

李春花. 2000. 西宁市大气污染及气象因子分析. 青海师范大学学报 (自然科学版), (3): 48-50.

李道峰, 宁大同, 刘昌明, 等. 2002. 河上游西线调水工程对调出区气候影响的初步分析. 自然资源学报, 17 (1): 16-21.

李家荣. 1997. 贵州南盘江天生桥水电站水库地震预测. 贵州地质, 16 (4): 336-344.

李金海. 2001. 区域生态承载力与可持续发展. 中国人口·资源与环境, 11 (3): 76-78.

李瑾, 安树青, 程小莉, 等. 2001. 生态系统健康评价的研究进展. 植物生态学报, 25 (6): 641-647.

李丽娟, 郭怀成, 陈冰, 等. 2000. 柴达木盆地水资源承载力研究. 环境科学, (2): 20-23.

李晓文, 肖笃宁, 胡远满. 2001. 辽河三角洲滨海湿地景观规划各预案对指示物种生态承载力的影响. 生态学报, 21 (5): 709-715.

李亚农. 1997. 流域梯级开发对环境的影响. 水电站建设, 13 (3): 19-24.

李永乐, 佘小光. 2005. 南水北调西线工程对黄河流域生态环境的影响分析. 水土保持学报, 19 (4): 160-163.

李永乐, 罗晓辉, 刘庆军. 2006. 南水北调西线工程生态环境效应预测研究. 水土保持研究, (1): 25-27.

李玉梅. 1996. 跨流域调水对大通河水质的影响. 甘肃环境研究与监测, 9 (4): 36-40.

李运辉, 陈献耘. 2002. 美国加利福尼亚州水道调水工程. 水利发展研究, 2 (9): 45-48.

梁嘉华, 张志耀, 阎骏, 等. 1992. 环境管理系统工程. 北京: 北京科学技术出版社.

刘斌, 朱尔明. 2001. 南水北调工程与管理. 中国水利, (11): 50-52.

刘昌明. 1996. 调水工程的生态、环境问题与对策. 人民长江, 27 (12): 16-17.

刘昌明. 2002. 南水北调工程对生态环境的影响. 河海水利, (1): 1-5.

刘昌明, 沈大军. 1997. 南水北调工程的生态环境影响. 大自然探索, 16 (60): 1-6.

刘红. 2000. 景观管理中的生态系统健康评价. 新疆环境保护, 22 (4): 236-239.

刘建军. 2002. 基于遥感和 GIS 的巢湖流域生态系统健康评价. 中科院研究生院博士学位论文. 中国科学院地球化学研究所.

刘珂, 陈海棠. 2003. 景观生态学在水库环评中的应用——以周公宅水库为例. 环境污染与防治, 25 (4): 228-230.

刘阳光. 2000. 甘肃渔业资源与区划. 兰州: 兰州大学出版社: 123-134.

刘珍海. 1988. 水体温、湿、降水效应的分布特征及其产生的背景. 水电站设计, (2): 62-68.

刘仲桂. 1985. 水库水温与水稻丰产灌溉. 北京: 水利电力出版社.

陆鸿宾, 魏桂玲. 1989. 太湖的风效应. 气象科学, 9 (3): 291-301.

罗辉, 周建, 郭忠. 2005. 南水北调对南四湖水环境影响分析与评估. 河海大学学报 (自然科学版), 33 (1): 63-67.

骆承政, 乐嘉祥. 1996. 中国大洪水: 灾害性洪水述要. 北京: 中国书店.

马克明, 孔红梅, 关文彬, 等. 2001. 生态系统健康评价: 方法与方向. 生态学报, 21 (12): 2106-2116.

马世骏. 1990. 现代生态学透视. 北京: 科学出版社: 12-13.

马世骏, 王如松. 1984. 社会 经济 自然复合生态系统理论. 生态学报, 4 (1): 1-9.

马宗晋, 要闵峰. 1990. 自然灾害评估、灾度和对策. 见: 中国科学技术协会学会工作部. 中国减轻自然灾害研究: 全国减轻自然灾害研究研讨会论文集. 北京: 中国科学技术出版社.

毛汉英, 余丹林. 2001. 环渤海地区区域承载力研究. 地理学报, 56 (3): 364.

欧辉明.2003.大风江调水工程对环境的影响和评价.广西水利水电,(3):23-25.

欧阳毅,桂发亮.2000.浅议生态系统健康诊断数学模型的建立.水土保持研究,7(3):194-197.

裴源生,王建华,罗琳.2004.南水北调对海河流域水生态环境影响分析.生态学报,24(4):2115-2123.

彭虹,郭生练.2003.南水北调对汉江下游藻类生长的影响及对策研究.环境科学研究,26(3):1-3.

彭建,王仰麟,刘松,等.2003.海岸带土地持续利用景观生态评价.地理学报,58(3):363-371.

彭再德,杨凯,王云.1996.区域环境承载力研究方法初探.中国环境科学,16(1):6-10.

朴世龙,方精云,郭庆华.2001a.利用CASA模型估算我国植被净第一性生产力.植物生态学报,25(5):603-609.

朴世龙,方精云,郭庆华.2001b.1982—1999年我国植被净第一性生产力及其时空变化,北京大学学报(自然科学版),37(4):563-569.

青海省贵南县志编纂委员会.1996.贵南县志.西安:三秦出版社.

青海省国土资源厅.2002.青海省土地资源调查评价.西宁:青海人民出版社.

青海省环境保护局.2001a.青海省生态环境调查报告.

青海省环境保护局.2001b.青海省生态环境现状调查报告.

青海省环境保护局.2003a.黄河源国家级生态功能保护规划.

青海省环境保护局.2003b.青海省生态功能区划报告.

青海省生物研究所生态研究室水生生物研究组.1978.青海省湟水中作为污染指示生物的摇蚊幼虫.见:湖北省水生生物研究所.环境保护生物监测与治理资料汇编.北京:科学出版社.

青海省水产科技推广站.1995.龙羊峡水库渔业资源调查报告.

青海省水产科技推广站.1996.李家峡水库蓄水前的渔业基础调查报告.

青海省水产研究所.1988.青海省渔业资源和渔业区划.西宁:青海人民出版社.

青海省水利厅.2001.青海省水资源公报2001.http://www.qhsl.gov.cn/uploadfile/.

青海省统计局.1999.青海省社会经济统计年鉴.北京:中国统计出版社.

青海省统计局.2000.青海省社会经济统计年鉴.北京:中国统计出版社.

青海省统计局,国家统计局青海调查总队.2000.青海统计年鉴2000.北京:中国统计出版社.

《青海自然灾害》编纂委员会.2003.青海自然灾害.西宁:青海人民出版社.

冉圣宏,曾思育,薛纪渝.2002.脆弱生态区适度经济开发的评价与调控.干旱区资源与环境,16(3):1-6.

饶钦止,章宗涉.1980.武汉东湖浮游植物的演变(1956—1975年)和富营养化问题.水生生物学集刊,7(1):1-18.

饶正富.1991.流域生态环境规划的系统生态学方法.武汉大学学报(自然科学版),1:85-92.

任树海，朱仲元，张文萍，等．2001．工程水文学．北京：中国农业大学出版社．

日本生态学会环境问题专门委员会．1987．环境和指示生物（水域分册）．北京：中国环境科学出版社．

三江源自然保护区生态环境编辑委员会．2002．三江源自然保护区生态环境．西宁：青海人民出版社．

沙拉德·萨布尼．2001．瑟尔达萨罗瓦尔工程的环境概述．刘洪斌译．水利水电快报，（11）：7-10．

尚可政，杨德保，王式功，等．1997．黄河上游水电工程对局地气候的影响．干旱区地理，20（1）：57-64．

沈玉昌，龚国元．1986．河流地貌学概论．北京：科学出版社．

沈佩君，邵东国，郭元裕．1995．国内外跨流域调水工程建设的现状与前景．武汉水利电力大学学报，28（5）：463-469．

世界资源研究所，国际环境与发展研究所．1990．世界资源（1998—1999）．中国科学院国家计划委员会自然资源综合考察委员会译．北京：北京大学出版社．

孙广友．1995．黑龙江干流梯级开发对右岸自然环境与社会经济发展的影响．长春：吉林科学技术出版社：1-127．

孙广友，何岩，赵焕辰，等．2001．黑龙江干流梯级开发生态环境可行性分析．东北师大学报自然科学版，33（10），90-96．

孙睿，朱启疆．2000．中国陆地植被净第一生产力及季节变化研究．地理学报，55（1）：36-45．

孙先波，楼继民．2000．库深层水低温缺氧对灌溉作物的影响．浙江水利科技，（2）：8-9．

汤爱平，谢礼立，陶夏新，等．1999．自然灾害的概念、等级．自然灾害学报，8（3）：61-65．

唐剑武，郭怀成，叶文虎．1997．环境承载力及其在规划中的初步应用．中国环境科学，17（1）：6-9．

田成平，白恩培．2000．努力搞好黄河上游生态环境建设．当代农业生态，（21），91-93．

万一，黄永生，王晖．2003．南水北调东线工程调蓄湖泊湿地环境影响评价及保护措施．环境科学研究，16（4）：5-7．

汪明娜，汪达．2002．调水工程对环境利弊影响综合分析．水资源保护，（4）：10-14．

王滨．2004．跨流域调水对生态环境影响及环境保护规划．吉林水利，（6）：1-4．

王海云．1999．三峡水利工程建设对三峡地区环境的影响及控制对策．环境监测管理与技术，11（3），18-22．

王浩，傅抱璞．1991．水体的温度效应．气象科学，11（3）：233-243．

王家骥，姚小红，李京荣，等．2000．黑河流域生态承载力估测．环境科学研究，13（2）：44-48．

王健，高学忠，张林，等．1998．黄河龙羊峡——青铜峡段环境工程地质分区评价．青海环境，8（3）：126-133．

王礼先．1995．水土保持学．北京：中国林业出版社．

王其藩．1995．高级系统动力学．北京：清华大学出版社：16-19．

王如松, 周启星. 2000. 城市生态调控原理. 北京: 科学出版社.

王绥. 2000. 攀枝花市国土资源承载力分析. 四川大学学报, 32 (3): 61-64.

王书华. 2002. 区域生态经济的理论、方法与实践. 北京: 中国科学院地理科学与资源研究所.

王西琴, 刘昌明, 杨志峰. 2001. 西线调水工程对水量调出区的环境影响分析. 地理科学进展, 20 (2): 153-160.

王湘国, 李燕青. 1999. 青海省草地生态环境现状及治理对策. 青海草业, 8 (2): 23-27.

王欣. 1999. 漫湾水库水温水质的回顾评价. 水电站设计, 15 (3): 71-75.

王新玲. 2001. 龙羊峡区域地质构造形成机制研究. 水文地质, (9): 72-74.

王仰麟, 赵一斌, 韩荡. 1999. 景观生态系统的空间结构: 概念、指标与案例. 地球科学进展, 14 (3): 235-241.

韦红波, 任红玉, 杨勤科. 2003. 中国多年平均输沙模数的研究. 泥沙研究. (1): 39-44.

沃科特 K A, 戈尔登 J C, 瓦尔格 J P, 等. 2002. 生态系统——平衡与管理的科学. 欧阳华, 等译. 北京: 科学出版社,

邬建国. 2002. 景观生态学——格局、过程、尺度与等级. 北京: 高等教育出版社.

吴刚, 蔡庆华. 1998. 流域生态学研究内容的整体表述. 生态学报, 18 (6): 575-581.

吴中如, 吉肇泰. 1984. 坝前水库水温的变化规律及预测研究. 水力发电, (4): 33-41.

席家治. 1996. 黄河水资源. 郑州: 黄河水利出版社.

夏长庚. 1980. 日本灌溉用水的水温和水质标准. 水利水电技术, (2): 61-64.

夏军, 朱一中. 2002. 水资源安全大度量: 水资源承载力的研究与挑战. 自然资源学报, 17 (3): 262-269.

肖笃宁. 1991. 景观生态学: 理论、方法和应用. 北京: 中国林业出版社.

肖笃宁, 布仁仓, 李秀珍. 1997. 空间生态学和景观异质性. 生态学报. 17 (5): 453-460.

肖巍, 钱箭星. 2003. 环境治理中的政府行为. 复旦学报 (社会科学版), (3): 73-79.

徐涤新. 1987. 生态经济学. 杭州: 浙江人民出版社.

徐琳瑜. 2003. 城市生态系统复合承载力研究. 北京师范大学: 博士论文.

徐明. 2000. 改善青海生态刻不容缓. 青海环境, 10 (3): 125-129.

徐强. 1996. 区域矿产资源承载能力分析几个问题的探讨. 自然资源学报, 11 (2): 136-140.

徐裕华, 陈淑全, 刘富明, 等. 1987. 三峡工程对库周气候的影响. 见: 中国科学院三峡工程生态与环境科研项目领导小组. 长江三峡工程对生态与环境影响及其对策研究论文集. 北京: 科学出版社: 665-682.

徐元明. 1997. 国外跨流域调水工程建设与管理综述. 人民长江, 28 (3): 11-13.

徐中民, 程国栋. 2000. 运用多目标决策分析技术研究黑河流域中游水资源承载力. 兰州大学学报 (自然科学版), 36 (2): 121-132.

薛丽俭, 姜尚方, 周海山, 等. 1998. 水利工程建设中的环境问题. 辽宁城乡环境科技, 18 (3): 44-46.

薛联青, 陈凯麒. 2000. 探索遥感与地理信息系统技术应用于流域水电梯级开发的环境影响评价. 环境科学动态, 3: 21-25.

薛联青，赵学民，崔广柏. 2001. 利用 GIS 与遥感技术进行流域梯级开发的环境影响评估. 水利水电技术，32（5）：40-43.

薛幕桥，马洪，王梦奎，等. 2001. 中国经济年鉴. 北京：中国经济年鉴社出版.

颜京松. 1981. 应用水生生物群落评价水质的一些生物数学公式. 见：中国科学院水生生物研究所. 环境污染与生态学文集. 南京：江苏科学技术出版社.

杨富亿. 2000. 黑龙江干流水电梯级开发对鱼类资源的影响及补救措施. 国土与自然资源研究，1：55-57.

杨红文，张登山，张永秀. 1997. 青海高寒区土地荒漠化及其防治. 中国沙漠，17（2）：185-188.

杨开忠，杨咏，陈洁. 2000. 生态足迹分析理论与方法. 地球科学进展，15（6）：630-636.

杨丽萍，荣艳. 2001. 青海省的主要灾害类型与防灾减灾对策. 灾害学，16（1）：78-83.

杨清源，戴丽思，陈献程，等. 1997. 水库诱发地震的地震动特征. 西北地震学报，19（1）：64-69.

杨志峰，郭乔羽. 2001. 青海省的生态环境建设与保护. 青海科技，（4）：6-10.

杨志峰，郭乔羽，郝芳华. 2001. 水利工程竣工验收环境影响调查分析（I）：一般理论. 北京师范大学学报（自然科学版），37（5）：697-703.

叶守泽，夏军，郭生练，等. 1998. 水库水环境模拟预测与评价. 北京：中国水利水电出版社.

于贵瑞. 2001. 生态系统管理学的概念框架及其生态学基础. 应用生态学报，12（5）：787-794.

余丹林. 2000. 区域承载力的理论、方法与实证研究——以环渤海为例. 北京：中国科学院.

虞泽荪，秦自生，郭延蜀，等. 1998. 二滩电站工程对陆生植物和植被的影响与对策. 四川师范学院学报（自然科学版），1：60-64.

袁兴中，刘红. 2001. 生态系统健康评价：概念框架与指标选择. 应用生态学报，12（4）：627-629.

曾德慧，姜凤岐，范志平，等. 1999. 生态系统健康与人类可持续发展. 应用生态学报，10（6）：751-756.

曾辉. 1999. 快速城市化景观的复合研究——以深圳市龙华地区为例. 北京：北京大学.

詹道江，叶守泽. 2000. 工程水文学. 北京：中国水利水电出版社.

张超，杨秉赓. 1985. 计量地理学基础. 北京：高等教育出版社.

张传国. 2002. 干旱区绿洲系统生态-生产-生活承载力研究. 北京：中国科学院地理科学与资源研究所.

张福泉. 1994. 调水工程的环境地质问题分析. 东北水利水电.（4）：31-34.

张海峰. 1999. 青海省黄河流域生态环境的治理与可持续发展研究. 青海师范大学学报（自然科学版），2：53-56.

张建敏，黄朝迎. 2001. 三峡工程建成后枯水期运行的气候风险研究. 应用气象学报，12（2）：218-225.

张敏，张启胜. 2000. 龙羊峡水库区的地震活动. 地震地质，22（3）：216-218.

张三力.1998.项目后评价.北京:清华大学出版社.

张素珍,宋保平.2004.白洋淀水资源承载力研究.水土保持研究,11(2):100-103.

张文国,陈守煜.1999.水库工程多项目混合系统环境影响评价及方案优选.大连理工大学学报,3:451-454.

张鑫,王纪科,蔡焕杰,等.2001.区域地下水资源承载力综合评价研究.水土保持通报,3:24-27.

张志强,徐中民,程国栋,等.2001.中国西部12省(区市)的生态足迹.地理学报,56(5):599-610.

赵纯厚,朱振宏,周端庄.2000.世界江河与大坝.北京:中国水利水电出版社.

赵羿,李月辉.2001.实用景观生态学.北京:科学出版社.

赵珠.1999.青海李家峡水电站库坝区及附近地震活动特征初步分析.四川地震,(4):1-6.

赵宗慈,丁一汇,徐影,等.2003.人类活动对20世纪中国西北地区气候变化影响检测和21世纪预测.气候与环境研究,8(1):26-34.

郑春宝,马水庆,沈平伟.1999.浅谈国外流域管理的成功经验及发展趋势.人民黄河,21(1):44-45.

中国科学院国家计划委员会自然资源综合考察委员会.1990.中国自然资源手册.北京:科学出版社.

中国科学院可持续发展研究组.2001.中国可持续发展报告(2001).北京:科学出版社.

中国自然资源丛书编撰委员会.1996.中国自然资源丛书(青海卷).北京:中国环境科学出版社.

中华人民共和国国土资源部.2001.2001年中国国土资源报告.北京:地质出版社.

中国水力发电工程学会.2009.中国水电60年(1949~2009).北京:中国电力出版社.

中国地震年鉴编辑部.1996~1998,1999~2000,2000~2001.中国地震年鉴.北京:地震出版社.

中华人民共和国国家统计局.1996.中国统计年鉴.北京:中国统计出版社.

中南勘测设计研究院《水工建筑设计规范》编制组.1998.水库水温的统计分析.北京:中国电力出版社.

周放,房慧伶.1998.长洲水利枢纽建坝后对库区水鸟影响的预测分析.生物多样性,1:42-48.

周建波,袁丹红.2001.东江建库后生态环境变化的初步分析.水力发电学报,(4):108-116.

朱伯芳.1985.库水温度计算.水利学报,(2):12-21.

朱党生.2006.水利水电工程环境影响评价.北京:中国环境科学出版社.

朱晓原,张学成.1999.黄河水资源变化研究.郑州:黄河水利出版社.

左大明,刘昌明,许越先.1982.南水北调对自然环境影响的初步研究.地理研究,1(1):31-39.

杨立信,等.2003.国外调水工程.北京:中国水利水电出版社.

Anon W. 1994. Canada to spend $ 150 million on Great Lakes program. Water Environment and Technology, 6 (7): 28.

Aricari M. 1997. The draft article on the law of international water-courses adopted by the international law commission: an overview and some remarks on selected issues. Natural Resources Forum, 21 (3): 167-179.

Arrow K, Bolin B, Costanza R, et al. 1995. Economic growth, carrying capacity, and the environment. Science, 268, 520-521.

Asrar G, Kanemasu E T, Jackson R D, et al. 1985. Estimation of total aboveground phytomass production using remotely sensed data. Remote Sensing of Environment, 17: 211-220.

Bednarek A T. 2001. Undamming rivers: areview of the ecological impacts of dam removal. Environmental Management, 27 (6): 803-814.

Boulton A J. 1999. An overview of river health assessment: philosophies, practice, problems and prognosis. Freshwater Biology, 41: 469-479.

Brotherton I. 1973. The concept of carrying capacity of countryside recreation areas. Recreation New Supplement, 6: 6-11.

Cairns J J, Pratt J R. 1995. The relationship between ecosystem health and delivery of ecosystem services. In: Rapport D J, Calow P, Gauder C. Evaluating and Monitoring the Health of Large-Scale Ecosystems. New York: Springer-Verlag.

Cairns J Jr. 1999. Exemptionalism vs environmentalism: the crucial debate on the value of ecosystem health. Aquatic Ecosystem Health and Management, 2: 331-338.

Cairns J, McCormick P V, Niederlehner B R. 1993. A proposed framework for developing indicators of ecosystem health. Hydrobiologia, 263: 1-44.

Capello R, Faggian A. 2002. An economic-ecological model of urban growth and urban externalities: empirical evidence from Italy. Ecological Economics, 40: 181-198.

CDWE. 1987. The World Commission on Environment and Development. Our Common Future. Oxford: Oxford University Press.

Chong D L S, Mougin E, Gastellu-Etchegorry J P. 1993. Relating the global vegetation index to net primary productivity and actual evaportranspiration over Afria. Int. J. Remote Sensing, 14: 1517-1546.

Cohen J E. 1995. Population growth and earth's human carrying capacity. Science, 269: 341-346.

Cole D C, Eyles J, Gibson B L. 1998. Indicators of human health in ecosystems: what do we measure. The Science of the Total Environment, 224: 201-213.

Costanza R. 1992. Toward an operational definition of health. In: Costanza R, Norton B, Haskell B. Ecosystem Health: New Goals for Environmental Management. Washington DC: Island Press.

Costanza R. 1995. Economic growth, carrying capacity, and the environment. Ecological Economics, 15: 89-90.

Costanza R, Mageau M. 1999. What is a healthy ecosystem? Aquatic Ecology, 33: 105-115.

Daily G C, Ehrlich P R. 1992. Population, sustainability and earth's carrying capacity. BioScience, 42 (10): 761-771.

Davis D, Tisdell C. 1996. Economic management of recreational scuba diving and the environment.

J. Environ. Manag. , 48: 229-248.

Dixon J, Scura L F. 1993. Meeting ecological and economic goals: marine parks in the Caribbean. Ambio, 22: 117-125.

Ehrlich P R, Holdren J P. 1971. Impact of population growth. Science, 171: 1212-1217.

Fearnside P M. 2001. Environmental impacts of Brazil's Tucurui Dam: unlearned lessons for hydroelectric development in Amazonia. Environmental Management, 27 (3): 377-396.

Field C B, Randerson J T, Malmstrom C M, et al. 1995. Global net primary production: combining ecology and remote sensing. Remote Sensing of Environment, 51: 74-88.

Gill G S, Gray E L. 1971. The California water plan and its critics, a brief review. In: Seckler D. California Water, A Study in Resource Management. Berkeley, CA: University of California Press.

Glasson J, Godfrend K, Goodan B. 1994. Visitor management in heritage cities. Tourism Management, 15: 388-389.

Gleick P H. 1992. Environmental consequences of hydroelectric development: the role of facility size and type. Energy, 17: 735-747.

Gregory T A, Johnathan M F, Michael L S. 1994. Relating riparian vegetation to present and future stream-flows. Ecological Application, 4 (3): 544-554.

Gupta H K. 1985. The present status of reservoir induced seismicity investigation with special emphasis on Kosyna earthquake. Tectonophysics, 118: 287-279.

Hardin G. 1986. Cultural carrying capacity: a biological approach to human problems. BioScience, 36 (9), 599-604.

Harris J M. 1996. World agricultural futures: regional sustainability and ecological limits. Ecological Economics, 17: 95-115.

Harris J M, Kennedy S. 1999. Carrying capacity in agriculture: global and regional issues. Ecological Economics, 29: 443-461.

Hawden S, Palmer L J. 1994. Reindeer in Alaska. U. S. Department of Agriculture Bulletion, 1089: 1-70.

Hilty J, Merenlender A. 2000. Faunal indicator taxa selection for monitoring ecosystem health. Biological Conservation, 92 (2): 185-197.

Holdren J P, Ehrlich P R. 1974. Human population and the global environment. Science, 62: 282-292.

Holling C S. 1995. Sustainability: the cross-scale dimension. In: Munasinghe M, Shearer W. Defining and Measuring Sustainability: the Biogeophysical Foundations. Washington: World Blank.

Hutman J. 1978. Development and application of the carrying capacity concept. Paper Presented at the 17th Annual Meeting of the Western Regional Science Association, Sacramento, California.

IUCN/UNEP/WWF. 1991. Caring for the Earth: a strategy for sustainable living, Gland, Switzerland.

Jorgensen S E, Nielson S N, Mejer H. 1995. Energy, environment, energy and ecological modeling. Ecological Modeling, 77: 99-109.

Kammerbauer J, Cordoba B, Escolán R, et al. 2001. Identification of development indicators in tropical mountainous regions and some implications for natural resource policy designs: an integrated community case study. Ecological Economics, 36: 45-60.

Karr J R. 1991. Biological integrity: a long neglected aspect of water resource management. Ecol. Appl. , 1: 66-84.

Khanna P. 1996. Policy options for environmental sound technology in India. Wat. Sci. Tech. , 33: 131-144.

Ligon F K, Dietrich W E, Trush W J. 1995. Downstream ecological effects of dams. Bioscience, 45 (3): 183-192.

Lime D W, Stankey G H. 1979. Carrying capacity: maintaining outdoor recreation quality. In: Van Doren C S, Priddle G B, Lewis J E, Land and Leisure 2nd ed. London: Methuen: 105-118.

Lindberg K, McCool S, Stankey G. 1997. Rethingking carrying capacity. Ann Tour. Res. , 24 (2): 461-465.

Low B, Costanza R, Ostrom E, et al. 1999. Human-ecosystem interaction: a dynamic integrated model. Ecological Economics, 31: 227-242.

Mageau M T, Costanza R, Ulanowicz R E. 1995. The development and initial testing of quantitative assessment of ecosystem health. Ecosystem Health, 1: 201-213.

Mageau M T, Robert C, Robert E U. 1998. Quantifying the trends expected in developing ecosystems. Ecological Modeling, 112: 1-22.

Makarewicz J C. 1991. Photosynthetic parameters as indicators of ecosystem health. Journal of Great Lakes Research, 17 (3): 333-343.

Malthus T R. 1986. An Essay on the Principle of Population (1st ed. of 1798). London: Pickering.

Mathieson A, Wall G. 1982. Tourism: Economic, Physical, and Social Impacts. Harlow, UK: Longman.

McLeod S R. 1997. Is the concept of carrying capacity useful in variable environments? Oikos, 79 (3): 529-542.

Meyer P S, Ausubel J H. 1999. Carrying capacity: a model with logistically varying limits. Technological Forecasting and Social Change, 61: 209-214.

Milton S J, Dean W R J, DuPlessis M A, et al. 1994. A conceptual model of arid rangeland degradation. BioScience, 44: 70-76.

Mitchell B. 1979. Geography and Resource Analysis. New York: Longman: 179-200.

Mooney H A, Chapin F S. 1994. Future directions of global change research in terrestrial ecosystems. TREE, 9: 371-372.

Nemani R, Running S W. 1989. Testing a theoretical-soil-leaf area hydrologic equilibrium of forests using satellite data and ecosystem simulations. Agric. For. Meteorol. , 44: 245-260.

Odum E P. 1985. Trends expected in stressed ecosystems. Bioscience, 35 (7): 419-422.

Oh K. 1998. Visual threshold carrying capacity in urban landscape management: a case study of Seoul,

Korea. Landscape and Urban Planning, 39: 283-294.

O'Reilly A M. 1986. Tourism carrying capacity: concepts and issues. Tourism Management, 7 (3): 154-167.

Papageorgiou K, Brotherton I. 1999. A management-planning framework based on ecological, perceptual and economic carrying capacity: the case study of Vikos-Aoos National Park, Greece. Journal of Environmental Management, 56: 271-284.

Patmore J A. 1983. Recreation and Resources: Leisure Patterns and Leisure Places. Oxford: Basil Blackwell: 222-233.

Perrings C A, Mäler K G, Folke C, et al. 1995. Biodiversity Conservation: Problems and Policies. Kluwer Academic Publishers.

Pigram J. 1983. Outdoor Recreation and Resource Management. Kent: Crook Helm: 68-74.

Pimm S L. 1984. The complexity of ecosystem development. Nature, 307, 321-326.

Pollard P, Huxham M. 1998. The European Water Framework Directive: a new era in the management of aquatic ecosystem health? Aquatic Conservation: Marine and Freshwater Ecosystems, 8: 773-792.

Potter C S, Randerson J T, Field C B, et al. 1993. Terrestrial ecosystem production: a process model based on globalsatellite and surface data, Global Biogeochemical Cycles. , 7: 811-841.

Prato T. 2001. Modeling carrying capacity for national parks. Ecological Economics, 39: 321-331.

Rapport D J. 1989. What constitutes ecosystem health? Persp. Biol. Med. , 33: 120-132.

Rapport D J, Bohm G, Buckingham D, et al. 1999. Ecosystem health: the concept, the ISEH, and the important tasks ahead. Ecosystem Health, 5: 82-90.

Rapport D J, Gaudet C, Karr J R, et al. 1998. Evaluating landscape health: integrating societal goals and biophysical process. Journal of Environmental Management, 53: 1-15.

Rapport D J, Regier H A, Hutchinson T C. 1985. Ecosystem behavior under stress. The American Naturalist, 125: 617-640.

Resource Assessment Commission (RAC) . 1993. The carrying capacity concept and its application to the management of coastal zone resources. Information paper No. 8, Coastal Zone Inquiry. Canberra: Australian Government Publishing Service.

Sagoff M. 1995. Carrying capacity and ecological economics. Bioscience, 45 (9): 610-618.

Satty T L. 1980. The Analytic Hierarchy Process. New York: McGraw-Hill Company.

Saveriades A. 2000. Establishing the social tourism carrying capacity for the tourist resorts of the east coast of the Republic of Cyprus. Tourism Management, 21: 147-156.

Schaeffer D J, Cox D K. 1992. Establish ecosystem threshold criteria. In: Costanza R, Norton B G, Haskell B D. Ecosystem Health: New Goals for Environmental Management. Washinton, D. C. : Island Press: 157-169.

Schaeffer D J. 1996. Diagnosing ecosystem health. Ecotoxicology and Environmental Safety, 34: 18-34.

Schaeffer D J, Henricks E E, Kerster H W. 1988. Ecosystem health. 1. Measuring ecosystem health. Environmental Management, 12, 445-455.

Schindler D W. 1987. Detecting ecosystem responses to anthropogenic stress. Canadian Journal of Fishery and Aquatic Science, 44 (Supp. 1): 6-25.

Seidl I, Tisell C A. 1999. Carrying capacity reconsidered: form Malthus' population theory to cultural carrying capacity. Ecological Economics, 31: 395-408.

Singhal S, Kapur A. 2002. Industrial estate planning and management in India: an integrated approach towards industrial ecology. Journal of Environmental Management, 66: 19-29.

Sowman M R. 1987. A procedure for assessing recreational carrying capacity of coastal resort areas. Landscape and Urban Planning, 14: 331-344.

Stankey G H. 1979. A framework for social-behavioral research. In: Burch W R. Long-Distance Trails: the Appalachian Trail as a Guide to Future Research and Management Needs. New Haven CT: Yale University School of Forestry and Environmental Studies: 43-53.

Stankey G H. 1982. Carrying capacity, impact management and the recreation opportunity spectrum. Australian Parks and Recreation, May: 24-30.

Thapa G B, Paudel G S. 2000. Evaluation of the livestock carrying capacity of land resources in the Hills of Nepal based on total digestive nutrient analysis. Agriculture Ecosystems and Environment, 78: 223-235.

Tucker C J, Holben B N, Elgin H J, et al. 1981. Remote sensing of total dry matter accumulation in winter wheat. Remote Sensing of Environment, 11: 171-190.

Ulgiati S, Brown M T. 2002. Quantifying the environmental support for dilution and abatement of process emissions: the case of electricity production. Journal of Cleaner Production, 10: 335-348.

Urban Research, Development Corporation. 1980. Environmental Economics: An Elementary Introduction. UK: Harvester Wheatsheaf.

Vandermeulen H. 1998. The development of marine indicators for coastal zone management. Ocean and Coastal Management, 39: 63-71.

Wall G. 1982. Cycles and capacity: Incipient theory of conceptual contradictions. Tourism Management, 3 (3): 188-192.

Wang H L. 1996. A systematic approach to national recreational resource management. Socio-Econ. Plan. Sci. , 30: 39-49.

Ward J V, Stanford J A. 1995. Ecological connectivity in alluvial river ecosystems and its disruption by flow regulation. Regulated Rivers: Research and Management, 11: 105-119.

Wetzel K R, Wetzel J F. 1995. Sizing the earth: recognition of economic carrying capacity. Ecological Economics, 12: 13-21.

Whitford W G, Rapport D J, Desoyza A G. 1999. Using resistance and resilience measurements for "fitness" tests in ecosystem health. J. of Environmental Management, 57: 21-29.

Wieringa M J, Morton A G. 1996. Hydropower, adaptive management, and biodiversity. Environmental Management, 20: 831-840.

William E R. 1992. Revisiting carrying capacity: area based indicators of sustainability. In:

Wackernagel M. Ecological Footprints of Nations. http: //www. ecouncil ac cr/rio/focus/report/ english/footprint/1996.

Xu F, Dawson R W, Tao S, et al. 2001. A method for lake ecosystem health assessment: an Ecological Modeling Method (EMM) and its application. Hydrobiology, 443: 159-175.

Xu F, Jorgensen S E, Tao S. 1999. Ecological indicators for assessing freshwater ecosystem health. Ecological Modeling, 116: 77-106.